图解
变态心理学

游恒山 ◎ 著

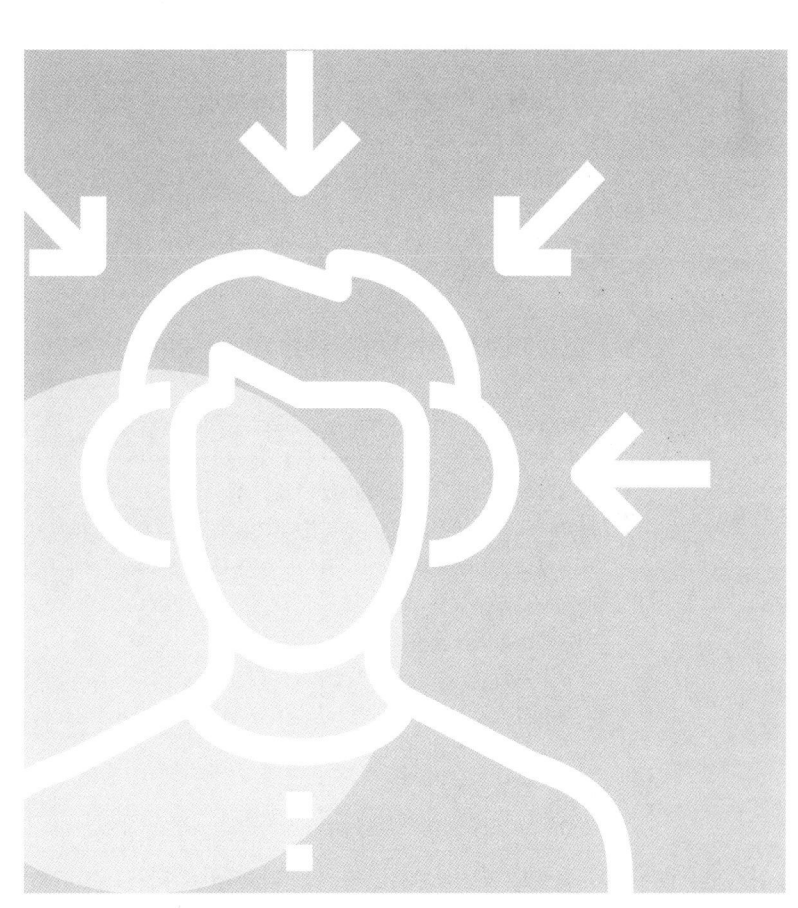

中国纺织出版社有限公司

《图解变态心理学》中文版权©2019/12，游恒山/著。

本书为五南图书出版股份有限公司授权中国纺织出版社有限公司在中国大陆出版发行简体字版本。本书内容未经出版者书面许可，不得以任何方式或任何手段复制、转载或刊登。

著作权合同登记号：图字：01-2022-0606

图书在版编目（CIP）数据

图解变态心理学 / 游恒山著. --北京：中国纺织出版社有限公司，2022.9
ISBN 978-7-5180-9313-7

Ⅰ. ①图… Ⅱ. ①游… Ⅲ. ①变态心理学—图解 Ⅳ. ①B846-64

中国版本图书馆CIP数据核字（2022）第013749号

责任编辑：闫 星　　责任校对：高 涵　　责任印制：储志伟

中国纺织出版社有限公司出版发行
地址：北京市朝阳区百子湾东里A407号楼　邮政编码：100124
销售电话：010—67004422　传真：010—87155801
http://www.c-textilep.com
中国纺织出版社天猫旗舰店
官方微博 http://weibo.com/2119887771
鸿博睿特（天津）印刷科技有限公司印刷　各地新华书店经销
2022年9月第1版第1次印刷
开本：710×1000　1/16　印张：17.5
字数：347千字　定价：55.00元

凡购本书，如有缺页、倒页、脱页，由本社图书营销中心调换

前　言

变态心理学是整个人类心理探讨中最为神秘、引人兴趣的领域之一。每个社会对于何谓个体"正常"的存在状态，都有特定的概念，诸如什么是适当的行为方式，什么是合理的想法及情绪。任何时代，总是有些人被认定是疯狂的，但随着时空背景的变化，不仅心理疾病的诊断标准不同了，处理这些边缘人群的方法也不同了，这表示变态心理学处于不断随着时代变化而演进的过程中。

当前，精神病理的医学模式，正从生物医学模式朝着生物—心理—社会的医学模式转变。生物—心理—社会医学模式指出，健康概念应该包括：生物有机体是完整的、心理是健全的、与社会是协调的。这表示变态心理的形成与生物、心理及社会三者均有关系，它们是互相依存、互有影响及互相制约的。

本书中，精神疾病的认定是依据DSM-5（2013）的诊断标准。DSM-5是在美国及世界其他地区被广泛接受的《精神障碍诊断与统计手册》，每隔几年，根据最新演进的精神病理观念，它会推出新的版本，为精神科医师和临床心理师做出实际的诊断提供依据和帮助。因为版权问题，本书无法一一加以援引，建议读者不妨在阅读本书之际，也在案头放一本DSM-5作为参考。

第一章 变态心理学的基本概念

1-1　什么是变态行为　002
1-2　精神疾病的分类　004
1-3　精神疾病的普及率　006
1-4　变态心理学的研究方法（一）　008
1-5　变态心理学的研究方法（二）　010
1-6　变态心理学的研究方法（三）　012
1-7　变态心理学的研究方法（四）　014
1-8　研究与伦理　016

第二章 变态行为的历史与当代观点

2-1　从古代到中世纪的观点　020
2-2　走向人道主义之路（一）　022
2-3　走向人道主义之路（二）　024
2-4　走向人道主义之路（三）　026
2-5　变态行为的当代观点（一）　028
2-6　变态行为的当代观点（二）　030
2-7　变态行为的当代观点（三）　032

第三章 变态行为的起因

3-1　素质—压力模型　036
3-2　多元观点的采择　038
3-3　生物学的观点（一）　040
3-4　生物学的观点（二）　042
3-5　心理学的观点——精神分析论（一）　044
3-6　心理学的观点——精神分析论（二）　046
3-7　心理学的观点——较新的心理动力学　048
3-8　心理学的观点——人本与存在主义　050
3-9　心理学的观点——行为主义（一）　052
3-10　心理学的观点——行为主义（二）　054
3-11　心理学的观点——认知行为主义　056
3-12　心理因素（一）　058
3-13　心理因素（二）　060
3-14　社会文化的观点　062

第四章　临床测评与诊断

4-1　身体机能的测评　066
4-2　心理社会的测评（一）　068
4-3　心理社会的测评（二）　070
4-4　心理障碍的分类　072

第五章　压力与身心健康

5-1　压力的基本概念　076
5-2　压力与身体健康（一）　078
5-3　压力与身体健康（二）　080
5-4　适应障碍　082
5-5　创伤后应激障碍（一）　084
5-6　创伤后应激障碍（二）　086

第六章　焦虑症与强迫症

6-1　特定恐怖症　090
6-2　社交焦虑障碍　092
6-3　惊恐障碍与场所恐怖症　094
6-4　广泛性焦虑障碍　096
6-5　强迫及相关障碍　098
6-6　躯体变形障碍　100

第七章　躯体症状障碍与分离障碍

7-1　疼痛障碍　104
7-2　疑病症　106
7-3　躯体形式障碍　108
7-4　转换障碍　110
7-5　人格解体／现实解体障碍　112
7-6　分离性遗忘症与分离性漫游症　114
7-7　分离性身份障碍　116

第八章　进食障碍与肥胖

8-1　进食障碍（一）　120
8-2　进食障碍（二）　122
8-3　进食障碍的风险因素和起因　124
8-4　肥胖的问题　126

第九章　心境障碍与自杀

9-1　心境障碍概论　130
9-2　抑郁障碍　132
9-3　单相障碍的起因（一）　134
9-4　单相障碍的起因（二）　136
9-5　单相障碍的起因（三）　138
9-6　双相及相关障碍　140
9-7　双相障碍的起因　142
9-8　单相和双相障碍的社会文化因素　144
9-9　心境障碍的治疗（一）　146
9-10　心境障碍的治疗（二）　148
9-11　自杀（一）　150
9-12　自杀（二）　152

第十章　人格障碍

10-1　人格障碍概论　156
10-2　A类人格障碍　158
10-3　B类人格障碍　160
10-4　C类人格障碍　162
10-5　反社会型人格障碍　164

第十一章　物质相关及成瘾障碍

11-1　物质相关及成瘾障碍概论　168
11-2　酒精相关障碍（一）　170
11-3　酒精相关障碍（二）　172
11-4　酒精相关障碍（三）　174

11-5 阿片及其衍生物 176
11-6 可卡因和苯丙胺 178
11-7 巴比妥酸盐和致幻剂 180
11-8 大麻 182
11-9 咖啡因和尼古丁 184
11-10 赌博障碍 186

第十二章　性欲倒错、性虐待与性功能失调

12-1 同性恋 190
12-2 性欲倒错障碍（一） 192
12-3 性欲倒错障碍（二） 194
12-4 性欲倒错障碍（三） 196
12-5 性别烦躁 198
12-6 性功能失调概论 200
12-7 男性的性功能失调 202
12-8 女性的性功能失调 204

第十三章　精神分裂症谱系及其他精神病性障碍

13-1 精神分裂症（一） 208
13-2 精神分裂症（二） 210
13-3 精神分裂症的风险和起因（一） 212
13-4 精神分裂症的风险和起因（二） 214
13-5 精神分裂症的风险和起因（三） 216
13-6 精神分裂症的治疗 218

第十四章　神经认知障碍

14-1 神经认知障碍——谵妄 222
14-2 重度神经认知障碍 224
14-3 阿尔茨海默病（一） 226
14-4 阿尔茨海默病（二） 228
14-5 头部伤害引起的障碍 230

第十五章　儿童期和青少年期的障碍

- 15-1　注意缺陷／多动障碍　234
- 15-2　自闭症　236
- 15-3　破坏性、冲动控制及品行障碍　238
- 15-4　儿童期和青少年期的焦虑障碍　240
- 15-5　儿童期的抑郁障碍　242
- 15-6　智力障碍　244

第十六章　精神障碍的治疗

- 16-1　心理治疗的基本概念　248
- 16-2　心理动力治疗　250
- 16-3　人本主义治疗（一）　252
- 16-4　人本主义治疗（二）　254
- 16-5　行为疗法（一）　256
- 16-6　行为疗法（二）　258
- 16-7　认知治疗　260
- 16-8　认知行为治疗　262
- 16-9　团体心理治疗　264
- 16-10　生物医学治疗（一）　266
- 16-11　生物医学治疗（二）　268

参考文献　270

第一章
变态心理学的基本概念

1-1　什么是变态行为

1-2　精神疾病的分类

1-3　精神疾病的普及率

1-4　变态心理学的研究方法（一）

1-5　变态心理学的研究方法（二）

1-6　变态心理学的研究方法（三）

1-7　变态心理学的研究方法（四）

1-8　研究与伦理

1-1 什么是变态行为

变态心理学（abnormal psychology）是心理学领域的一门分支学科，它试图探讨人格的不良适应、变态行为的成因、症状的特性和分类，以及对变态行为的预防、诊断及治疗等问题。至今，关于什么是变态（abnormality），专家们尚未达成普遍一致的见解，任何定义都被认为是有疑虑的。然而，界定变态需要一些清楚的要素或指标，任一指标本身都不足以界定变态。但是，一个人越多地符合这些指标，他就越可能被诊断为某种精神疾病的患者。

一、痛苦（distress）

当事人的心理痛苦被视为变态的征兆之一。抑郁症或焦虑症的人显然如此，但是学生为第二天的考试感到忧虑不安，却不至于被认为是变态。

二、适应不良（maladaptiveness）

当事人的行为妨碍其对生活目标的追求，不能促进个人福祉。患有神经性厌食的人变得极度消瘦，甚至被强迫住院；患有抑郁症的人显现社交退缩，且可能无法稳定维持工作——这些都是适应不良的实例。

三、统计上稀少（statistical rarity）

当事人的行为模式在统计上相当稀少，而且不符合社会期望。变态也称"异常"，即"偏离常规或常态"的意思。但这显然涉及价值判断，例如，天才（genius）符合统计上稀少，但不会被视为变态；智力障碍（intellectual disability）也符合统计上稀少，却被认为异常。因此，社会期望显然扮演了一定角色。

四、违反社会规范（violation of the standards of society）

当事人违反社会规范和道德准则中关于个人适当行为的期待。当然，这大致上取决于违反的程度及频率。例如，偶尔随地小便不会被视为变态，但是连续杀人犯几乎会立即被认定为变态。

五、观察者不舒适（observer discomfort）

当事人的行为方式使他人产生不适感或威胁感。例如，当事人衣衫不整地走在红砖道正中央，挥舞手臂而不停辱骂，引起路人的惶恐而纷纷躲避。

六、无理性和不可预测性（irrationality and unpredictability）

当事人的言谈举止显得失去理性，不易为他人所理解，也不能加以预测。例如，当事人认为自己听见了实际不存在的声音，且据以采取行动；小朋友在教室中恣意跑动，像是处于失控状态。

七、危险性（dangerousness）

当事人的行为对自己或他人造成危害。例如，当事人多次企图自杀或明确威胁要杀害另一个人；当事人屡次醉酒驾车，危及自己和他人的性命。

最后，我们应该指出，没有任一指标是所有变态来访者都应具有的必要（necessary）条件，也没有任一指标是区分变态与正常的充分（sufficient）条件。心理变态与心理正常分布在一个连续频谱上（也就是程度的问题），它们之间的划分是相对而非绝对的。

随着社会价值观和期待发生变动，许多行为已不再被视为变态。

刺青（其他如在海滩上全裸、同性朋友公开的亲昵行为，或在鼻子、嘴唇及肚脐上穿洞挂环）曾被视为极少且不合适的行为。但在现今这些已是相当平凡的事情，不仅不会引人侧目，还被许多人视为一种时尚。

界定变态行为的七大指标

变态行为的七大指标：
- 痛苦
- 适应不良
- 统计上稀少且不符合社会期望
- 违反社会规范和道德准则
- 观察者不舒适
- 无理性和不可预测性
- 对自己或他人造成危险

+ 知识补充站

变态行为vs.精神疾病

我们已提及鉴定变态行为的许多指标，但有必要提醒大家的是，"变态行为不必然就表示精神疾病"。精神疾病（mental illness）是指某一大类经常被观察到的综合征（syndromes），综合征则是由并发的一些变态行为或特征所组成。这些变态行为/特征倾向于共变（covary）或一起发生，它们经常在同一个体身上出现。例如，重性抑郁障碍是被广泛认定的精神疾病，它的一些特征（如心境低落、睡眠失常、食欲不振及自杀意念）倾向于在同一个体身上共同发生。个人在这些特征上只表现出一项或两项时，将不会被诊断为重性抑郁障碍，也不被视为有精神疾病。因此，个人可能展现多种变态行为，但仍然不被诊断为患有精神疾病。

最后，因为"变态"这个词汇有歧义，再加上它的负面意义所带来的污名化，许多专家表示，我们应该从心理学词汇中剔除这个术语。他们建议以另一些术语作为替代，如偏常心理学、精神病理学以及适应不良行为研究等。

1-2 精神疾病的分类

最广为接受的精神疾病诊断标准，是美国精神医学学会所发表的《精神障碍诊断与统计手册》（*Diagnostic and Statistical Manual of Mental Disorders*，DSM）。这本手册最先在1952年发表，经过几次修订和更新，最新版本在2013年公布，被称为DSM-5。

一、DSM-5对精神疾病的定义

在DSM-5中，精神疾病被界定为：发生在个体身上的某一综合征，它涉及个体在行为、情绪调节或认知活动上表现临床上的显著障碍。这些障碍反映了个体在生理、心理或发展历程方面的功能不良。精神疾病经常涉及个体在一些重要生活领域上的显著苦恼或失能，如社交、工作或另一些活动。但是，对于常见压力或失落事件（如亲人过世）的可预期反应或文化上的认可反应，则需要排除在外。最后，这种功能不良的行为模式不是起源于社会偏差（social deviance），也不是起源于个人与社会间的冲突。

二、为什么需要分类？

1.大部分科学建立在分类上（classification），例如，化学的周期表和生物学的分类体系。分类（或诊断）系统促使精神病理领域的临床人员和研究人员能够迅速、清楚而有效地传达相关信息，确保他们采用一套通用的术语，而每个术语具有共同认定的意义。这也表示每个诊断分类（如"自闭症"）描述了广泛而复杂的一组信息，像是该疾病特有的症状和典型的进程。

2.当在某一分类系统内组织信息时，这容许我们探讨被其所归类的不同疾病，因此获得更多知识——不仅关于疾病的起因，也关于如何最妥当加以治疗。

3.分类系统的最后一个效应，涉及社会和政治层面。简言之，你首先要界定"怎样的领域被认为是病态"，你才能建立心理健康专业的势力范围。如此，在实务层面上，你才能确认哪种心理障碍应该获得保险理赔，以及理赔的额度。

三、分类有什么不利之处？

1.分类以速记（shorthand）的形式提供信息，但任何形式的速记都不可避免地会导致信息流失。例如，如果你阅读当事人的个案史（case history），你所获得的信息绝对远多于你仅被告知当事人被诊断为"强迫症"。

2.精神疾病诊断经常会带来病耻感（stigma），也就是导致当事人的耻辱和名誉受损。许多人宁愿承认自己有身体疾病（如糖尿病），也不愿承认自己有心理问题，他们担忧这将会导致社交或工作上的不利后果。当发生心理障碍时，中国人尤其讳疾忌医。

3.随着病耻感而来的是刻板印象（stereotype）。它是指对人或事所持一套反射性的信念，但这些信息的形成不是以亲身经验或事实资料为基础，而是单凭一些传闻。例如，你从报纸或电视上获知精神病患的若干行为，便将其套用在你所遇到的任何也有该精神诊断的人身上。

4.最后，病耻感可能随着标签效应（labeling effect）而留存下来。当事人被贴上诊断标签后，他可能会接受这个被重新认定的身份，然后实际表现出标签角色所被期待的行为——很难加以摆脱，即使当事人后来已完全康复。

精神疾病在DSM-5中的定义

三个肯定条件：
- 个体在行为、情绪调节或认知控制方面发生临床上显著的障碍。
- 这些障碍反映了个体在生理、心理或发展历程上的功能不良。
- 导致个体显著苦恼或在一些重要生活领域的失能。

两个否定条件：
- 对寻常压力或失落事件的可预期反应或文化上认可的反应（如哀悼逝者），不能列入精神疾病。
- 社会偏差（如政治、宗教或性方面）或个人与社会间的冲突所导致的行为，不能算是精神疾病。

对精神疾病进行分类的效益

1. 通用的速记语言。
2. 探讨疾病起因和治疗方案。
3. 建立心理健康专业的版图和另一些实务层面的效用。

精神疾病分类的缺点

1. 信息流失：经由分类来简化情况，难免会损失一些个人详情。
2. 病耻感作用：导致当事人被污名化。
3. 刻板印象：我们倾向于视罹患精神疾病的人较不胜任、较不负责、较为危险及较不可预测。
4. 标签效应：个人行为之所以变得不正常，主要是因为别人说他不正常。

✚ 知识补充站

mental disorder和psychological disorder的中文译名

因为许多学术领域都会用到这样的词，如精神医学、流行病学、公共卫生、健康心理学、变态心理学及临床心理学等，随着它们侧重方向的不同，各种译名被派上用场。在本书中，"精神疾病""精神障碍"及"心理疾患"这些措辞，原则上可被交换使用。

1-3 精神疾病的普及率

如今有多少人被诊断患有精神疾病呢？又是哪些阶层的人呢？首先，这些信息对于建立心理卫生业务相当重要。例如，当社会资源有限时，如果社区诊疗中心有较多临床人员是专长于处理神经性厌食（少见的临床障碍），较少是专长于诊疗焦虑症或重性抑郁障碍（普遍的障碍），这便是明显的分配不均。

其次，随着你知道精神疾病在不同团体中的发生频率，这种估计值可提供关于疾病起因的有价值线索。例如，女性患重性抑郁障碍的人数远多于男性，其比值约为2∶1。这表示当探讨重性抑郁障碍的起因时，性别应为考虑的一个重要因素。

一、患病率和发病率

除了根据症状对患者进行治疗外，流行病学（epidemiology）更进一步探讨疾病患病率与社会经济地位、居住地区及生活环境等因素的关系。心理卫生流行病学就是在研究精神障碍的分布情况。

1.患病率（prevalence，或称流行率）是指在任何指定期间，实际病例在某一人口中所占的数量。患病率的数值一般是以百分比表示，也就是有多少百分比的人口患有该疾病。

研究学者通常会在"患病率"之前加上一个指定期间，例如，"点患病率"（point prevalence）是指在特定时间点（如2014年7月1日）某一疾病实际、现行病例在指定人口中所占比例的估计值。"一年（1-year）患病率"是指在一整年的任何时间点发生过某一障碍的病例（包括已复原的病例）的比例。因为囊括的时间较为长久，一年患病率数值一定高于点患病率。

最后，临床专家最感兴趣的是"一生（lifetime）患病率"，也就是在一生的任何时间，人们发生某一障碍的估计值（即使他们现在已康复）。因为延伸至整个生涯，而且包含当前患病和曾经患病的案例，一生患病率的估计值，通常高于其他性质的患病率。

2.发病率（incidence）是指在指定期间中（通常是一年），新病例的发生数量。因为排除了先存的病例（即使他们仍处于疾病状态），发病率数值通常低于患病率。换句话说，发病率是选定一个起跑点，然后计算一年之内的"新"病例。

二、精神疾病的患病率估计值

根据在美国执行的一些大型流行病学研究（ECA，NCS及NCS-R），个人罹患任何DSM-Ⅳ中疾病的一生患病率是46.4%。这表示将近半数美国人在他们生活的若干时刻，曾经受到过精神疾病的侵扰。最为盛行的心理障碍类别是焦虑障碍（anxiety disorders），它包括广泛性焦虑障碍、特定场所恐怖障碍、社交焦虑障碍、惊恐障碍、强迫障碍及创伤后应激障碍等。至于最常见的一些个别障碍是重性抑郁障碍、酒精滥用及特定恐怖症（如害怕小型动物、昆虫、飞行、高度）。此外，社交焦虑障碍也相当普遍。

虽然心理障碍的一生患病率似乎颇高，但在某些案例上，发病时间可能相当短暂——像是情侣分手后，持续几个星期的抑郁状态。另外，许多人符合某一障碍的诊断标准，但并未受到严重影响。例如，特定恐怖症（specific phobia）的患者中，将近半数的病情被评定为轻度（mild），而只有22%的特定恐怖症被认定为重度（severe）。因此，符合诊断标准是一回事，社会功能受到严重损害则是另一回事。

美国成年人在DSM-Ⅳ所收录的心理障碍上的患病率

心理障碍类型	一年（%）	一生（%）
任何焦虑障碍	18.1	28.8
任何心境障碍	9.5	20.8
任何物质相关及成瘾障碍	3.8	14.6
任何心理障碍	26.2	46.4

美国最常发生的一些个别心理障碍

心理障碍	一年（%）	一生（%）
抑郁障碍	6.7	16.6
酒精滥用	3.1	13.2
特定恐怖症	8.7	12.5
社交焦虑障碍（社交恐怖症）	6.8	12.1
品行障碍	1.0	9.5

➕ 知识补充站

标签效应的实验

罗森汉（David Rosenhan, 1973, 1975）开展了一项实验，他和另外7个神智健全的成年人假装自己出现了单一症状：幻觉（hallucination）。结果他们8个人都被送进了精神病院，诊断书上不是写上"妄想型精神分裂症"，就是"双相情感障碍"。

住院后，这8个伪装的病人在各方面立即恢复正常行为方式。但罗森汉发现，当身处"疯狂的地方"时，一个神智健全的人很可能被判定为精神失常，他的任何行为将被重新解读以符合该背景。因此，当伪装的病人以理性方式跟医生讨论自己的处境时，他们被记录为正使用"理智化"（intellectualization）防御机制。当他们记录下自己的观察时，却被视为"写字行为"的证据。

最后，这些伪装的病人平均在精神病院住了将近三个星期，没有任何人被医生或职员认出是神智健全的。在他们的配偶或同事的再三担保下，他们才终于获得释放，出院诊断书仍写着"精神分裂症"，但处于"缓解期"，也就是症状目前不活跃。

这项实验说明，一旦个人被贴上标签，我们将倾向于接受标签就是对其的完整描述，然后就终止更进一步的探讨，且据以解读其后续举动，因而更确认了原先的诊断。显然，诊断标签引起的先入为主想法，很容易阻碍对当事人行为的客观检视，甚至还可能影响临床上重要的互动和治疗抉择。

1-4　变态心理学的研究方法（一）

为了了解精神障碍的特征或性质，我们需要开展研究。通过研究，我们能够获知心理障碍有些什么症状、它的患病率，以及它倾向于是急性（acute）或慢性（chronic）等资料。此外，研究也使我们能够进一步理解心理障碍的病因（etiology）。

研究方法论（methodology）是指我们用来执行研究的一套科学准则和程序，它是不断演进的。随着新式科技被派上用场（如脑部造影技术和新兴的统计程序），方法论也跟着演进。

一、资料来源

（一）观察法（observation）。所有研究方法中，最基本和普遍的是观察法，也就是直接观察及记录个体或群体的活动，从而分析相关因素之间关系的一种方法。

1.非系统（unsystematic）观察是指偶然、随意的观察，它对于建立坚实的知识基础没有太大助益。然而，就是通过这样的观察，许多假设被提出，最终接受检验。

2.自然（naturalistic）观察是指在真实生活环境中执行观察，对于观察对象和所在情境不施加控制，任凭事件自然地发生及变化。但自然观察较为系统而准确，事先有审慎的策划和安排。

3.控制（controlled）观察是事先设计想要观察的情境和程序，对可能影响观察效果的因素施加控制，有时候也称为实验室观察（laboratory）。

（二）个案研究（case study）。这是指对接受治疗的个案或患者进行全面研究，搜集来自面谈、心理测验及治疗报告等方面的资料，也可能涉及当事人的传记、自传、书信、日记、生活进程记录及医疗史等。因此，个案研究针对"单一个体"进行广泛而深入的剖析及描述，它的价值在于资料的丰富性，对于建立我们对临床现象的理解深具影响力。

当然，个案研究也有不利的一面。首先，它所获得的资料通常只适用于被描述的当事人，所得结论具有较低的类推性（generalizability），不能发展出适用于每个人的普遍法则或行为原理。其次，因为缺乏对一些重要变量的控制，单一个案研究不能产生因果的结论。

（三）自陈测量（self-report measures）。这是被试通过言词（无论是手写或口述的）回答临床人员提出的问题。然后研究人员设法量化这些自我报告，以便对不同个体的报告进行有意义的比较。研究人员经常感兴趣于取得被试一些经验上的资料，它们可能是一些内在心理状态，如信念、态度及情感，但因为无法直接加以观察，只能通过问卷（questionnaire）或访谈（interview）的方式获得。

虽然临床人员广泛依赖各种自陈测量，但是它们的实用性和有效性不是毫无限制的。显然，许多自陈测量不适用于还不会说话的婴幼儿、不识字的成年人及智力障碍人士等。再者，自我报告资料有时候会误导临床人员。被试可能误解问题，不能清楚记住自己的实际经历，或试图以有利的角度呈现自己（为了制造自己的良好印象）。最后，为了获得工作或被释放（从监狱或精神病院），被试可能故意说谎或捏造事实。因此，自我报告资料不一定是准确而真实的。

临床人员有时会通过单向玻璃（one-way mirror）系统地观察受测者，原因是不希望受测者的行为受到干扰而改变。

搜集资料的方法

```
                    资料来源
        ┌──────────────┼──────────────┐
    1.观察法         2.个案研究        3.自陈测量
    非系统观察    对个人生活史的深   以访谈或问卷的方
    自然观察      入研究，包括学业   式取得当事人自我
    控制观察      成绩、日记、测验   报告的资料。
                  结果及医疗史等各
                  种档案资料。
```

> ✚ **知识补充站**
>
> **观察不单是观看他人行为**
>
> 　　假使你想研究儿童的攻击行为，除了记录他们的攻击方式及次数外，你其实也可以搜集关于压力激素（stress hormones）的信息，像是唾液（另一些情况中则是抽取血液、尿液或脑脊液）中所含皮质醇（cortisol）的浓度，这也是一种形式的观察资料。
>
> 　　随着科技的日新月异，原本被认为不能观察的一些行为、心情及认知，现在已能在计算机屏幕上目击。例如，经由"功能性磁共振成像"（fMRI），我们能够探讨正在活动中的大脑，像是个案处于不同心境时，血液在大脑各个部位的流动情况，甚至也能检查哪些脑区影响想象力。

1-5 变态心理学的研究方法（二）

二、形成假设与验证假设

当从事科学研究时，为了解释、预测或探究一些行为，研究人员先提出一种尝试性的答案，称为假设（hypothesis）。科学假设必须是可验证的，它们通常是以"如果……那么……"（if-then）的方式陈述出来，指定怎样的特定条件将会导致何种结果。

（一）抽样与类推

当探讨变态行为（如强迫症）时，理想上我们希望研究符合诊断标准的每个人，但这势必不可行。因此，退而求其次，我们只好从组成这群人的总体（population，或母群）中，抽取具有代表性的人，称为抽样（sampling），即从总体中挑选一部分个体作为研究对象。

最常采用的抽样方式是随机抽样（random sampling）。"随机"是指总体中的每一个体都有均等的机会被抽到。当样本具有总体的适当代表性时，我们才有信心将样本所获得的研究发现或结论类推（generalize）到较大的总体。

（二）外部效度与内部效度

外部效度（external validity）是指我们能够超出研究本身，把所得发现加以类推的程度。因此，我们的样本越具代表性的话，我们就越能加以类推到更大群体。

内部效度（internal validity）是指研究结果符合研究目的的程度，它反映了我们能对某一现存研究结果具有多大信心。换句话说，内部效度是指在多大程度上，某一研究是方法论上健全、免于混淆、免于其他失误来源，以及能够用来获得有效结论的。

（三）效标组与对照组

为了检验他们的假设，研究人员设置对照组（comparison group），或称为控制组（control group）。这一组人并未展现所探讨的障碍，但是在所有其他重要层面上，他们都足够比拟于实验组（criterion group）。实验组有时也称效标组，也就是罹患该障碍的人。至于所谓"足够比拟"，是指两组人在年龄、男女比例、教育水准、经济状况，以及另一些人口统计变量（demographic variable）上彼此类似。就典型情况来说，对照组是一些心理健全或所谓"正常"的人，我们因此能够针对所涉变量对两组人进行比较。

三、研究设计

（一）相关法（correlation method）

变态心理学的主要目标是获悉各种障碍的起因。但是基于伦理和实际的原因，我们通常不能直接执行这样的研究。例如，假定分离性身份障碍（原多重人格障碍）被认为与童年受虐有关。但很明显地，我们不能找来一些幼童，施加不人道的虐待以观其后效。研究人员只好诉诸相关法的研究设计。不像实验法研究设计，相关研究不涉及对变量做任何操作。

（二）相关系数

当临床人员想要知道两个变量间（如压力与抑郁之间）的关联程度时，他们借助相关法。为了确定它们之间的相关程度，研究人员利用两组分数，计算出一个统计数值，称为相关系数（correlation coefficient）。这个数值在+1.0到-1.0之间变动。正相关表示，随着一组分数增高，另一组分数也增高；负相关表示，其中一组分数增高时，另一组分数却下降。无论正值或负值，随着相关系数的数值越大，那么根据其中一个变量的信息来预测另一个变量的准确性就越高。当相关系数接近零时，这表示两个变量之间只存在微弱相关或没有相关。总之，相关系数的正号（+）或负号（-）指出变量之间关系的方向，数值的大小则指出关系的强度。

科学方法的流程图

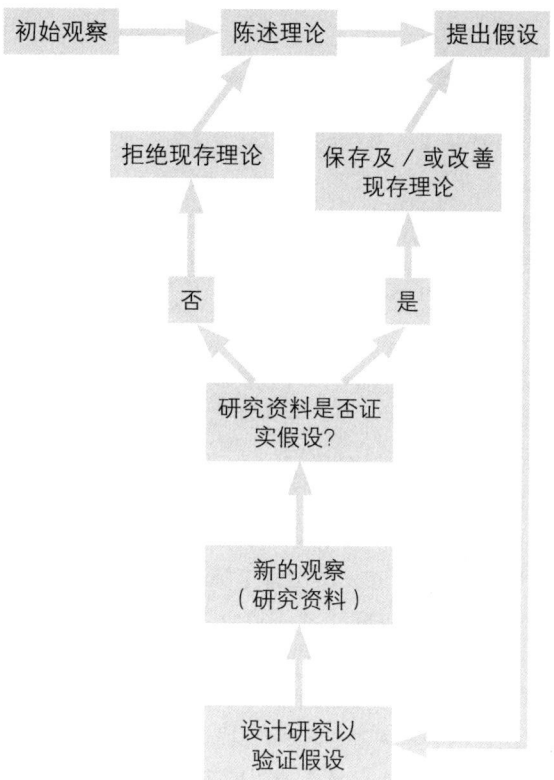

> **+ 知识补充站**
>
> **心理健康从业人员**
>
> 　　如果患者接受住院治疗，几种不同的心理健康专业人员通常会组成一个团队，以提供必要的照顾。其中包括：精神科医师，他们可以施行药物治疗，监视可能的副作用；临床心理师，他们提供个别治疗，每星期与患者会面若干次；临床社工师，他们协助患者解决家庭困扰；精神科护理师，他们每天记录患者的进展，协助患者妥善应对医院环境。
>
> 　　如果患者是以门诊方式接受治疗，他们也会碰到另一些专业人员，但人数可能较少。在某些案例中，患者的所有治疗都来自精神科医师，医师将会开处方，也提供心理治疗。另一些患者服用精神科医师的处方药剂，同时也求助于临床心理师或临床社工师接受定期疗程。最后，视障碍的类型和严重性而定，还有些患者可能求诊于心理咨询师（处理生活适应的问题，不涉及严重的精神疾病）、精神分析师，或专长于处理药物与酒精困扰的咨询员。

1-6 变态心理学的研究方法（三）

（三）相关与因果

当提到相关时，我们始终要记得一件事情：相关并不表示因果（causation）。无论相关有多高，它只是表示两组资料以有系统的方式发生关联，但不能担保其中一方导致了另一方。变态心理学的研究经常揭露，两件（或更多）事情有规律地同时发生，如贫穷与偏低的智能发展，或抑郁症病发前的应激源，但这不能认定某一因素就是另一因素的起因。

我们举一个经典的例子。有些人观察到，犯罪的数量与当地教堂的数量间呈现显著相关。这是否表示宗教"引起"犯罪？当然不是。在这个例子中，观察者忽略了第三变量（third variable）的存在，也就是"人口数"。犯罪率和教堂数量两者都与人口数呈现正相关，它们彼此间的相关是因为两者都随着人口数的增加而增加。

即使相关研究可能无法锁定因果关系，它们仍是强而有力且丰富的推论来源。它们经常提示因果假设，从而提出问题以供进一步研究，以及偶尔提供关键性资料而能够证实或反驳特定假设。那么，如何验证变量间的因果关系？这必须诉诸于实验法。

（四）回溯法与前瞻法

临床人员有时候想知道，患者在发展出特定障碍之前的样子，一种策略是采用回溯法（retrospective method）。它是以回溯的方式搜集患者过去的生活史资料，像是出生情况、病历记录、学校档案及家庭关系等，从而鉴定什么因素可能与患者当前的状态有关。

这种方法有几个方面的缺点。首先，当事人目前受扰于精神疾病，他们可能不是最准确或客观的信息来源。其次，他们家人基于种种原因，可能会隐瞒或美化一些过去事件（记忆可能是错误及有选择性的）。最后，临床人员可能被诱导从背景资料中发现他们期待看到的东西。

另一种策略是采用前瞻法（prospective method）。这是先检定出一些个体，他们有高度可能性将会发生心理障碍，然后在任何障碍显现之前，就对他们施行重点观察。因为在疾病成形之前就已追踪及测量各种影响力，所以我们对于疾病起因的假设才更具信心，更有可能建立起因果关系。

（五）横断法与纵向法

在横断设计中（cross-sectional design），不同年龄组人们的行为，在同一时间接受评估，从而获得不同年龄组的同类资料。横断法属于相关研究，只能用来比较不同年龄组之间的差异，但不能论断该差异是发展所造成的。例如，相对于35岁组，65岁组可能在量表上显现较为悲观的倾向，这是否表示年龄促成了看待世界的消极态度？或许是，但它也可能只是反映了历史境遇，即65岁组的人在一个不同的年代成长，他们经历过战争动乱或金融风暴等。

显示变量之间正相关、负相关及零相关的资料分布图

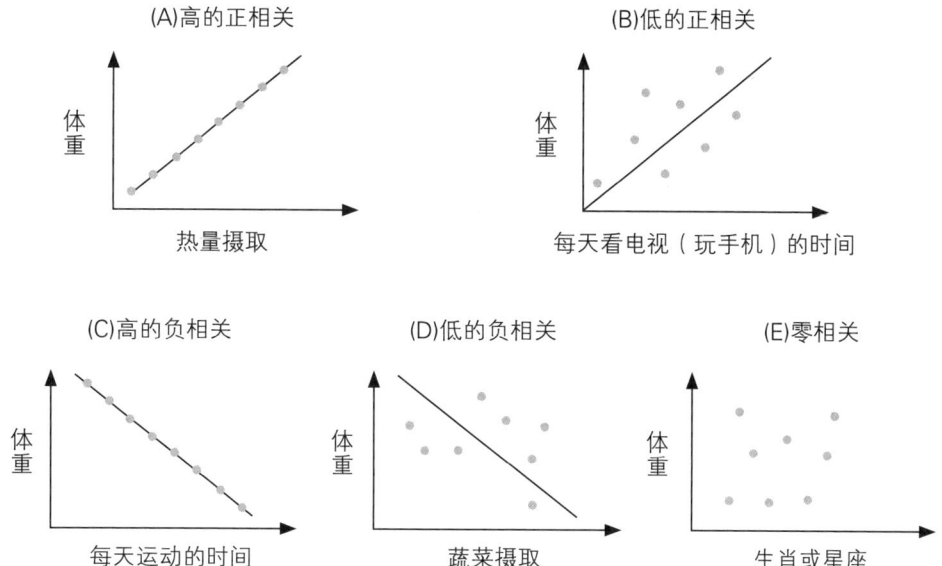

+ 知识补充站

观看暴力的电视节目与攻击行为

在相关研究中，研究人员接纳人们原本的样子（这些人已经受到他们生活经验的"操纵"），然后试着确定人们在经验或特性上的差异，是否与他们行为上的差异有关。

许多研究已一致地发现，随着儿童观看电视的时长增加，他／她展现攻击行为的次数也会增加，它们之间存在中等程度的正相关。

这是否证实了观看暴力节目将会造成儿童变得较具攻击性？不，它们之间的相关还存在其他可能的解释。第一种可能是攻击行为引起儿童观看暴力节目——当儿童已具有高度攻击性时，他们当然会竭尽所能地寻找暴力节目。第二种可能是观看电视与攻击行为间之所以相关，是起因于第三变量，像是父母的管教风格（严厉而冷淡）和父母不睦（家暴行为）。因此，相关只是一种共变关系，不能肯定其因果关系。

尽管如此，相关研究还是会"暗示"可能的因果关系。实际上，采用更复杂的统计技术时，研究结果显示，观看暴力节目有可能促成儿童的攻击行为，而其他几种可能解释则已被合理排除。

1-7　变态心理学的研究方法（四）

在纵向设计中（longitudinal design），同一组人的行为在不同时期重复接受评估，这样可以得到年龄变化（age change），而非年龄差异的信息。纵向法是指长时间在同一批人身上搜集资料，这有助于我们洞察行为或心理如何随着年龄（发展）而变化。举例而言，纵向研究已发现，在15岁时报告自己有自杀想法的人更可能在30岁时出现心理障碍或曾经企图自杀——相较于青少年期没有自杀意念的人。

（六）实验法

假使相关研究发现两个变量间存在强烈的正相关或负相关，那么究竟是变量A引起变量B？抑或是B引起A？为了探究因果关系，实验法（experimental design）便派上了用场。它是指系统地操纵自变量（independent variable），然后观察对因变量（dependent variable）造成的影响。

举例而言，为了探讨治疗的有效性，临床人员找来两组患者。第一组患者接受某一治疗，即实验组，他们被拿来与第二组完全没有接受治疗的患者（即控制组）进行比较。原则上，患者是被随机分派到任一组。两组的所有患者都要接受同一套测量，以评估他们的病情，包括在治疗之前、治疗之后，以及在治疗结束后的追踪调查时（六个月或一年）。无论是在治疗完成时还是在追踪期间，两组间的任何差异，都会被认定是实验组接受治疗所造成的。

总之，自变量是指临床人员所操纵的因素（施加或不施加治疗），因变量是指临床人员打算测量的结果，变量（variable）则是指在数量或性质上会发生变动的任何因素。就因果关系来说，自变量是因，因变量是果。就预测关系来说，自变量是预测的依据，因变量则是所预测的行为。

（七）个案设计（single-case designs）

这种设计容许实验人员建立起因果关系，它提供了探讨临床行为（特别是疗法）的一种途径，但不需要把患者指派到控制组或候补名单中（这有道德上的疑虑）。它也减少了研究所需的样本人数。

在最基本的ABAB设计中，初始的A阶段是为了建立基线（baseline），即搜集患者的资料。然后在第一个B阶段中，治疗被引入。患者的行为可能发生一些改变，但任何改变都不能被正当认定为是治疗的介入所引起的，另一些同时发生的因素也可能导致改变。所以在第二个A阶段中，临床人员撤除治疗，看看发生什么情况。最后，治疗再度被引入（第二个B阶段），然后观察第一个B阶段所出现的行为改变是否再度出现。

（八）动物研究

有一些研究不可能在人类身上开展，像是药剂试验，或植入电极以记录脑部活动，这时候就要执行以动物为对象的研究。

我们可以在动物身上行使接近完全的控制。我们可以控制它们的饮食、生活条件，以及繁殖和培育。另外，因为动物的成长期通常较短，许多现象在人类身上可能要花费好几代人的研究，在动物（如老鼠）身上却是几个月内就能完成。最后，许多动物的基本活动机制可比拟人类，但动物的这些机制在形式上较不复杂且较易于研究。

当然，动物研究的前提是所得发现也将适用于人类，但这始终存在一些疑虑。无论如何，动物研究有其重要性，也可能相当具有启发性。

相关法与实验法的示意图

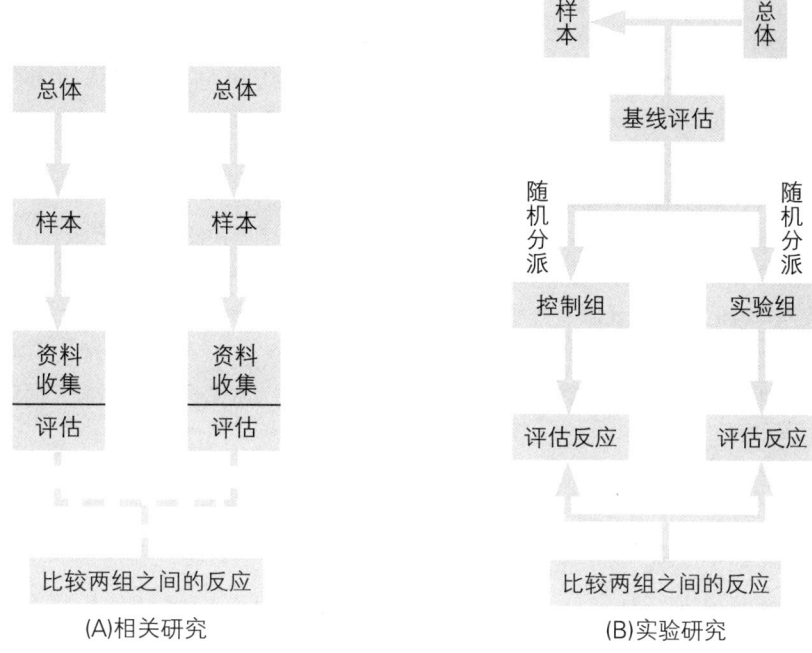

(A)相关研究　　　　(B)实验研究

✚ 知识补充站

实验的期望效应

除了预定引进实验中的变量外,如果还有其他因素改变了被试行为,增加了解读资料上的困难,这样的额外因素便称为混淆变量(confounding variable)。因此,优良的研究设计应该侦查可能的混淆因素,设法预先加以排除。

当研究人员或观察人员以微妙方式,将其所预期发现的行为传达给被试,从而在被试身上引发所期待的反应时,这便是发生了期望效应(expectancy effects)。在这种情况下,真正促成所观察到反应的是"研究人员的预期",而不是所设定的自变量。

在一项训练老鼠跑迷宫的实验中,半数大学生被分发"聪明"的老鼠,另一半则被分发"愚笨"的老鼠。但事实上,所有老鼠都是同一品种,在聪愚程度上完全一样。但是,大学生们的实验结果,完全对应于其对自己老鼠的预期——当他们相信自己被分发的是聪明的老鼠时,他们也报告自己的老鼠有较为优良的表现。因此,期望效应扭曲了研究发现,使我们只"看到"已预存在心里的信念,而不是行为的真正发生情形。

1-8 研究与伦理

所有研究人员的一个基本义务是要尊重人类和动物的权益。为了实际保障这些权益，"美国心理学会"（APA）最先在1953年发表《心理学专业人员的伦理信条和行为守则》。经过几次的修订和更新，最新版本在2002年发布。APA要求辖下会员遵行这些规范。

一、知情同意书（informed consent）

当研究计划以人类为被试时，主试者应该事先告诉被试他们将会经历的程序、潜在风险及预期利益。主试者还要担保，被试的个人隐私受到保护，被试可在任何时候要求退出实验。这些信息通常是以书面形式呈现，交付被试加以签署，表示他们在前述事项上已获充分告知。

二、保密（confidentiality）

被试的个人资料和作答应该被保密，不能任意对外公开。现今被试通常在档案上不挂名，只使用代号或密码，以维护匿名性。当有任何研究发表必须引用当事人的资料时，必须先征得当事人的同意。

三、有意的欺瞒（intentional deception）

对于一些性质的研究而言，假使事先告诉被试所有情节安排，势必会造成研究结果的偏差。但若不清楚说明，似乎又违反了被试被充分告知的基本权利。

为了解决这中间的矛盾，APA规定，只有当研究具有科学和教育上的特殊重要性，而且除了欺瞒外，没有其他替代方式时，才可以使用欺瞒。此外，研究人员务必审慎，不能让被试离开实验情境时感到被利用或幻灭。最后，当研究结束之后，研究人员应该做简报，真诚地告诉被试，为什么有必要采取欺瞒的方式。被试对于人与人之间的信任，不应该因为一次实验就受到动摇。

四、事后情况说明（debriefing）

研究人员有义务在研究结束之后，设法邀请被试参加"听证报告"，他们应该尽可能地提供关于该研究的信息，以及它所获得的结果。他们也要确认，没有被试还有不安或困窘的情绪。如果被试认为自己的资料有可能被误用，或自身权益受到不当对待，他们有权要求销毁自己的资料。

五、数据造假（fraudulent data）

研究人员在报告他们的资料时，必须遵守"诚信原则"的最严格标准。任何情况下，他们都不能以任何方式篡改数据。假使那样行事，他们可能被指控欺诈，为自己在法律、专业及伦理上惹来许多麻烦。

六、动物研究的道德问题

前面提过，动物研究有其便利性和重要性，特别是在药物的研发及测试方面。但对于极力拥护动物权利的人士来说，他们不认为"对人类有益"就足以辩护动物研究的正当性。近年来，心理学和生物医学的研究越来越重视对实验动物的关照与处置，也制定了研究人员务必遵循的一些严格准则。实验室设施必须有足够空间和良好的饲养环境。动物的健康和福利应该被妥善对待，所有措施都应该尽量减少动物可能蒙受的不适、疾病及痛苦。

实验法与相关法的比较

实验法	相关法
对自变量的操纵（让被试置身于不同的经历）	研究已经拥有不同经历的人
被试被随机指派到各个处理组，以确保各组的相似性	根据"自然状态"而指定到各组（各组可能不是在所有层面上都相似）
混淆变量的实验控制	对混淆变量缺乏控制
可以确立自变量与因变量之间的因果关系	只能建议但不能确定是某一变量引起另一变量
可能因为道德考量而不能执行	可被用来研究无法通过实验探讨的问题
可能做作而不自然（从人为实验环境获得的发现，可能不易类推到"真实世界"）	适用于自然环境中搜集的资料（所得发现可被类推到"真实世界"）

✚ 知识补充站

实验的安慰剂效应

一种可能涉入大多数实验中的混淆变量是安慰剂效应（placebo effect）。这个术语来自医学，有时候医师开给病人的药物不具有相关化学作用，只是一些维生素，但基于病人相信药效的心理作用，结果病情真的大为好转，这样的药剂便称为安慰剂（或宽心剂）。

同样地，无论是研究人员还是被试，当他们预期某一结果出现时，那个结果可能就被制造出来，但不是实验操纵所引起的，而是期待所引起的。例如，许多病人报告治疗已对他们产生效果，但是客观上并未显现太大进展。这乃是病人说服（自我催眠）自己，治疗师已花费那么多时间在他们身上，他们必须好转才对！

在另一种情况中，实验人员不自觉地在病人身上促成所期待的反应。他们或许以微妙方式谈吐或举止，暗示他们的病人以"特定"方式展现行为。

最后，有些被试仅因意识到自己正被观察及测试，或因对于自己被挑选为被试感到特别，所展现的行为就不同于平常情形，这样的效应也会污染实验结果。

第二章
变态行为的历史与当代观点

- 2-1 从古代到中世纪的观点
- 2-2 走向人道主义之路（一）
- 2-3 走向人道主义之路（二）
- 2-4 走向人道主义之路（三）
- 2-5 变态行为的当代观点（一）
- 2-6 变态行为的当代观点（二）
- 2-7 变态行为的当代观点（三）

2-1　从古代到中世纪的观点

人类生命出现在地球上已有三百多万年，但有文字记录的年代只能溯及几千年前。我们只好借助这些早期著述，了解古代对变态行为的见解。

一、远古时代的观点

无论是中国人、埃及人、希伯来人或希腊人，他们在古代都相当一致地把变态行为归于当事人被恶魔或神祇附身所致。至于附身（possession）的是善良还是邪恶的精灵，主要取决于当事人所出现的症状。如果当事人言谈举止似乎具有宗教或神秘的含义，这就是被神祇附身。这样的人通常深受敬畏及尊重，也被认为拥有超自然力量。

但是，大部分附身被视为邪恶精灵的作祟，特别是当事人变得激昂、过度活跃及从事违背宗教教义的行为时。这类附身经常被认为是上帝的责罚。

为了医治恶鬼附身，那个时代的人主要采取一些驱邪伏魔的仪式，像是各种法术、祈祷、符咒、让病人挨饿及鞭打病人等。

二、希波克拉底的早期医学概念

希腊医生希波克拉底（Hippocrates，460B.C.～377B.C.）被誉为现代医学之父，他受过人体解剖学和生理学的训练，他反驳神鬼会介入疾病的发展过程，反而认为心理障碍也有自然的起因和特定的治疗，就像身体疾病一样。他相信大脑是智能活动的核心器官，而心理障碍起因于大脑病变。他也强调遗传和先天素质的重要性，且指出头部受伤可能导致感官和运动障碍——这些观念在当时是真正革命性的创举。

三、希腊与罗马的思潮

希波克拉底的研究后来由一些希腊和罗马医生传承下去。当时的思潮认为，舒适的环境对精神病患具有莫大的治疗价值。因此，除了一些较不适宜的手段，如放血、服泻药及机械式束缚外，当时医生也会采用许多治疗措施，包括饮食疗法、按摩、水疗及体操等。

盖伦（Galen，130～200）是当时的希腊名医之一，他采取科学的途径，把心理疾病的起因划分为身体和心理两大类。他所命名的病因，包括：头部伤害、过度饮酒、震惊、恐惧、青春期、经期变化、经济逆境以及对爱情的绝望等。

四、中世纪的变态行为观点

中世纪的欧洲（500～1500年）大致上漠视科学性思考，也缺乏对精神病患的人道待遇。特别是接近这个时期的尾声时，随着政治压迫、饥荒及瘟疫（黑死病）的蔓延，社会体系崩解，人们内心感到惶恐不安，普遍将心理障碍归因于超自然力量。

中世纪后半段，欧洲出现了一种奇特现象，称为集体疯狂（mass madness）——广泛蔓延的集体行为失常，很像是歇斯底里的案例。成群的人同时受到感染，他们谵语、跳跃、手舞足蹈及抽搐。

此外，与世隔绝的偏远地区经常有变狼狂（lycanthropy）的暴发。它是指人们相信自己被狼附身，因而模仿狼的行为。最后，中世纪的许多精神失常者被指控为女巫，并因此受到惩罚，甚至被杀害。

古代鬼神论与巫术

```
变态行为 ──────────→ 被邪恶精灵附身
                ↓
        采取驱邪伏魔的仪式
    ↓    ↓    ↓    ↓    ↓    ↓    ↓
  法术  祈祷  符咒 制造噪声 让病人挨饿 鞭打病人 恐怖味道的制剂
                                        （羊粪+红酒）
              ↓
  经由使当事人的身体成为极不舒适的环境，迫使邪灵离开
```

中世纪的人普遍认为，精神疾病起因于当事人被恶魔附身，于是驱鬼成为主要治疗法之一。

✚ 知识补充站

猎捕女巫

为什么会发生精神失常？最早的理论是，当事人被恶鬼附身了。所以，治疗方法就是施行法术以驱赶魔鬼。在医学的历史上，这种驱魔仪式在16、17世纪达到高峰。那是欧洲最动荡的时期，到处充斥着社会、政治及宗教的暴动，再加上战争、饥荒及黑死病，这些都促使人们寻找替罪羔羊以缓解所承受的灾痛。

因此，那个时期盛行搜捕女巫。一旦被指控为女巫，通常只有死路一条。根据当时的神学权威，这些有巫术的人是因为与魔鬼达成了协议，才有能力引发瘟疫、灾难、性无能或使牛奶变酸。

因为这些人是社会祸害，所以无论怎样残忍对待都不算太严厉。因此，那个时期大约有50万人被当作女巫烧死。这些人之中，许多人其实是妄想症、痴呆症、歇斯底里症及躁狂症的患者。此外，许多年轻女子的"中蛊"情况，似乎是吃了一种受到谷类霉菌（即麦角，经常在黑麦面包上滋长）污染的食物所致。麦角中毒的症状，类似致幻剂LSD所引起的反应，也类似于被施以巫术的那些症状。

最后，有些人单纯因为信仰不见容于传统的基督教，才被视为所谓的异教徒。还有些人则是成为邻人贪婪的牺牲品，因为依照当时的法律，被烧死女巫的财产，会赏给举发她的人，因此当时冤死之人无数。

2-2 走向人道主义之路（一）

从中世纪后期到文艺复兴（一般是指14~17世纪）初期，人们对科学探究的兴趣再度高涨，而一种强调人类权益和人性关怀重要性的运动开始兴起，它可被概称为人道主义（humanism）。

一、欧洲的起义

（一）帕拉采尔苏斯（Paracelsus，1490~1541）

他是一位瑞士医生，驳斥鬼神附身的迷信观念，主张变态行为（如舞蹈狂）并不是附身，而是一种疾病，也应像疾病一样接受治疗。他也提倡"身体磁场"的治疗方式，后来被称为"催眠"（hypnosis）。

（二）约翰·维耶（Johann Weyer，1515~1588）

他是一位德国医生兼作家，对于那些被指控为女巫的人所蒙受的监禁、折磨、拷打及火刑等情况，深表关切。他出版书籍，举证反驳当时盛行的一些追捕女巫的手册。约翰·维耶是第一批专攻精神疾病的医生之一，他的广博经验和前瞻观点，为他赢得了"现代精神病理学创建者"的名声。但不幸的是，约翰·维耶走在他的时代太前端，这使他经常受到同行的讥笑，他的著作也遭到教会查禁。

（三）保罗（St. Vincent de Paul，1576~1660）

后来，神职人员也开始质疑教会的一些措施。例如，保罗就甘冒大不韪，宣称"精神疾病没有道理不同于身体疾病，基督教应该秉持人道精神保护这些人，有技巧地缓解他们的痛苦，就像对待肉体病痛一样"。

这些科学观念的拥护者不屈不挠地抗议了两个世纪后，鬼神论和迷信终于让步了，"观察与理性"又重返研究的正途。

二、早期收容所的建立

从16世纪开始，收容所（asylums）在欧洲各地纷纷设立，它是一种专门收容精神病患的特殊机构。1547年，亨利八世把位于伦敦的Bethlehem圣母玛利亚修道院正式改建为精神病患的收容所。它的俗名为"Bedlam"，后来这就成为疯人院的代名词。这间收容所以其悲惨状况和不人道的待遇而恶名远播，较凶暴的病人被公开展览（收取微薄的入场费），较为无害的病人则被带到伦敦街道乞讨。

像这样的收容所，逐渐在世界各地建立，但它们其实是监狱或感化院的翻版，住院病人像是野兽般被对待，而不被视为人类。病人通常被关在暗无天日的牢房中，使用颈圈、脚镣及手铐等约束其活动范围。牢房中只供应一些稻草，从不打扫或清洗。因为当时还缺乏营养观念，病人几乎像动物般被喂食。除了供餐时间外，没有任何人会进到牢房中。这就是那个时期收容所的典型情况，且一直延续到18世纪后叶。

至于治疗技术，虽然是基于当时的科学观点，但主要是一些胁迫病人的手段，带有侵犯性，包括施以强力的药剂、水疗、放血、烙印、电击及身体束缚等。例如，有暴力倾向的病人被丢进冰水中；无精打采的病人被丢进热水中；狂躁的病人可能被投药以使其精疲力竭；有些病人可能被放血，以排出"有害"液体。此外，还有一些管理措施已接近严刑拷打。

从现代的角度来看，图画中描绘的情景显得不人道且有失体面，但是水疗在19世纪的精神病院中，则被视为标准治疗程序之一。

✚ 知识补充站

中国早期的精神病理观点

早在公元前7世纪，中国医学对疾病成因的观念就基于自然，而不是神鬼。在阴与阳（Yin and Yang）的概念中，人体就像一个宇宙，分为正与负两个层面，两者互补互斥。如果阴阳两种力量处于均衡状态，人的身心将会呈现健康状态，反之就会生病。因此，治疗首重恢复阴阳平衡，这可以通过饮食控制加以达成。

公元2世纪期间，中国医学达到相对较高的水平。张仲景（他被誉为中国的希波克拉底）撰述了两本著名的医书，他关于身心疾病的观点，也是建立在临床观察上，指出器官的病理是疾病的主因。此外，他认为负荷压力的心理状况可能导致器官病变。他的治疗利用两种作用力，其一是药物，其二是通过适宜活动以恢复情绪的平衡。

如同在西方的情况，中国关于精神疾病的观点，随后发生倒退现象，转而相信超自然力量为疾病起因。从2世纪后期到9世纪初期，神鬼之说大为盛行，精神错乱被认为是恶灵附身所致。幸好，几个世纪之后，中国就又复返生理与肉体的观点，也强调心理社会的因素。

2-3 走向人道主义之路（二）

三、人道主义的改革
（一）皮内尔在法国的实验
1792年，法国大革命展开后不久，皮内尔（Philippe Pinel，1745～1826）接掌巴黎的一间收容所。为了验证他认为"精神病患应该受到亲切体贴的对待"的观点，他请求"革命公社"同意他撤除一些病人身上的铁链。如果他的实验失败了，他很可能会被送上断头台。幸好，他的做法获得空前的成功。随着铁链被移除，阳光照进病房，病人被允许在庭院中活动，再配合亲切的对待和人性化的照顾，这一切带来的效果几乎是奇迹性的。

皮内尔的措施，让法国成为以人道方式处理精神病患的先锋，而且"终止将穷人、罪犯、身体疾病患者、精神错乱患者混置一处的混乱状态"。

（二）图克在英国的静修所
正当皮内尔在法国改革收容所之时，威廉·图克（William Tuke，1732～1822）也在英国建立了约克静修所（York Retreat）。静修所是一些舒适的乡村房舍，以便协助精神病患在一种善意、宗教的气氛中生活、工作及休养。

随着皮内尔取得令人惊讶成果的消息传到英国，威廉·图克的微薄力量也逐渐获得许多英国医师支持，他们在新成立的收容所引进受过训练的护士，而且在护理人员之上设立专职督导员。这些革新不仅改善了精神病患的照护条件，也改变了大众对于精神失常者的态度。

（三）拉什与美国的道德管理
皮内尔和图克的人道实验相当成功，改革了整个西方世界对于精神病患的处理方式。在美国，这项改革则是以本杰明·拉什（Benjamin Rush，1745～1813）为代表人物。拉什是美国精神病学的创立者。1783年，当任职于宾夕法尼亚州医院时，拉什提倡对精神病患采取更为人道的治疗。在此期间，道德管理（moral management）是被广泛采用的处置方式，它把焦点放在病人的社会、个体及工作需求上。

在收容所中，道德管理强调病人的道德及心灵发展，也强调"性格"的重建，但不太注重他们的身体或心理疾病——可能是当时针对这些病况还很少有有效的治疗。在实务层面上，道德管理通常采取手工劳动和思想讨论的方式，再伴随人道的对待。进入19世纪的后半段，随着心理卫生运动的兴起，再加上生物医学科技的进步，道德管理就渐趋式微。

（四）迪克斯与心理卫生运动
迪克斯（Dorothea Dix，1802～1887）是一位精力充沛的美国人，童年生活贫穷困苦，长大后却成为推动精神病患的人道待遇的重要人物。1841年，她开始到一所女子监狱教书，诸多因缘际会之下，她认识到人们在牢狱、救济院及收容所中的各种悲惨状况。

基于她的所见所闻。迪克斯在1841～1881年间，积极参与社会运动，试图唤醒一般民众和立法当局为精神失常者所遭受的不人道待遇做些事情。在她的呼吁和请求下，心理卫生运动（mental hygiene movement）开始在美国成长。

除了协助改善美国医院的环境，迪克斯也在加拿大及苏格兰等地，指导医院机构全面改革。她总共建立了32所精神病院，鉴于当时弥漫的无知和迷信气氛，这显然是一项惊人纪录。

1792年，皮内尔接管巴黎的收容所，为了验证他关于"疯狂是一种疾病"的观点，他下令移除病人（原本被当作犯人对待）的脚镣、手铐，让他们住进阳光普照的病房，并允许他们在庭院中活动。

+ 知识补充站

精神疾病是一个神话

有些人认为精神疾病最大的问题在于"帽子"，没有这些什么疾病的帽子，也就没有这些疾病。根据精神病学家托马斯·沙茨（Thomas Szasz）的看法，精神疾病甚至是不存在的，它只是一个神话（myth，或迷思）。他表示，各种症状被用来作为精神疾病的证据，但这些症状仅是一些医学标签，以容许专业处置介入所谓的社会问题——其实只是一些脱轨的人违反了社会规范。一旦贴上标签，我们就能因这些人的"越轨行为"对他们施加温和或严厉的处置，不用担心会扰乱社会现状。

虽然这样的看法较为极端，但心理学家逐渐倡导以生态模式（ecological model）来取代传统的医学模式。在生态模式中，失常或病态不被视为个人内在疾病的结果，而是人们与社会之间互动的产物。换句话说，失常被视为个人能力与社会要求，或与社会规范之间"失同步"。例如，学校通常要求儿童每天安静地坐在教室中好几个小时，以及按照规定做完自己的功课。有些儿童做不到，就被标示为"多动症"。然而，如果这些儿童处于另一种学校环境中，他们能够不受约束地在教室中走动，也能跟他人谈话，那么"失同步"的情况就不复存在，这些儿童就不会被贴上"失常"的标签。

最后，心理学家莱因（Laing，1970）指出，精神诊断把新奇和不寻常视为"疯狂"，而不是"有创意的天赋"，不但伤害了当事人，也将会斫伤社会。

2-4 走向人道主义之路（三）

四、19世纪对精神疾病的起因与治疗的观点

19世纪初期，因为道德管理在"精神失常"的处理上居于优势，精神病院大致上是由外行人所掌控，医疗专业人员或精神病医师的角色无足轻重。再者，当时针对精神疾病尚无有效治疗方式，只有打麻醉药、放血及服泻药等措施，所以很难获得有效结果。无论如何，到了19世纪后半段，精神病医师获得了精神病院的控制权，他们把传统的道德管理治疗，纳入另一些初步身体医疗程序中。

在当时，人们对精神疾病还只是一知半解，如重性抑郁障碍这类病况被视为精神衰竭所造成。换句话说，当时的精神病医师认为，情绪障碍起因于精力透支或身体能量耗损——生活不知节制的结果。个人耗尽珍贵的神经能量，则被称为神经衰弱（neurasthenia），这种病况涉及普遍的心情低落、缺乏活力及一些身体症状，它们被认为与文明要求所引起的"生活方式"（lifestyle）失调有关。

五、20世纪初期对心理健康态度的转变

到了19世纪后期，精神病院或收容所（即"山丘上的一幢大型宅邸"）在美国已成为人们熟悉的地标。尽管道德管理已推广许久，但精神病患在里面仍受到相当严厉的对待。对一般民众来说，收容所是一处阴森的地方，住在里面的是一群怪诞而令人惊恐的家伙。无论是在教导大众还是在降低对精神错乱的普遍恐惧上，住院的精神病医师都几乎没做什么努力。当然，这份沉默的主要原因是，他们原本就不知道应该传授什么实际知识。

在美国，克利福德·比尔斯（Clifford Beers，1876～1943）接手了迪克斯开拓性的工作。比尔斯毕业于耶鲁大学，他在1908年发表《发现自我的心灵》一书，描述自己精神崩溃的过程，也谈到他当时在三间典型精神病院所遭受的恶劣对待。虽然铁链及一些拷打器具早已弃置不用，但紧身衣（straitjacket）仍然被广泛使用，以便让躁动病人平静下来。比尔斯生动描绘了其所带来的痛苦及折磨。康复之后，他立即投入运动，试图让人们了解这样的方法无助于控制病情。

六、20世纪的精神医院照护

20世纪初期，在比尔斯等启蒙人物的号召下，精神病院的数量有所增长，主要是收容有严重精神障碍的人，如精神分裂症、重性抑郁障碍、器质性精神疾病、麻痹性痴呆及重度酒精中毒等。但在20世纪的前半段，医院很少提供有效的治疗，所谓的照护，经常是严厉、粗鲁、惩罚及不人道的。

1950年代，随着一些书籍（如 *The Snake Pit* 及 *Asylums*）的出版，政府开始认识到，有必要在社区提供较为人道的心理健康照护，以取代过度拥挤的精神病院。"国家心理卫生机构"也随之成立，积极培育这个领域所需的精神科医师和临床心理师。

20世纪后半段，随着科学的进展，特别是针对许多障碍（如双相障碍和精神分裂症）的有效药物的开发，在精神医疗界造成了重大冲击。这个时期的工作重心是关闭精神医院，以使精神失常的人重返社区。这波运动称为"去机构化运动"（deinstitutionalization），它促使住院人数锐减，使先前的病人能够在医院外过着较有生产力的生活。

在19世纪，患者因为躁动而接受治疗时，人们用皮带将他们绑在椅子上，然后快速地旋转椅子，直到他们安静下来为止。

变态心理学早期历史上的重要人物

远古时期

・**希波克拉底**（Hippocrates，460B.C.~377B.C.）
希腊医生，相信精神障碍是自然原因和脑部病变的结果，而不是神鬼附身。

・**柏拉图**（Plato，429B.C.~347B.C.）
希腊哲学家，相信精神病患应该受到人道对待，而且不需要为自己疯狂或疾病发作时的举动负责。

・**亚里士多德**（Aristotle，384B.C.~322B.C.）
希腊哲学家，柏拉图的门生。他赞同希波克拉底的理论：当体内的各种作用力（或体液）失衡时，就会导致精神疾病。但他不认为心理因素（如挫折和冲突）会引起精神疾病。

・**盖伦**（Galen，130~200）
希腊医生，也是希波克拉底传统观念的拥护者。他在神经系统的解剖学上作出一些最早期的贡献。盖伦把精神疾病的起因划分为身体和心理两大类。

中世纪

・**阿维森纳**（Avicenna，980~1037）
一位来自阿拉伯的医生，被誉为"医学王子"。当西方医学界以极不近人情的方式处理精神病患时，阿维森纳提倡人道原则。

・**马丁·路德**（Martin Luther，1483~1546）
德国科学家，宗教改革的领袖。他认为精神错乱者是被恶魔附身，这在当时是很普遍的观点。

・**拉什**（Benjamin Rush，1745~1813）
美国医生，美国精神病学的创立者，也是美国独立宣言的签署人之一。他在精神失常者的处置上，采用道德管理——依据皮内尔的人道主义取向。

2-5 变态行为的当代观点（一）

随着心理卫生运动于19世纪后半叶在美国蔓延，世界各地也发生重大科技进展。这些进步催生如今所谓的"变态行为的科学观点"，也促成我们将科学知识运用于精神失常者的治疗。

一、生物学的发现

这个时期，关于"身体疾病和心理障碍的发展是否有生物因素及解剖因素作为基础"的问题，生物医学的研究获得重大突破。例如，麻痹性痴呆（general paresis）是当时最严重的精神疾病之一，它会造成全身麻痹及精神错乱，一般在2~5年内导致死亡。但是，科学研究找到了它的器质因素（organic factors），即梅毒对大脑的影响。如今，我们已有盘尼西林作为治疗梅毒的有效药物，但是，从对精神疾病的迷信观念，直到科学上证明大脑病变如何引起特定障碍，变态心理学领域已走了很长一段路。这项突破在医学界燃起了莫大希望，即是否在另一些精神障碍上，也可找到器质基础。

从18世纪初期开始，随着解剖学、生理学、神经学、化学及综合医学等知识的累积，研究人员已大致清楚，不健全的身体器官是各种身体不适的起因。他们很自然地假定，精神障碍也是以器官（这里是指大脑）病变为基础的一种疾病。进入20世纪，科学人员已检定出大脑动脉硬化和老年精神疾病的脑部病理。此外，中毒性精神疾病（有毒物质所引起，如铅）、几种智能迟缓及另外一些心理障碍的器质病理也被发现。最后，虽然我们发现了精神障碍的器质基础，但是它只指出"如何"产生关联，在大部分案例中并未指出"为什么"发生关联。例如，虽然我们知道什么因素引起"早衰性"精神障碍，但我们仍不知道为什么有些人受到侵害，有些人则不会。

二、分类系统的发展

克雷佩林（Emil Kraepelin，1856~1926）是一位德国的精神病学家，他在变态行为的生物学因素的早期探究上厥功至伟。1883年，他出版教科书，除了强调大脑病变在精神疾病上的重要性，他的最重要贡献是，提出精神疾病的分类系统，成为如今DSM分类的先驱。

克雷佩林注意到，变态行为的一些症状往往有规律地一起出现，足以被视为同一类型的精神疾病。他因此着手描述及澄清这些类型的精神疾病，拟订一套分类体系。克雷佩林视每一类型的精神障碍为独特而与众不同的，每种障碍的发展过程是预先决定而可预测的，即使它还不能被控制。

三、精神疾病之心理学基础的发展

除了生物学的研究外，许多学者从心理因素着手来理解精神疾病。第一大步由弗洛伊德（Sigmund Freud，1856~1939）所跨出，他是20世纪最常被援引的心理学理论家。弗洛伊德开发了一套内容广泛的精神病理学理论，通常被称为心理动力学（psychodynamics），强调潜意识动机的内在原动力。至于他用来探讨及治疗病人的方法，就被称为精神分析（psychoanalysis）。

（一）催眠术（mesmerism）

梅斯默（Franz Anton Mesmer，1734~1815）是奥地利医生，他发扬16世纪学者帕拉采尔苏斯的观念，相信天空行星的磁力会影响人体功能。他认为人体内普遍存在磁性体液，而就像地球上的潮汐变化，行星的磁力也会影响体液的分布情况，进而决定身体的健康或疾病。有些人之所以精神错乱，就是体内磁场紊乱所致，这被称为动物磁力说（animal magnetism）。

沙可（Charcot）实地示范催眠的作用。虽然身为神经学家，但他采取心理社会的角度解释歇斯底里症。

变态心理学早期历史上的重要人物

16~18世纪

· 帕拉采尔苏斯（Paracelsus，1490~1541）
瑞士医生，驳斥鬼神论为变态行为的起因。他相信精神疾病起因于人类本能层面与心灵层面之间的冲突。他认为月亮的圆缺对大脑产生一种超自然影响力——如今有些人仍然深信不疑。

· 大德兰（Teresa of Avila，1515~1582）
西班牙修女，后来被封为圣徒。她主张精神疾病是一种心灵的失衡。

· 约翰·维耶（Johann Weyer，1515~1588）
德国医生兼作家，反对神鬼论。他先进的思想受到同行和教会的排斥。

· 斯考特（Reginald Scot，1538~1599）
英国人，毕生致力于推翻巫术和恶魔的谬论，反驳邪恶精灵为精神障碍的起因。

· 罗伯特·伯顿（Robert Burton，1576~1640）
牛津大学的学者，他于1621年发表一篇经典、深具影响力的论文：《抑郁症的剖析》。

· 图克（William Tuke，1732~1822）
英国教友派的信徒，创建约克静修所，使精神病患在融洽的宗教气氛中生活、工作及休养。

· 皮内尔（Philippe Pinel，1745~1826）
法国医生，首创在精神病院实行道德管理，以人性化方式对待精神病患。

2-6 变态行为的当代观点(二)

梅斯默尝试把他的观点付诸实行,用于医治病人的歇斯底里症状。但最终他被学术界指控为"江湖郎中",迅速地湮没于历史。无论如何,他的治疗方法和效果,多年来一直是科学争论的核心。事实上,随着精神分析在20世纪初期登上世界舞台,催眠术再度引起热烈讨论。

(二)南锡学派(the Nancy School)

南锡是法国东北部的一个城市,当地一些医生及学者对于歇斯底里症(hysteria)与催眠之间的关系深感兴趣。除了用来治疗精神疾病外,他们也对正常人进行催眠,使之改变意识状态。他们发现:在歇斯底里症患者身上观察到的一些现象(如失声、失去痛觉),也可在正常人身上借由催眠而产生;同一些症状,也可借由催眠而消除。因此,他们认为催眠状态和歇斯底里症两者都是源自"暗示作用"(suggestion),即歇斯底里症似乎是一种自我催眠。凡是接受此观点的医生,最终就被称为南锡学派。

另外,沙可(Jean Charcot, 1825~1893)是当时首屈一指的病理解剖学家和神经学家,他坚持歇斯底里症起因于大脑退行性病变。沙可与南锡学派间的辩论,是医学史上最重要的论战之一,最终是南锡学派高奏凯歌。这是史上首度认定"心理因素可能引起精神疾病"。

关于"精神疾病究竟是由生物因素还是心理因素引起",接近19世纪尾声时,这个问题的答案已更趋明朗,即精神疾病可能具有心理基础、生物基础,或两者皆有。但是,那些以心理为基础的精神疾病究竟是如何形成呢?

(三)精神分析的起始

弗洛伊德是奥地利的精神病学家,他尝试系统地回答上述问题。1885年,他慕名前往巴黎,向沙可求教催眠术疗法,他也熟悉南锡学派的治疗理论。他相信有一些强力的心理过程可能潜伏起来,不为意识所察觉。

返回维也纳后,弗洛伊德采取新的技术,他引导病人在催眠状态下,不受拘束地谈论自己的烦恼。病人通常会吐露许多情绪,而且清醒过来后,感受到重大的情绪缓解,这被称为宣泄(catharsis,或净化)。宣泄不仅帮助病人释放紧张情绪,也对治疗师透露病人障碍的本质。

从这样的程序中,弗洛伊德发现潜意识(unconscious)的存在。潜意识是心灵的一部分,蕴藏当事人察觉不到的生活经验。它的存在就表示,当事人意识之外的过程(processes),可能在决定行为上扮演重要角色。

弗洛伊德采用两种方法,以理解病人的意识和潜意识思想过程。首先是自由联想(free association),它要求病人毫不拘束地谈论自己,从而提供关于他们情感、欲望及冲动等信息。其次是梦的解析(dream analysis),它要求病人记录及描述自己的梦境。这两种技术协助分析师和病人获得洞察力,达成对病人情绪障碍更充分的理解。

弗洛伊德拍摄于其维也纳家中的办公室，他创立精神分析学派，也是有史以来对人类文化影响最大的人物之一。

变态心理学早期历史上的重要人物

19世纪到20世纪初期

·迪克斯（Dorothea Dix，1802～1887）

美国教师，也是美国心理卫生运动的发起人。为了更合乎人道地对待病人，也为了把精神错乱者和智能障碍者安置在良好设施中，她在40年间在美国各地开展游说活动。

·比尔斯（Clifford Beers，1876～1943）

美国临床心理学历史上一位重要的改革者，他因为严重抑郁而住进精神病院，因而开始记录他在医院中的经历。当终于摆脱双相障碍症状后，他撰写书籍并发起运动，试图矫正医院中那些虐待精神病患的行径。

·梅斯默（Franz Anton Mesmer，1734～1815）

奥地利医生，他首创以诱导法改变病人的意识状态，从而达成治疗效果。梅斯默被心理学界公认为现代催眠术之父。

·克雷佩林（Emil Kraepelin，1856～1926）

德国精神病学家，强调大脑病变在精神疾病的发展上占有重要角色。他开发了第一套诊断系统。

·弗洛伊德（Sigmund Freud，1856～1939）

奥地利心理学家和精神病学家，他也是"精神分析"心理治疗学派的创始人。弗洛伊德的名声超出了心理学界，举凡文学、哲学、艺术、宗教、法学、医学及社会学等领域，都受到其理论的重要影响。

2-7 变态行为的当代观点（三）

四、实验心理学的开展

虽然实验心理学家的早期研究与临床业务无关，也与我们对变态行为的理解没有直接关联，但他们把严谨的态度带进临床探讨中。

（一）早期的心理学实验室

1879年，冯特（Wilhelm Wundt，1832～1920）在德国莱比锡大学建立世界上第一所心理学实验室，首创以科学实验方法研究心理现象。他的最大贡献是使心理学脱离哲学范畴，开创了现代科学心理学的新纪元。冯特设计了许多基本实验方法和策略，他的追随者将其应用于探讨临床问题。例如，卡特尔（J. Mckeen Cattell，1860～1944）是冯特的一位学生，他把冯特的实验方法带到美国，用于评定信息处理速度的个体差异。

韦特默（Lightner Witmer，1867～1956）是冯特的另一位学生，1896年他整合研究和实务，在宾夕法尼亚大学创设美国第一间心理诊所，协助有学习障碍的儿童。他被誉为临床心理学之父。

在韦特海默鼓舞之下，另一些诊所也纷纷设立，其中最受重视的是海利（William Healy，1869～1963）于1909年建立的"芝加哥青少年辅导机构"。海利首创视青少年犯罪为都市化（urbanization）的症状，而不是内在心理失调所致。他率先指出新的因果关系，即变态行为的起因可能是环境（或社会文化）因素。

（二）行为主义的观点

从19世纪后期到20世纪初期，精神分析论几乎主宰对变态行为治疗的思路。行为主义（behaviorism）这时候正从实验心理学脱颖而出，试图挑战它的霸权。行为学派主张，个人的主观经验（像是自由联想和梦的解析所提供的资料）不应作为研究对象，科学的探讨应该针对"直接可观察的行为"。

1.经典条件反射（classical conditioning）：刚翻到20世纪这一页时，俄国生理学家巴甫洛夫（Ivan Pavlov，1849～1936）以实例说明，经由使非食物刺激（如铃声）有规律地伴随食物多次呈现，狗会针对非食物刺激分泌唾液，称为条件反射。这种形式的学习，后来被称为"经典条件反射"，它是指非条件刺激（UCS）先天能够引发非条件反应（UCR），当引进某一中性刺激，再经过与非条件刺激多次配对后，此中性刺激就成为条件刺激（CS），也将能够引起条件反应（CR）。

华生（John B. Watson，1878～1958）是一位美国心理学家，他认为心理学想要成为一门真正的科学，就必须摒弃所有主观的"心理"事件，转而探讨可被客观观察的外显行为。华生也挑战当时的精神分析学家和生物取向的心理学家，他认为变态行为不过是早年之不幸、不经意条件反射的产物，可以经由对抗性条件作用加以矫正。

2.操作性条件反射（operant conditioning）：当巴甫洛夫和华生正探讨刺激—反应条件作用时，桑代克（E. L. Thorndike，1874～1949）和随后的斯金纳（B. F. Skinner，1904～1990）则探讨另一种条件作用，即行为的后果如何影响行为。例如，迷笼中的猫偶然拉下链条，随后就获得食物的强化，重复几次后就学会此特殊反应。桑代克将这种学习模式称为工具性条件反射（instrumental conditioning），后来斯金纳将其重新命名为"操作性条件反射"。

斯金纳是20世纪美国心理学家，坚持心理学应该只研究外显行为，而不论及内在心理活动。他在1948年和1971年分别出版《桃源二村》❶和《自由与尊严之外》❷两本书，试图将自己的学习理论推广于实际生活，特别是在学校教育和心理治疗等方面，这使他成为近代最为知名的心理学家之一。

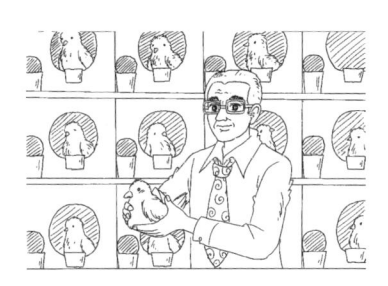

变态心理学早期历史上的重要人物

19世纪到20世纪初期

· **冯特**（Wilhelm Wundt，1832~1920）

德国生理学家和心理学家，他于1879年设立第一个心理学实验室，随后影响了变态行为的实证研究。他被誉为实验心理学之父。

· **卡特尔**（J. Mckeen Cattell，1860~1944）

美国心理学家，他采用冯特的方法，探讨信息处理的个别差异。他是最早把心理学研究结果加以统计量化的心理学家。

· **韦特默**（Linghtner Witmer，1867~1956）

美国心理学家，他在宾夕法尼亚大学创设第一间心理诊所，也是学校辅导和特殊教育的先驱，被誉为临床心理学之父。他在1907年创办《心理临床》（*The Psychological Clinic*）期刊。

· **海利**（William Healy，1869~1963）

美国心理学家，建立"芝加哥青少年辅导机构"，他提倡新的观念，即精神障碍起因于环境（或社会文化）因素。

· **巴甫洛夫**（Ivan Pavlov，1849~1936）

俄国生理学家，他发表经典条件反射的研究，为后来美国行为主义之"刺激—反应"的学习提供了理论基础。

· **华生**（John B. Watson，1878~1958）

美国心理学家，执行学习原理的早期研究，后来被誉为行为主义之父。他的思想是把心理学当作自然科学来研究，把人性变化视同物性变化来处理。

· **斯金纳**（B. F. Skinner，1904~1990）

美国学习理论家，他是操作性条件反射学习理论的创立人，也是极端行为主义的代表人物。他坚信行为科学可以改造社会。

---

❶ 简体中文版《瓦尔登湖第二》由商务印书馆于2016年出版。——编者注
❷ 简体中文版多译作《超越自由与尊严》。——编者注

第三章
变态行为的起因

3-1　素质—压力模型

3-2　多元观点的采择

3-3　生物学的观点（一）

3-4　生物学的观点（二）

3-5　心理学的观点——精神分析论（一）

3-6　心理学的观点——精神分析论（二）

3-7　心理学的观点——较新的心理动力学

3-8　心理学的观点——人本与存在主义

3-9　心理学的观点——行为主义（一）

3-10　心理学的观点——行为主义（二）

3-11　心理学的观点——认知行为主义

3-12　心理因素（一）

3-13　心理因素（二）

3-14　社会文化的观点

3-1 素质—压力模型

变态心理学的核心是探讨什么因素引起人们的心理苦恼，以及引起人们的不适应行为。如果我们知道某一障碍的起因，我们就能加以预防，或许还能加以消除。此外，如果我们清楚理解各种障碍的起因，我们也能做更良好的分类及诊断。

这里所提关于变态行为的许多观点中，它们的一个共同特征是，都可被视为素质—压力模型。

一、素质与压力（diathesis and stress）

（一）素质

个人发展出某一障碍的先天倾向，称为"素质"。它可以是源自生物、心理或社会文化的因素，而且不同观点强调不同类型的素质。许多精神障碍之所以发展出来，首先是当事人拥有某一障碍的素质或脆弱性，再随着一些应激源（stressor）的出现，障碍就形成了，这被通称为变态行为的素质—压力模型。在此模型中，素质是相对的远因，但通常还不足以引起障碍。障碍的形成还必须有一些近因，即较近期的不称心事件或处境（应激源）。

（二）压力

压力是指个人对干扰其身体或心理平衡的刺激事件所表现的反应，这样的事件被个人认为超越其个人资源，或造成资源的过度负荷。压力通常发生在个体经历长期或偶然的不合意事件时。往往只有当压力环境已导致不适应行为后，我们才能推断素质的存在。

二、加成模型和互动模型（additive and interactive model）

素质和压力如何联合起来导致障碍？几种不同模型已被提出。

（一）加成模型

素质和压力两者加起来，达到一定数额的话，障碍就可能形成。换句话说，当个体拥有高度素质时，只需少量压力，障碍就会形成。素质较低时，就需面临大量压力，障碍才会形成。因此，即使个体不具素质（或极低），当面对真正沉重的压力时，他仍然可能发展出障碍。

（二）互动模型

个体首先必须有一定程度的素质，压力随后才能发挥作用。因此，在互动模型中，个体不具素质的话，他将永远不会发展出障碍，无论他承受多大的压力。但个体一旦具有素质，随着压力累积，他发展出障碍的风险也将递增。

（三）保护因子（protective factors）

除了素质和压力外，近期的研究重心放在保护因子上。保护因子有助于调节当事人对环境应激源的反应，使当事人较不会蒙受应激源的不利影响。

1.正面的生活经验。个人在儿童期拥有良好的家庭环境，至少双亲之一是温暖而支持的，容许良好依恋关系的发展。

2.适度的生活压力。有时候暴露于压力体验，再顺利地加以处理，可以促进个人自信心的建立或自尊的发展，从而充当保护因子。这种"预防接种"的效应通常发生在面对适度应激源时，而不是面对轻微或极端应激源时。

3.个人的特质或属性。有些保护因子无关乎生活经验，它们有助于个体抗衡各式各样的应激源，这些属性包括随遇而安的性情、高自尊、高智力及学业成就。

采取素质—压力模型以解释变态行为

```
                    变态行为的起因
                   ┌──────┴──────┐
              内在原因              外在原因
     生理构造或早期经验，      环境因素和个人生活中
     如体质、脆弱性或        现存的挑战，即各种
     先天倾向             应激源
                   └──────┬──────┘
          素质使当事人容易发展出某一障碍，然后环境压力使
          这个"可能性"变成"事实"
                          ↓
          变态行为的不同模型检定出不同素质和不同应激源，
          视为通往精神障碍的路线
```

对抗应激源的一些保护因子

```
                     重要的保护因子
          ┌───────────────┼───────────────┐
    正面的童年生活经验    偶尔置身于适度压力的情境    个人的一些积极特质
          └───────────────┼───────────────┘
                          ↓
          心理弹性（resilience）：顺利适应困难处境的能力
          ┌───────────────┼───────────────┐
    尽管面对高风险的      在威胁之下，仍        从创伤中复原的
    情况，仍获得          维持胜任能力         能力
    良好结果
          └───────────────┼───────────────┘
                          ↓
          变态行为的不同模型检定出不同的保护因子，视为
          面临逆境时通往复原的路径
```

3-2 多元观点的采择

一、观点的采择

在了解变态行为的起因上,专业人员通常会持有自己的观点,特定观点的采择有助于专业人员组织他所做的观察,以及提供一套思想体系,以便安置所观察的资料和建议治疗的焦点。自弗洛伊德之后,近年来,在变态行为的探讨上,同时盛行着另外三种研究观点。

1.心理动力的观点:在变态心理学的研究焦点上,弗洛伊德促成从生理疾病或道德缺失的论点,转移到个人内在的潜意识心理过程。

2.生物学的观点:这种观点是精神医学界的主导势力,也在临床科学上颇具影响力。

3.行为与认知—行为的观点:它在许多实证取向的临床心理师和一些精神科医师中,已成为极具影响力的观点。

4.社会文化的观点:它侧重于社会文化因素(sociocultural factors)对变态行为的影响。

近年来,许多理论家已认识到,为了充分理解各种精神障碍的起源,我们有必要采取整合的生物心理社会观点(biopsychosocial view point)。它认定生物、心理及社会文化因素之间存在相互影响,因而都在精神障碍和治疗上扮演一定角色。

二、生物学的观点

传统的生物观点认为,精神障碍也是一种身体疾病,只不过它们的许多主要症状属于认知、情绪或行为的层面。因此,精神障碍被视为中枢神经系统、自主神经系统及内分泌系统的失调。这样的失调可能来自遗传,也可能是一些病变引起的。我们以下讨论四大类生物因素,它们似乎与不适应行为的发展尤其相关。

神经递质和激素的失衡

为了使大脑适当发挥功能,神经元需要能够有效地互相传递信息。这样的信息传递是由神经递质(neurotransmitters)完成的。神经递质是一些化学物质,当神经冲动(本质上是一种电位活动)发生时,它们被突触前神经元释放到突触间隙中(一个充满液体的微小空隙),然后在突触后神经元的树突(或细胞体)细胞膜上产生作用。

有许多不同性质的神经递质,有些是促进神经冲动的传递,另一些则是抑制冲动的传递。至于神经信息能否顺利地传送到突触后神经元,则取决于神经递质在突触中的浓度。

1.神经递质的失衡

"大脑神经递质的失衡可能导致变态行为",这是生物观点的基本理念之一。有时候,心理压力会导致神经递质失衡,这是通过以下几种方式产生的:神经递质被过量制造及释放到突触间隙中,造成功能过度发挥;神经递质(一旦被释放到突触中)失活(deactivated)的正常过程发生故障,这可能发生在重摄取过程,或发生在分解过程;突触后神经元的受体发生差错,可能是异常的灵敏或不灵敏。

神经细胞（神经元）的示意图。它的主要构造包括细胞体、树突和轴突三部分。

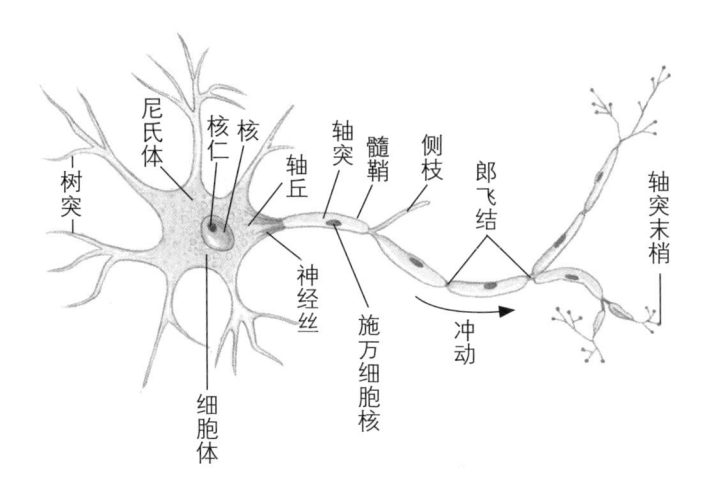

（图：神经元结构示意图，标注包括：树突、尼氏体、核仁、核、轴丘、轴突、髓鞘、侧枝、郎飞结、轴突末梢、细胞体、神经丝、施万细胞核、冲动）

突触传递的示意图

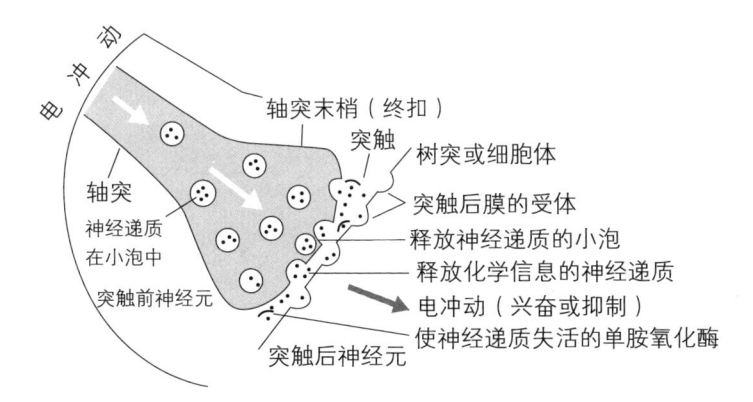

（图：突触传递示意图，标注包括：电冲动、轴突、神经递质在小泡中、突触前神经元、轴突末梢（终扣）、突触、树突或细胞体、突触后膜的受体、释放神经递质的小泡、释放化学信息的神经递质、电冲动（兴奋或抑制）、使神经递质失活的单胺氧化酶、突触后神经元）

1. 神经递质被容纳在接近轴突末端的突触小泡中，当神经冲动抵达时，突触小泡释放神经递质到突触中。

2. 神经递质接着作用于接收神经元树突的细胞膜，这些细胞膜上有特化的突触后膜的受体，接收传递而来的信息。

3. 突触后膜的受体接着启动接收神经元的反应，可能是引发神经冲动的传递，也可能是抑制冲动。

4. 神经递质不是无限期地停留在突触中，有时候它们很快被酶（enzyme，如单胺氧化酶）所破坏；有时候它们则经由"重摄取"（reuptake）机制而重返轴突末梢的突触小泡中。

3-3 生物学的观点（一）

药物被用来治疗许多障碍，它们的作用就是矫正神经递质的失衡。例如，氟西汀（Prozac）是被广泛使用的抗抑郁药，它的作用就是减缓神经递质血清素（serotonin）的重摄取，以便延长血清素停留在突触间隙中的时间。

研究人员迄今已发现上百种神经递质，但下列五种似与精神障碍最相关：去甲肾上腺素（norepinephrine）、多巴胺（dopamine）、血清素（5-羟色胺）、谷氨酸（glutamate）、GABA。

2.激素的失衡

另一些精神变态涉及激素失衡。经由下丘脑对垂体的影响，中枢神经系统与内分泌系统联结起来，被统称为神经内分泌系统。内分泌系统由多种分泌腺构成（见右页图），它所分泌的化学物质称为激素，直接渗透至血液之中。

激素（hormones）是身体的化学信使，它们经由血液输送而各自发挥不同功能。激素的失衡被认为导致多种心理障碍，如抑郁症和创伤后应激障碍。此外，性腺制造性激素，性激素（如雄性激素）的失衡，也会导致不适应行为。

遗传脆弱性

基因（gene）是生物个体遗传的基本物质，也是位于染色体DNA上的功能单位。个体的发育、生理机能维持及性别特征的表现等，都是依照基因上遗传密码的指令。虽然基因从来不能完全决定我们的行为或精神障碍，但是研究证据已指出，大部分精神障碍至少在一定程度上可诉诸遗传影响力，只是影响程度不同。

这些遗传影响力中，有些是初见于新生儿和儿童，如广泛的气质。举例而言，有些儿童天生就较为害羞或内向，有些则较为活泼或外向。但是，有些遗传脆弱性是直到青少年期或成年期才表现出来的，大部分精神障碍在这个时期首次现身。

虽然我们经常看到报道，指出某些障碍的"基因"已被发现，但是精神障碍的脆弱性几乎总是多基因的（polygenic），也就是它们受到多种基因的影响，单一基因的影响不大。这表示遗传上脆弱的个体经常继承大量基因，它们以某种加成或互动方式一起运作而增加脆弱性。集体作用之下，这些基因可能导致中枢神经系统的结构异常、导致大脑化学和激素平衡的差错，或导致自主神经系统的过度反应或反应不足。

在变态心理学的领域中，遗传影响力很少以简单而直接的方式表现出来。不像一些身体特征（如虹膜的颜色），我们的行为不是遗传天赋所能完全决定的，它是个体与环境互动之下的产物。这也就是说，基因只能间接地影响行为。基因的表现通常不是登记在DNA上信息的单纯结果，反而是受到内在和外在环境影响的一套复杂过程的终端产物。事实上，当面临环境的影响力时（如压力），一些基因可能实际上被"开启"（活化）或"关闭"（去活化）。

在与心理障碍的关系上，受到最广泛探讨的五种神经递质

（1）	（2）	（3）	（4）	（5）
去甲肾上腺素	多巴胺	血清素	谷氨酸	GABA
当我们暴露于险境时，它在我们身体紧急反应上扮演重要角色。它涉及注意、定向及基本动机。	它的功能包括愉快和认知处理，也涉及一些成瘾障碍。帕金森病就是由于基底神经节中多巴胺含量不足所造成的。	对于我们的思考方式和处理环境信息有重要影响，也影响我们的行为和心境，因此涉及心境障碍，如焦虑及抑郁，也涉及自杀。	属于兴奋性神经递质，涉及精神分裂症。它在药物、酒精及尼古丁成瘾上也扮演一定角色。	与减低焦虑有密切关联，也与高度生理激发特有的一些情绪状态有关。

内分泌系统的示意图

垂体是身体的主宰腺，它制造多种激素，以调节或控制其他内分泌腺。

- 下丘脑
- 垂体
- 甲状腺
- 胸腺
- 肾上腺
- 胰腺
- 卵巢（女性）　｝性腺
- 睾丸（男性）

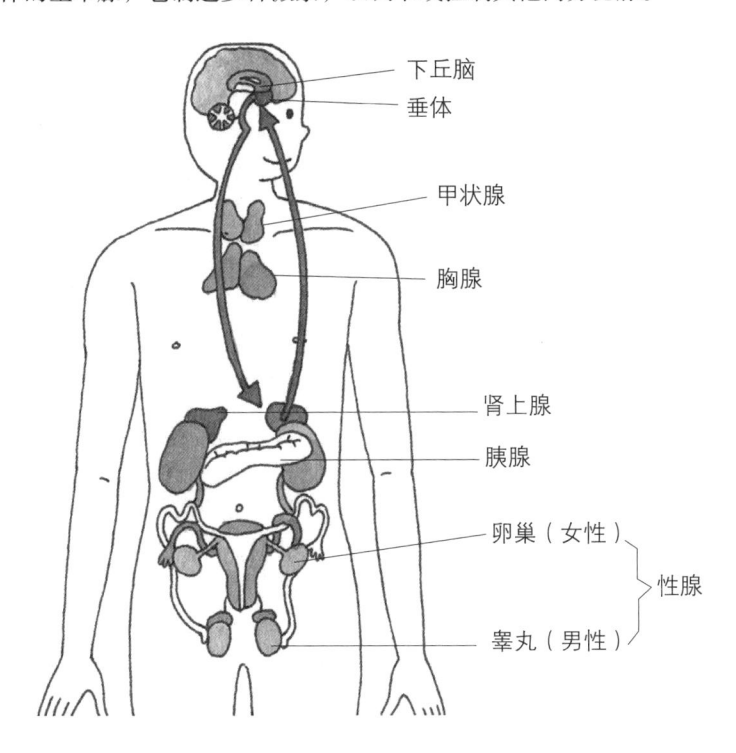

3-4　生物学的观点（二）

气质

气质（temperament）是指个人在一般情况下所表现出的持久的情绪倾向，它被认为与先天遗传的体质有密切关系。从出生后不久，婴儿在针对各种刺激的特有情绪反应和警觉反应上就显现差异，也在他们趋近、退缩或注意各种情境的倾向上显现差异。一些婴儿会被轻微的声响吓到，或被阳光照射脸孔就会哭泣，另一些则对这样的刺激缺乏感应。这些行为受到遗传因素的强烈影响，但产前和产后的环境因素，也在它们的发展上扮演一定角色。

早期气质被认为是人格发展的基础。从大约2个月到3个月大起始，有五个维度的气质可被辨识出来，它们是：害怕、易怒与挫折、正面情感、活动水平、注意的持续性与有意的控制。有些气质较早出现，有些则较晚。这些气质对应于成年期一些重要的人格维度，如神经质、外向性等。从生命的第一年后期，直到至少儿童中期，一些气质呈现中等程度的稳定性，但气质也可能发生变动。

最后，气质可能为后来生活中各种精神障碍的发展布置了舞台。例如，研究人员区分出一种"行为抑制型"幼儿，他们在许多新奇或不熟悉情境中，显得害怕及过度警戒，此特质具有高度的遗传性，当它稳定时，它是后来在儿童期（或许在成年期）发展出焦虑障碍的风险因素。反过来说，如果2岁的幼儿极度不受抑制，毫不害怕任何事情，他们可能很难从父母或社会中学会道德规范。已有研究发现，他们在13岁时就会展现较多攻击及违规行为。如果这些人格成分再结合高度敌意，他们很可能发展成品行障碍（conduct disorder）或者反社会型人格障碍。

大脑功能失常与神经可塑性

近几十年来，随着新式神经造影技术的使用，我们对大脑结构或功能的一些较微妙失调如何影响精神障碍已有更深入的认识。这些技术已显示，大脑发育的遗传程序不是那般僵硬而绝对的。个体存在神经可塑性（neural plasticity）——也就是当面临产前与产后经历、压力、饮食、疾病及成熟等事件时，大脑拥有更改其组织及功能的变通性。这表示现存的神经回路可以被改变，或新的神经回路可能产生。

举例来说，在产前经历方面，如果把怀孕母鼠安置在充实而丰富的环境中，它们的子女较不会受到发育早期所发生脑损伤的负面影响。在负面效应方面，如果怀孕母猴暴露于出其不意的巨大声响，它们的婴儿会显得神经过敏而紧张不安。许多产后环境事件也会影响婴儿和幼儿的大脑发育。例如，婴儿出生后新神经连接（或突触）的形成，受到他们所拥有生活经验的重大影响。如果老鼠被养育在丰富的环境中，它们皮质的一些部位显现浓密而厚重的细胞发育（每一神经元有较多的突触）。这种现象（但规模较小）也可能发生在年纪较长的动物身上。因此，神经可塑性在某种程度上持续生命全程。

这些研究似乎说明，人类婴儿应该处于有丰富刺激的环境。但是后续研究指出，正常的养育环境再加上关爱的父母就能完全胜任。更近期的研究则显示，贫乏而剥夺的环境可能导致发育的迟缓。

关于变态行为起因的生物学观点

变态行为的四大类生物因素

1. 神经递质和激素的失衡
①大脑神经递质的失衡可能导致变态行为。
②激素的失衡涉及多种心理障碍，如抑郁症。

2. 遗传脆弱性
基因发生差错。大多数精神疾病呈现至少某种程度的遗传影响力，只是程度不一而已。

3. 气质
气质为生活后期各种精神障碍的发展布置好舞台。

4. 大脑功能失常与神经可塑性
①个体拥有高度的神经可塑性，当面临环境的不利条件时，大脑可以有所变通而修改自己的构造及功能。
②神经可塑性持续整个生涯。

+ 知识补充站

生物学观点的展望

生物学的发现已深刻影响我们对人类行为的思考方式。我们现在已认识生化因素与先天特性在正常行为和变态行为两者上的重要性。此外，自1950年代以来，我们见证了药物使用上的许多新进展，药物能够显著地改变一些精神疾病的严重性及进程，特别是较严重的疾病，如精神分裂症和双相障碍。成群新药物的推出使生物观点，不仅在科学界，也在大众媒体上受到瞩目。相较于其他疗法，生物治疗似乎有更为立即的效果，且似乎不用花费太多力气。但是，我们有必要提醒，很少（假使有的话）精神障碍无关乎人们的性格（个性），或无涉于他们在生活中所面对的困扰。因此，药物绝不是万灵丹，它们不是可以解决一切问题的妙方。

3-5 心理学的观点——精神分析论（一）

在解读变态行为上，心理学的观点（psychological viewpoints）不仅视人类为生物有机体，也视人类为拥有思想、动机、欲望及知觉的生物。我们将讨论关于人类本质和人类行为的三种主流观点，即心理动力、行为和认知—行为的观点。此外，我们还将论述具有一定受众的另两种观点，即人本主义和存在主义的观点。

一、心理动力的观点

弗洛伊德创立了精神分析学派，强调潜意识的动机及思想的角色。他认为心灵的意识部分只占很少的区域，至于潜意识部分就像一座冰山被淹没的部分，占据心灵的绝大区域。潜意识深处埋伏的是伤害的记忆、禁忌的欲望及其他被压抑的经验。然而，潜意识资料会不断地试图表达出来，如通过幻想、梦境、说漏嘴（或不经意的动作）及某些精神症状等。除非这些资料被带到意识层面，整合到人格之中，否则它们始终有导致不适应行为之虞。

人格的结构

在弗洛伊德的理论中，个人行为起源于人格的三个关键成分的交互作用：

1.本我（id）：人格结构中最原始的成分，出生时就已经存在。本我包含人类的原始冲动，这些冲动是继承而来的，可被划分到两个对立的阵营：生本能（life instincts），它们是促动个人求存的力量，又称力比多（libido）——人类寻求性爱和满足的一切活动背后深处的原动力；死本能（death instincts），一些破坏性的力量，促动个人朝向攻击、毁灭及最终死亡。本我的运作依循享乐原则（pleasure principle），它要求本能的立即满足，毫不考虑现实或道德的问题。

2.自我（ego）：这是人格结构中遵从理性、讲求实际的成分。随着个人出生后开始接触到现实环境，自我才逐渐从本我中分化出来。自我的主要功能是，以切合现实的方法满足本我的冲动，同时又要符合超我的道德要求。自我的运作依循现实原则（reality principle）。

3.超我（superego）：随着儿童成长而逐渐习得父母和社会关于"对与错"及"是与非"的价值观，超我就渐渐从自我之中浮现。超我有两个重要成分：一是自我理想（ego-ideal），来自父母对行为的奖励；二是良心（conscience），来自父母对行为的处罚。超我的运作依循的是道德原则（morality principle），也就是遵循权威人物（或社会）所设定的行为准则。

根据弗洛伊德的说法，当本我、自我及超我正在追求不同的目标时，个人就会产生内在心理冲突。如果不加以解决，这些内心冲突将会导致精神障碍。

焦虑与防御机制

弗洛伊德指出，在所有神经官能症中，焦虑（anxiety）是一种普遍的症状。一些时候，焦虑被直接地感受到；另一些时候，焦虑则被压抑，然后转换为一些外显症状，如癔症性失明或癔症性瘫痪。

弗洛伊德认为心灵就像是一座冰山，只有一小部分（自我）是外显的，代表你的意识层面。冰山的绝大部分属于潜意识层面，不为你所觉知。

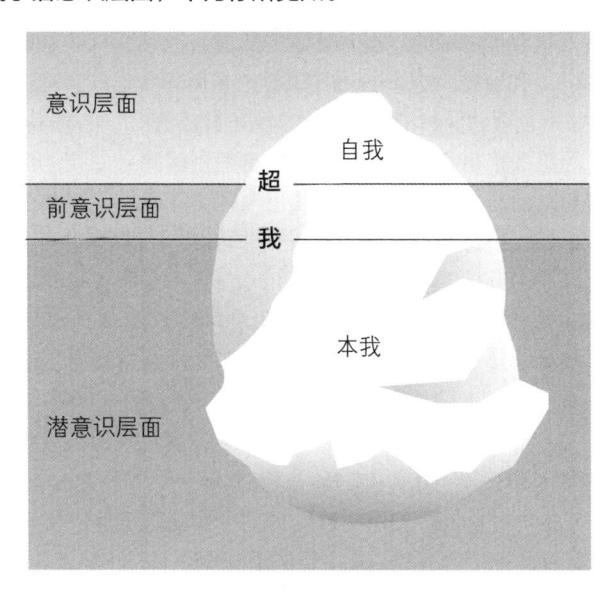

意识层面
前意识层面
潜意识层面

超我
自我
本我

> **+ 知识补充站**
>
> **弗洛伊德小传**
>
> 　　弗洛伊德于1856年出生在奥地利。他在家中排行老大，有两个弟弟和五个妹妹。弗洛伊德的父亲比母亲大20岁，而且相当严厉及专横，令弗洛伊德既怕又爱。母亲则慈爱而保护他，弗洛伊德对她有种热情的依恋。这种亲子关系或许是他后来提出"恋母情结"（Oedipus complex）的理论基础。17岁时，弗洛伊德进入维也纳大学修读医学。1881年，他开始私人执业，担任临床神经专科医师。1886年弗洛伊德结婚，婚后育有三男三女，女儿安娜·弗洛伊德后来也成为杰出的心理学家。
>
> 　　1884年，弗洛伊德开始跟布洛伊尔（Breuer）合作，后者采用倾诉法（talking out）治疗歇斯底里症，这引起弗洛伊德对精神分析的兴趣。1885年，他前往法国，师从病理学家沙可学习催眠术。沙可认为生理功能的障碍可能源自心理因素，这对弗洛伊德的理论有重大影响。
>
> 　　1900年，弗洛伊德发表《梦的解析》一书，精神分析随着这本书的问世而逐渐发展。它也吸引了一批年轻学者加入精神分析的阵营，包括阿德勒和荣格。1905年，弗洛伊德又出版了《性学三论》。但因为理念不合，阿德勒和荣格先后与弗洛伊德决裂，自立门户。1909年，弗洛伊德接受美国克拉克大学的邀请前往演讲，这使他的理论受到国际上的重视。1933年德国纳粹得势之际，弗洛伊德坚持留在维也纳。直到1939年奥地利被占领后，他才同意移居伦敦。1939年，弗洛伊德因口腔癌病逝于伦敦，享年83岁。

3-6 心理学的观点——精神分析论（二）

通常，自我能够采取合理的措施以应对客观的焦虑。但是，有些焦虑是属于潜意识的，如神经质焦虑（neurotic）和道德焦虑（moral），这时候就无法通过合理措施处理。在这种情况下，自我会诉诸一些不合理的保护措施，称为自我防御机制（ego-defense mechanisms）。经由协助当事人把痛苦的想法推出意识之外，这些防御机制解除或安抚了焦虑，但是并未直接地处理问题。自我防御机制的特征是需要否定或扭曲现实，所以它们多少是一种自欺（self-deceptive）的手段。当被过度使用时，它们制造的困扰将会多于所解决的困扰。

性心理发展阶段

根据弗洛伊德的说法，广义的性冲动不是在青春期突然出现，而是从出生就开始运作的。婴儿和幼儿从生殖器官及另一些敏感部位的物理刺激中获得快感。他认为个人的性心理发展（psychosexual development）依序通过五个时期：

1.口唇期（oral stage）：在生命的前2年，婴儿的最大满足来源是吸吮、吞咽及咀嚼，这也是喂食所必要的历程。

2.肛门期（anal stage）：从2岁到3岁，肛门提供了愉悦刺激的主要来源，幼儿通常在此时接受大小便训练，忍便和排便的控制带来主要满足。

3.性器期（phallic stage）：从3岁到6岁，性器官的自我抚弄是愉悦感的主要来源。

4.潜伏期（latency stage）：从6岁到青春期，儿童的注意力扩展到环境中的事物及活动上，专注于一些技能的发展，性动机呈现潜伏状态。

5.生殖期（genital stage）：青春期之后，性兴趣重新活跃，最深刻的愉悦感来自两性的性关系。

根据弗洛伊德的理论，在性心理发展的这些早期阶段中，儿童经历太多的满足或挫折将会产生固着作用（fixation），从而不能正常推进到下一个发展阶段。各个阶段的固着可能导致成年时的各种性格特征。例如，如果婴儿在口唇期没有获得适度满足，他可能在成年生活中倾向于过度进食，或容易沉溺于另一些口腔刺激，如咬指甲或饮酒。

恋亲情结

每个性心理发展阶段都对儿童提出了一些要求，也带来必须解决的一些冲突。最重要的冲突之一发生在性器期：

1.恋母情结（Oedipus complex）：俄狄浦斯为希腊神话中的王子，自幼与父母分离，后来在无意中弑其父、娶其母，上演乱伦的悲剧。弗洛伊德认为，每个男孩会象征性地体验这样的情节。男孩渴望拥有自己的母亲，视父亲为竞争对手。但是，男孩也担心父亲将会处罚他，割除他的性器官，这被称为阉割焦虑（castration anxiety）。这使男孩压抑对自己母亲的性欲，以及压抑对父亲的敌意。但男孩最终转为认同父亲，以父亲为榜样，学习男性化行为，这样一来就化解了恋母情结。

2.恋父情结（Electra complex）：这也是取材于希腊悲剧。女孩渴望拥有自己的父亲，进而取代她的母亲。因为发现自己缺乏男性的性器官，这个阶段的女孩会产生阳具嫉妒（penis envy）。女孩虽然对母亲不满，但是为了取悦父亲，她们转而认同母亲，学习女性化行为。

常见的一些自我防御机制

1.替代作用（displacement）
说明：个人把累积的情绪发泄在较不危险的对象上，而不是针对惹怒他的人。
实例：男子在工作上受到主管的责备，转而跟自己的妻子大吵一顿。这就是孟子所谓的"迁怒"。

2.投射作用（projection）
说明：个人把自己的错误或过失归咎于他人，或把自己不被允许的冲动、欲望、态度转移到别人身上。
实例：这在行为上可能展现为"借题发挥""以小人之心度君子之腹"或"以五十步笑百步"，也可能是鲁迅所描写的阿Q式精神胜利。

3.反向作用（reaction formation）
说明：为了防止不被允许的欲望表达出来，个人有意地赞同或表现似乎对立的举动。
实例：这方面行为像是"矫枉过正""欲盖弥彰"及"此地无银三百两"等。

4.合理化作用（rationalization）
说明：利用勉强的"解释"来隐瞒或掩饰跟自己行为不相称的动机。
实例："吃不到葡萄说葡萄酸"和"甜柠檬心理"，即为这方面行为。

5.升华作用（sublimation）
说明：个人把受挫的欲望或冲动改头换面，以有建设性而可被社会接受的方式表现出来。
实例：弗洛伊德列举达·芬奇的艺术巨作《圣母像》，作为画家对其母亲的情感升华的创作。

性心理发展的各个阶段

阶段	年龄（岁）	主要发展任务	产生固着时的性格特征
口唇期	0~2	断奶	口腔行为（如咬指甲、吸烟、酗酒、贪吃）、依赖、退缩、猜忌、苛求
肛门期	2~3	大小便训练	刚愎、吝啬、迂腐、寡情、冷酷、生活呆板
性器期	3~6	恋亲情结	好浮夸、爱虚荣、自负、鲁莽
潜伏期	6~12	防御机制的发展	通常不会发生固着作用
生殖期	12~18	成熟的性亲密行为	如果发展顺利，成年人将显现对他人的真诚关心和成熟的性欲

3-7 心理学的观点——较新的心理动力学

较新的心理动力的观点

弗洛伊德很重视本我和超我的功能及运作，但相对很少注意自我的角色。后继的学者以略微不同的方向，推动弗洛伊德的一些基本观点的发展。

1.自我心理学（ego psychology）：安娜·弗洛伊德（Anna Freud，1895~1982）关切的是自我（ego）作为人格的"执行长"，如何履行它的核心功能。她改良及精进自我防御机制，把自我推到前线，授予它在人格发展上重要的组织角色。根据这个观点，当自我不能适当发挥功能以控制冲动时，或当自我面临内在冲突而不能适当利用防御机制时，精神障碍就会发展出来。

2.人际透视（interpersonal perspective）：这个观点强调行为的社会决定因素。我们是社会性生物，我们的大部分现况是我们与他人关系的产物。因此，精神疾病是基于我们在对待人际环境上发展出的不良倾向。

人际透视起始于阿德勒（Alfred Adler，1870~1937），他强调社会和文化的影响力，不再视内在本能为行为的决定因素，这也使得他跟弗洛伊德发生决裂。随后，另一些学者也指出精神分析论忽视了关键性的社会因素，其中最为知名的是弗洛姆（Erich Fromm，1900~1980）和霍妮（Karen Horney，1885~1952）。霍妮强力驳斥弗洛伊德的精神分析论贬抑了女性的人格（例如，关于女性产生阳具嫉妒）。

3.依恋理论（attachment theory）：最终，鲍尔比（John Bowlby）的依恋理论成为儿童心理学、儿童精神医学及成人精神病理学方面极具影响力的理论。鲍尔比的理论强调早期经验的重要性，特别是早期的依恋关系，它们为后来的儿童期、青少年期及成年期的生活机能建立了基础。他强调父母照顾的质量对发展出"安全依恋"的重要性。

精神分析论的冲击

精神分析论是首度系统化地探讨、尝试说明人类心理如何导致精神障碍的理论。就如同生物的观点取代了迷信，精神分析的观点也取代了大脑疾病——许多精神障碍被认为起因于精神内在冲突和夸大的自我防御。

在变态心理学上，弗洛伊德的两方面贡献特别值得注意：他开发了一些治疗技术，诸如"自由联想"和"梦的解析"，使我们认识到心灵生活的意识层面和潜意识层面；他说明一些异常心理现象是发生在个人试图应对困难的处境时，而且仅是正常自我防御机制的夸大使用。随着人们了解同样的心理原理既适用于正常行为，也适用于异常行为，这驱除了围绕精神疾病的大量神秘及恐惧。

然而，弗洛伊德理论受到的批评可能远多于受到的支持。首先，精神分析论的概念相当模糊，缺乏操作性定义，因此很难对其做科学的验证。其次，至今还缺乏科学证据支持它的许多解释性假说，也缺乏证据支持传统精神分析的有效性。

另一些对弗洛伊德理论的批评还包括：过度强调性驱力对行为的影响；夸大潜意识的作用；对基本人性的悲观论点；很明显具有男性中心的偏见，贬抑了女性；未能考虑朝向个人成长和实现的动机。

弗洛伊德精神分析论的纵览

- 精神分析论
  - 意识层次
    - 意识 → 在任何特定时刻，个人所能察觉的一切活动
    - 前意识 → 介于意识与潜意识之间，大部分的记忆内容属于前意识，需要努力回想才能察觉
    - 潜意识 → 潜伏在内心深处不为个体所自知的意识，不被接受的欲望及冲动、痛苦的记忆等
  - 人格结构
    - 本我 → 享乐原则 → 潜意识动机的来源
    - 自我 → 现实原则 → 本我、超我与现实环境间的仲裁者
    - 超我 → 道德原则 → 包括自我理想和良心
  - 性心理发展阶段
    - 口唇期 → 嘴巴、嘴唇、舌头
    - 肛门期 → 肛门
    - 性器期 → 生殖器 ┐
    - 潜伏期 → 没有特定部位 ├ 性感带
    - 生殖期 → 生殖器 ┘
  - 防御机制（面临引发焦虑的处境）
    - 升华作用（sublimation）
    - 退化作用（regression）
    - 抵消作用（undoing）
    - 压抑作用（repression）
    - 反向作用（reaction formation）
    - 补偿作用（compensation）
    - 合理化作用（rationalization）
    - 否认作用（denial）
    - 投射作用（projection）
    - 替代作用（displacement）
    - 隔离作用（isolation）
    - 幻想作用（fantasy）
    - 绝缘作用（emotional insulation）
    - 认同作用（identification）
    - 内摄作用（introjection）

3-8 心理学的观点——人本与存在主义

一、人本主义的观点（humanistic perspective）

人本主义的观点在1950年到1960年代成为心理学的主流观点，当时许多中产阶级的美国人开始觉得虽然在物质上很充裕，但在心灵上却很空虚。如果说精神分析论夸大了人格的黑暗面，那么人本主义就是在颂扬"良善"的一面。人本主义顾名思义就是尊重"人"自身的独特性，比如人的价值和尊严。因此，人本主义在探讨上强调个人的独特性、意识经验及成长潜能的整合。

罗杰斯（Carl Rogers，1902~1987）是知名的人本主义心理学家，他相信行为的动机来自个人特有的倾向，这些倾向既是先天的，也是习得的。它们将使个人朝着积极方向发展及演变，以便达到自我实现（self-actualization）的目标。

（一）自我实现

它是指个体持续不断地致力于实现自己先天的潜能，充分发挥自己的资质和才能的先天倾向。自我实现有时候跟"赢得他人的赞许"产生冲突。在一般人际关系中，个人已学到他人的赞同和接纳是附带条件的，取决于个人是否遵守一些规则。但罗杰斯相信，任何人都拥有自我成长的潜力，只要无条件加以接纳并提供精神支持，每个人都会经由自我反省而恢复自我成长的功能。

（二）综合评论

弗洛伊德的理论经常被评为过度悲观，它视人性为从各种冲突、创伤和焦虑之中发展出来。而人本主义对人性抱持乐观看法，它关切的是爱、希望、创造性、价值、意义、个人成长及自我实现等历程。我们很难批评这样激励人性的理论，尽管它的概念含糊不清，它所描述的抽象历程也不易接受实证的检验。

二、存在主义的观点（existential perspective）

存在主义在许多观点上类似于人本主义，像是强调个人的独特性，对价值和意义的追求，以及自我引导的自由等。但是，它对人类持有较不乐观的看法，把重心更多地放在人类不理性的倾向和自我实现固有的阻碍上，特别是在机械化、系统化及齐一化的集体社会中。

在"二战"后兴起的存在主义有几个基本信条。存在与本质：我们的存在是被授予的，但我们以其塑造些什么，却是我们的决定。此即萨特（Sartre）所谓的"我就是我的抉择"。意义与价值：意义意志（will-to-meaning）是人类的基本倾向，个人会致力于找到满意的价值观，以其引导自己的生活。存在焦虑与对抗虚无：存在焦虑是指生活缺乏目标，无从体验生存意义与价值所引起的一种莫名焦虑，它会造成人际疏离和自我疏离。不存在（nonbeing）或虚无（nothingness）的最终形式是死亡，这是所有人无法逃避的命运，人的一切成就毕竟归于空无。面对这样荒谬的存在，它的答案系于个人在其自由意志下如何抉择和如何行动。

根据罗杰斯的观点，心理障碍基本上是源于个人成长和朝向身心健康的自然倾向受到阻碍或扭曲。

治疗师应该展现的三种特性

同理心（empathy）	无条件积极关怀（unconditional positive regard）	真诚一致（genuineness）
同理心是指设身处地地了解另一个人，从来访者的视角看世界，体验来访者的感受，然后反映给来访者知道，以便让来访者更了解自己。	治疗师必须不预设接纳的条件，而是以来访者现在的样子接受及理解他。治疗师也不对来访者的正面或负面特性做任何评断。	治疗师必须真诚相待，不虚掩，也不戴假面具。长期下来，来访者将会对治疗师这种诚实、不矫揉造作而表里如一的态度有善意回应。

✚ 知识补充站

存在主义心理学（existential psychology）

存在主义心理学排斥弗洛伊德学派机械式的观点；反之，它视人们为从事意义的寻求，它处理的是一些重要的生活主题，如生存与死亡、自由、责任与抉择、孤立与关爱，以及意义与虚无等。

存在主义的思潮源于欧洲的一些哲学家。克尔凯郭尔被称为存在主义之父，他论述人类存在的冲突和困境。尼采强调的是人们的主观性和权力意志（will to power）。胡塞尔提出现象学，直指以事物在人们的意识中被体验的方式来探讨事物。海德格尔则揭示，当人们发觉自己的存在并不是抉择的结果，他们的存在只是别人丢掷给他们的时，他们将会感到忧惧而苦闷。

萨特是知名的小说家，他认为没有真正理由足以解释为什么这个世界和人类应该存在，人们必须为自己找到一个理由。随后，在陀思妥耶夫斯基、加缪及卡夫卡等著名作家关于存在题材的论述下，存在主义的哲学观念一时蔚然成风。

3-9 心理学的观点——行为主义（一）

动物的大部分行为是天生的，也就是来自本能，不需经由学习。然而，人类的行为则大多是习得的，很少出自本能。人类在生存竞赛上之所以优于其他动物，就是人类可以经由学习，习得比本能更为复杂的反应，当然也包括适应和不适应的行为。

根据行为主义的观点，学习的基本历程可以划分为经典条件反射和操作条件反射。

一、经典条件反射（classical conditioning）

经典条件反射的学习现象是由俄国生理学家巴甫洛夫发现的。在一项典型实验中，他使用铃声作为中性刺激，铃声原本不会引起狗的唾液分泌。他随后使铃声伴随食物一起出现，而食物原本会引起狗的反射性反应——分泌唾液。几次之后，他发现只需摇铃，就能使狗分泌唾液。这也就是说，狗被"条件化"（conditioned）了，它学会听铃声而流口水（参考右页图解）。

巴甫洛夫在随后的一系列研究中，发现了经典条件反射学习的许多现象。

（一）消退作用（extinction）

在条件反应成立后，假如UCS（食物）不再伴随CS出现，重复几次后，CR（唾液分泌）会逐渐减弱，最后甚至消失，这就是消退作用（或消弱）。因此，假如不希望CR完全消失，就必须偶尔再带进UCS，才能维持CR。

（二）自发恢复（spontaneous recovery）

在消退作用排除CR后，经过一段休止期，当CS再度被单独呈现时，CR将会以稍弱的形式再度显现，这就是自发恢复。因此，假如利用消退作用来改变行为，必须考虑自发恢复的现象。例如，当事人在诊疗室中已消退了恐惧，但这种情形不必然能完全而自动地类推到不同环境背景中。

（三）泛化作用（generalization）

在条件学习形成后，CS将会引发CR。但是，另一些类似于CS的刺激（尽管它们从不曾跟原先的UCS伴随出现），也可能引发相同的反应，这种自动化的延伸就称为泛化作用。俗话所说的"一朝被蛇咬，十年怕井绳"，便是属于这种现象。

经典条件反射作用在变态心理学上相当重要，因为许多生理反应和情绪反应可被条件化，包括一些与恐惧、焦虑或性兴奋有关的反应，以及药物滥用所激发的一些反应。例如，假使引发恐惧的刺激（噩梦或鬼怪念头）惯常发生在黑暗之中，个人可能会害怕黑暗。

二、操作条件反射（operant conditioning）

操作条件反射是另一种联结式学习。在经典条件反射中，我们联结CS和UCS，使CS取代UCS，引起个体不自主的反射性反应，建立新的S-R联结。但是这种联结式学习有其限制，不能解释个体的许多行为。很多时候，没有所谓引起个体反射性反应的非条件刺激，个体的行为是自主性的，也就是根据行为的结果来决定是否要重复该行为。

经典条件反射的程序

【条件作用之前】

中性刺激（铃声） ⟶ 没有反应或不相干反应（没有唾液分泌）

非条件刺激（食物） —引起⟶ 非条件反应（唾液分泌）

【条件作用期间】

中性刺激（铃声）+非条件刺激 —引起⟶ 非条件反应（唾液分泌）

【条件作用之后】

条件刺激（铃声） —引起⟶ 条件反应（唾液分泌）

经典条件反射的名词解释

⬇

1. 中性刺激（neutral stimulus）：一般不会引起反射性反应或情绪反应的外在刺激。

2. 条件作用（conditioning）：个体经历刺激—反应的联结学习所产生的行为改变。

3. 非条件刺激（unconditioned stimulus, UCS）：不需学习就能引起反应的刺激。

4. 非条件反应（unconditioned response, UCR）：对非条件刺激的天然反应。

5. 条件刺激（conditioned stimulus, CS）：因为跟非条件刺激伴随出现而引起反应的刺激。

6. 条件反应（conditioned response, CR）：随着条件刺激的出现而产生的反应，一般相似或相同于非条件反应。

3-10　心理学的观点——行为主义（二）

举例来说，海洋生物馆想要训练海狗执行翻跟斗的动作，但很难找出可以引起这种行为的非条件刺激。通常只能想办法让海狗做出这种动作，然后使用食物奖励它。因此，训练师发出指令，海狗做出正确动作，海狗就得到奖赏，动作不正确就没有奖赏。重复多次之后，海狗就学到指令与动作的联结。随后，只要训练师下达指令，海狗就会翻跟斗。这种从行为结果（受到奖赏或惩罚）进行学习的方式，就是操作条件反射学习。

操作条件反射与经典条件反射主要有两点不同之处：①操作性反应是个体自主的，但经典条件反射中的反应是反射性的；②在操作条件反射中，强化（reinforcement，即奖赏）发生于行为之后，但在经典条件反射中，非条件刺激发生于行为之前。

（一）间歇强化（intermittent）

为了建立操作性反应，最初有必要实施高频率的强化，但通常低频率的强化就足以维持该反应。间歇强化是指不按照固定次数施加强化，个体不知道几次反应后才能得到强化，许多赌博行为（如玩吃角子老虎）的报酬，便属于间歇强化。因为这种强化方式最能抵抗消退作用，这正是赌博行为不容易戒除的原因。

（二）条件回避反应（conditioned avoidance response）

它是指预期及回避厌恶事件发生的任何一种条件反应。这样的反应使个体能够摆脱或回避不愉快情境，因此就受到负强化（负强化不同于处罚，它也是在提高反应继续发生的概率）。

我们的绝大多数行为属于回避行为，如在红灯前停车以免吃罚单、按时付账以免被罚款、找理由不赴宴以免跟无聊的人相处。我们一天不知产生多少回避行为，大多数都有益处，也具生存价值。

但有一些回避学习产生不适应行为，如恐怖症（phobia）。有些人对各种情况有极强烈恐惧，如高度、空间、狗及电梯等，所以就发展出各种行为模式来回避这些情境。但如果他的办公室是在40层楼上呢？在后面的讨论中，你将看到条件回避反应在许多类型的变态行为中扮演一定角色。

（三）观察学习（observational learning）

人类和灵长类动物还有能力从事观察学习，也就是经由观察本身进行学习，不用直接经历非条件刺激（对经典条件反射而言），也不用直接经历强化作用（对操作条件反射而言）。例如，儿童仅需观察榜样（如父母或同伴）对某些物件或情境展现害怕反应，自己就能获得新的恐惧，尽管儿童原本并不害怕那些物件或情境。在这种情况下，儿童是以想象中身临其境的方式（替代性地）经历榜样的恐惧，而这份恐惧就联结在先前中性的物件上。

班杜拉（Albert Bandura，1965）在他经典的"玩偶娃娃研究"中，证实了这种现象。儿童观看成人榜样（models）对一个塑胶玩偶拳打脚踢，他们稍后比起控制组儿童（未观看攻击行为）展现出了较高频率的同样行为。此外，儿童仅是观看电视上榜样的暴力行为（甚至是卡通人物），也将会模仿这种行为。

强化的种类

分类	类型	说明
正强化与负强化	正强化（positive reinforcement）	所呈现的刺激因为其出现而提高了反应继续发生的概率。正强化物通常是个体喜欢的刺激，如食物、水、性、金钱、注意及赞美等。
	负强化（negative reinforcement）	所撤除的刺激因为其消失或终止而增进反应再度发生的概率。负强化物通常是个体不喜欢或令人不愉快的刺激，如电击、噪声等。例如，为汽车的安全带加装蜂鸣器，直到驾驶人扣上安全带后，恼人的蜂鸣声才会停止。
初级强化与次级强化	初级强化（primary reinforcement）	所呈现的刺激本身具有强化作用，它们的强化性质是生物上决定的，能够直接增进个体的反应，如食物、水、电击等。
	次级强化（secondary reinforcement）	所呈现刺激本身原先不具有强化作用，但因为经常与初级强化物相伴出现，随后也具有强化的功能，如金钱、奖状、代币等。

➕ 知识补充站

行为观点的冲击

凭借少数的基本概念，行为观点尝试解释几乎所有类型行为的获得、变更及消退。不适应行为基本上被视为由两种情况造成：不能习得必要的适应行为或能力，像是如何建立满意的人际关系；习得无效或不适应的反应，也就是学习发生差错。

因此，行为治疗的焦点是改变特定行为和情绪反应，也就是排除不合意的反应，进而学习适宜的反应。

行为主义的研究以它的准确性和客观性而驰名。行为治疗师具体指定所要改变的行为，以及如何加以改变。然后，治疗的有效性可以接受客观评估。但是，有些人批评行为治疗只关注症状本身，而不是症状的基础原因。还有些人表示，行为取向过度简化人类行为，无法解释行为的复杂本质。无论如何，行为主义已对人类本质、行为及精神病理的当代观点带来莫大冲击。

3-11 心理学的观点——认知行为主义

自1950年代以来，许多心理学家开始把重心放在认知历程对行为的影响上。认知心理学涉及两方面的探讨，一是基本的信息处理机制，如注意和记忆；二是高级心理过程，如思考、推理及决策。

班杜拉开创了早期的认知行为观点，他把绝大部分重心放在学习的认知层面上。他强调人类会通过思想来调节行为。这也就是说，我们经由内在强化（internal reinforcement）来进行学习，我们不一定需要外在强化来改变我们的行为模式，我们的认知能力使得我们能够在心中解决许多问题。

一、图式与认知扭曲

图式（schema）是指个体用以认识所处世界的基本模式，也是知识的内在表征，它指导我们当前的信息处理。人们依据自己的性情、能力及经验，发展出不同的图式。我们所持的图式，对于我们的生活有效运转相当重要，但图式也是心理脆弱性的来源，因为它们可能是扭曲而不准确的。我们经常认为自己是单纯地看见事情原本的样貌，却没有考虑到可能有关于"真实"世界的其他视野，或可能存在"对与错"的其他准则。

根据亚伦·贝克（Aaron Beck，另一位先锋的认知理论家）的说法，不同形式的精神障碍源于不同的不适应图式，这种图式是从早期不良的学习经验中发展出来的。这些不适应图式导致的思考扭曲，正是一些障碍的特色所在，如焦虑、抑郁及人格障碍。此外，扭曲的信息处理也在各种精神障碍上展现出来。例如，抑郁的人显现记忆偏差，他们偏好记起负面信息，这可能增强或维持个人当前的抑郁状态。

二、归因风格与精神障碍

归因（attribution）是指给所发生的事情找到原因。我们可能把行为归于外在事件，如奖赏或惩罚；或我们可能认定原因是个人内在特质，如慷慨或吝啬。归因协助我们解释自己或他人的行为，以及预测未来可能的行为。

归因理论家已指出，不同形式的精神障碍，涉及各种功能不良的归因风格。归因风格（attributional style）是指个人特有的归因方式，即个人倾向于为不好事件（如失败）或良好事件（如成功）指定怎样的原因。例如，抑郁的人倾向于把不好事件归于内在、稳定及全面的原因。无论我们的归因多不准确，它们是我们看待世界的重要部分，也会严重影响我们的情绪状态。

三、认知治疗（cognitive therapy）

贝克被普遍认为是认知治疗的创立者，他把治疗焦点从外显行为转移到内在认知，认为是后者造成了不适应的情绪和行为。贝克的基本观念是：我们解读事件及经验的方式，决定了我们的情绪反应。

认知治疗的主题是，如何改变那些扭曲及适应不良的认知。例如，认知行为治疗师关注来访者的自我陈述，也就是来访者在解读自己经验时对自己所说的话。有些人解读生活事件为其自我价值（self-worth）的负面反映，他们将会感到抑郁。有些人解读心跳加快的感觉为其可能会因心脏病发作而死亡，他们就易于惊恐发作。认知行为治疗师采用多样化技术，用以矫正来访者持有的任何负面认知偏差。

解释生活事件的风格可能会助长抑郁的状态。抑郁症的人就是发现自己对应激源无能为力，因此就终止抗争，放弃努力。

归因风格的三个维度

- 内在—外在 internal-external → 把不好事件（不良成绩）归于内在原因（我太笨了）或外在原因（试题太难了）。
- 稳定—不稳定 stability-instability → 这样的原因是否长期稳定（能力不足）或容易变动（不够努力）。
- 全面—特定 global-specific → 这样原因只限于特定情境（只针对数学）或适用于广泛情境（所有学科）。

两种归因风格

- 乐观风格 → 当面对正面事件时，采取内在、稳定及全面的归因。当面对负面事件时，采取外在、不稳定及特定的归因。
- 悲观风格 → 当面对正面事件时，采取外在、不稳定及特定的归因。当面对负面事件时，采取内在、稳定及全面的归因。这使得当事人有患上抑郁症的高度风险。

➕ 知识补充站

认知行为观点的冲击

认知行为的观点为当代临床心理学带来强力的冲击。许多临床人员认同它的原理，即经由改变人们的思考方式来改变其行为。然而，许多传统的行为学家仍然质疑认知行为的观点。斯金纳（Skinner，1990）就特别指出，认知不是可观察的现象，因此不能被视为可靠的实证资料。

无论如何，随着越来越多证据指出认知行为疗法的效能，如处理精神分裂症、焦虑、抑郁及人格障碍等障碍的效果，这种批评近年来似乎大为减少。

3-12 心理因素(一)

多种心理因素可能使得人们容易发生精神障碍，或可能加速障碍的发生。心理因素（psychological factors）是指一些发展上的影响力，通常是一些负面事件，它们使得当事人在心理上居于不利地位，因而较不具资源来应对压力事件。

一、早期剥夺或创伤（early deprivation or trauma）

当儿童无法拥有通常由父母所提供的资源时，他们可能留下深刻而不能逆转的心理伤痕。至于儿童所需要的资源，则包括食物、庇护、注意以至关爱。

（一）机构收容

许多儿童在孤儿院长大，相较于正常家庭，孤儿院在提供温暖、身体接触、智能、情绪及社交刺激等方面较为贫乏。许多研究已显示，随着婴幼儿被收容于机构，而遭受早期及长期的环境剥夺和社会剥夺后，他们的远期预后相当不佳。除了显现严重的情绪、行为及学习障碍外，他们在心理障碍上也有高度风险。

然而，许多被收容儿童展现出了心理弹性，也在青少年期和成年期进展顺利，这显然是一些防御因素在发挥作用，像是在学校拥有一些正面经验，无论是以社交关系、运动表现还是学业成就的形式呈现。另一些正面经验则是在成年期拥有支持性的婚姻伴侣，这些成就或许促成了良好的自尊或自我效能感。

（二）疏失与虐待

父母剥夺（parental deprivation）不一定发生在孤儿院，反而大多数案例是在家庭中受到恶劣对待。父母的疏失（neglect）包括：忽视子女的物质需求、拒绝子女的亲近和敬爱、对子女的活动和成就不感兴趣，或不肯花时间跟子女相处或指导他们的活动。至于父母虐待则涉及残忍的对待，表现为情绪、身体或性虐待等形式。

父母虐待使得子女的情绪、智能及身体发展产生许多适应不良。受虐儿童经常在语言发展上出现困难，而且在行为、情绪及社交功能上有重大障碍，包括品行障碍、抑郁、焦虑，以及与同伴的不良关系。此外，受虐儿童经常有过度攻击的倾向（言语攻击和身体攻击），甚至到了霸凌的地步。

早期虐待的不良效应可能延续到青少年和成年期。几项研究已指出，在拒绝或虐待子女的父母中，有显著比例的人，在儿童时也遭到过父母的拒绝或虐待，特别是男性。这种现象被称为虐待的"代际传递"，发病率大约为30%。

二、不当的管教风格（inadequate parenting styles）

父母管教上的偏差可能深刻影响儿童日后应对生活挑战的能力，因此导致了儿童在各种心理障碍上的脆弱性。

（一）父母的心理障碍

一般而言，当父母有心理障碍，如精神分裂症、抑郁症及酒精使用问题等，他们的子女倾向于在广泛发展障碍上有偏高风险，特别是在抑郁、品行障碍、违法行为及注意力不足等困扰上。例如，当父母有严重酒精滥用问题时，他们子女一般在逃课、退学及物质滥用上有较高发病率，也有偏高的焦虑和抑郁，以及较低的自尊。此外，当父母有抑郁病情时，他们的管教技巧显然也会较为拙劣，也较难与自己的子女建立安全的依恋关系。

关于父母剥夺的几种观点

贝克 → 儿童发展出关于人际关系功能不良的图式

埃里克森（Erik Erikson）→ 儿童基本信任的发展受到阻碍

弗洛伊德 → 儿童固着在性心理发展的口唇期

斯金纳 → 因为缺乏父母的强化，妨碍了所需技巧的达成

变态行为的心理起因一览表

一些重要的心理起因：

- 早期剥夺或创伤
  - 机构收容
  - 家庭中的疏失与虐待
  - 与父母分离
  - 父母的心理障碍

- 不当的管教风格
  - 父母的管教风格
    - 权威型管教
    - 专制型管教
    - 宽容/放任型管教
    - 疏失/冷漠型管教

- 婚姻不睦与离婚
  - 婚姻不睦
  - 离婚的家庭
    - 离婚对父母的影响
    - 离婚对子女的影响

- 不适应的同伴关系

3-13 心理因素（二）

（二）管教风格

父母管教风格将会影响儿童在发展过程中的行为。根据"父母温暖"（parental warmth，父母提供支持、鼓励及关爱的程度）和"父母控制"（parental control，父母施加纪律和监督的程度）这两个维度，四种管教风格已被确定出来：

1.权威型（authoritative）管教：父母非常温暖，审慎设定行为的规范及界线，但在这些限度内，容许很大的自由空间。他们也对子女的需求有良好感应。

2.专制型（authoritarian）管教：父母高度控制，但缺乏温暖。他们只施加纪律，很少关心子女的自主性。他们显得冷静而苛求，偏好惩罚的方法。

3.宽容/放任型（permissive/indulgent）管教：父母相当温暖，但缺乏纪律及控制。他们对子女的需求有良好感应，却没有协助子女学习社会规范。

4.疏失/冷漠型（neglectful/uninvolved）管教：父母在提供温暖和控制上都偏低。他们倾向于不限制也不支持子女。

三、婚姻不睦与离婚（marital discord and divorce）

失常的家庭结构是一种风险因素，使当事人容易受到特定应激源的伤害。

（一）婚姻不睦

婚姻常年不睦会给成年人和儿童双方带来普遍的伤害。当父母有较严重的外显冲突时，他们子女展现出较高的攻击倾向，而且在大学时跟自己伴侣的相处上有较多冲突。纵向研究已发现，婚姻不睦（无论父母是否离婚）有代际传递的现象，可能是子女通过观察自己父母的婚姻互动而习得不良的互动风格。

（二）离婚的家庭

1.离婚对父母的影响：婚姻不睦固然艰辛，但结束婚姻对成年人来说也极具压力，包括心理上和身体上。幸好，大部分人能在2~3年内加以适应，但有些人从不曾完全复原。离婚和分居的人，在精神障碍中占较高比例；它也是心理障碍、身体障碍、死亡、自杀的重大来源。但我们必须承认，离婚实际上为一些人带来好处，特别是女性一方。

2.离婚对子女的影响：离婚也会为子女带来创伤，离婚家庭的儿童及青少年在违法行为和广泛心理障碍上的发病率较高，虽然也可能是这种行为促成或维持父母的争吵。此外，离婚家庭的子女也较可能在自己的婚姻上以离婚收场。当儿童跟继父或继母一起生活时，他们的处境并未好于单亲时，特别是对女孩而言，他们有遭继父母身体虐待的较高风险。

尽管如此，许多儿童对他们父母的离婚有良好调适。研究已发现，从1950年代直到1980年代，离婚对子女的不良效应有降低趋势，或许是因为对离婚的污名化（stigma）正在减退中。

四、不适应的同伴关系（maladaptive peer relationships）

良好的同伴关系可能不容易建立，但它们会是学习经验的重要来源，甚至一辈子受用。假如一切进展顺利的话，儿童将会带着适当的社交知识和技巧进入青少年期。这样的资源将是对抗父母拒绝、挫折、堕落、绝望及心理障碍的强力保护因子。

然而，如果儿童不能在发展时期建立起跟同伴的满意关系，他将被剥夺关键的背景经验，而且当进入青少年期和成年期后，在各种不良结果上有高于平均的风险，这些不良结果包括抑郁、辍学、自杀意念及违法行为。

父母管教风格分类中，权威型管教风格最有利于儿童的社会发展。

管教风格	父母温暖	父母控制	儿童的特性和日后发展
权威型	高	适度	儿童倾向于活泼而友善，在对待他人和应对环境上展现良好的胜任能力，在青少年期有良好的学校表现。
专制型	低	高	儿童倾向于冲突、焦躁而闷闷不乐，他们在青少年期的学业能力偏低，特别是男孩在社交和认知技巧上表现拙劣。
宽容／放任型	高	低	儿童倾向于冲动而好攻击，被过度纵容的儿童显得被宠坏、自私自利、缺乏耐心、不懂体谅及挑剔。他们倾向于在青少年期展现较多反社会行为。
疏失／冷漠型	低	低	儿童倾向于情绪低落、自尊偏低及有品行问题，他们在青少年期也容易有同伴关系和学业表现上的困扰。

> **➕ 知识补充站**
>
> **网络霸凌（cyberbullying）**
>
> 近年来，一种新形式的霸凌正在许多学校中不知不觉地进行，它为不少学生带来重大困扰。所谓的"网络霸凌"，是指在互联网或网站中传送骚扰、侮辱及威胁的信息、散布令人不快的谣言，以及传播关于个人非常私密的消息。有些研究估计，使用互联网的青少年中，将近1／3的人从事网络霸凌。网络霸凌可能为受害人带来非常严重的心理后果，包括焦虑、学校恐怖症（school phobia）、低自尊、自杀意念，以及偶尔的自杀行为。
>
> 今日，许多人沉迷于网络及在线游戏，网络和游戏中的虚拟世界被视为真实。这样的沉溺甚至已实际影响日常生活，造成个人在社交、学业、职业或其他重要领域的功能受损。根据DSM的定义，这显然已符合精神疾病的诊断标准。许多学者已提出"网络成瘾症"或"网络抑郁症"的术语，预计在不久的未来，这样的名称将会被纳入正式的诊断系统之中。

3-14 社会文化的观点

随着社会学和人类学在20世纪的快速发展，我们已更为理解社会文化因素（sociocultural factors）在人类发展及行为上的角色。这方面研究也清楚显示出各种社会文化状况与精神障碍之间的关系。这些发现为变态行为的现代视角增添了新的维度。

一、跨文化研究（cross-cultural studies）

社会文化观点关注的是文化对精神障碍的影响。人类成长在不同社会中，接触非常不同的环境，这为跨文化研究提供了天然"实验室"，有助于我们认识人类行为和情绪的发展。

许多心理障碍是普遍一致的，它们出现在所探讨的大部分文化中。但是，社会文化因素通常会使什么障碍易于形成？它们采取的形式、盛行率，以及进程又如何呢？例如，抑郁症的发病率在世界各地文化中有很大差异，从日本的3%到美国的17%。

另一项研究比较东方人和西方人处理压力的方式。研究发现在西方社会中，抑郁是对压力的常见反应。但在中国，很少人会表示自己感到抑郁。而压力效应通常表现在身体不适上，如疲倦、虚弱及一些抱怨。

二、社会文化的观点

许多社会影响力可能成为疾病的来源，有些是起源于社会经济因素，另一些是源自关于角色期待的社会文化因素，还有些是来自偏见和歧视的破坏性力量。

（一）低社会经济地位与失业

一般而言，社会经济地位（socioeconomic status，SES）越低，精神障碍和身体疾病的发病率就越高。这种负面相关的强度随着不同精神障碍而异。例如，在反社会型人格障碍上，最低收入阶层的发病率约为最高收入阶层的3倍，在抑郁症上则为1.5倍。这显然是因为贫困的人在他们生活中遭遇较多（及较重度）应激源，他们用来对付应激源的资源通常也较少。富裕的人则较能获得及时的协助。

全球每隔几年就会发生严重的经济不景气，造成失业率的显著升高。失业带来了经济困境、自我贬抑及情绪苦恼，接着提高个人心理障碍上的脆弱性。

（二）偏见与歧视

社会中的许多人受到不正当刻板印象的压迫。对少数族群的偏见，可能解释了他们在一些心理障碍上较高的发病率。显然，自觉受到歧视可能成为应激源而威胁到自尊，从而增加心理苦恼。再者，我们社会传统上指派给女性一些社会角色，这些角色具有贬低女性身份和剥夺她们资格的不良作用。例如，有更多的女性蒙受抑郁症和焦虑障碍困扰，这至少有一部分是指派给女生的传统角色所固有的脆弱性（如被动和依赖）所造成的，也可能是依然存在的性别歧视所造成的。

（三）社会变动与未来不确定性

我们如今面对的是一个快速变迁的社会，我们生活的所有层面似乎不断受到冲击，例如我们的教育、工作、家庭、休闲娱乐、经济、信念及价值观等。这些变动提出许多要求，我们需要不断调整自己才能赶上，便成为重大的压力来源。此外，随着我们不停受到自然资源枯竭、环境污染、犯罪率偏高、经济不景气、食品安全等负面信息的轰炸，我们已不再相信"明天会更好"。这所导致的绝望、意志消沉及无助感，预先决定了面临压力事件时的变态反应。

变态行为的起因一览表

- 变态行为的起因
  - 生物学的观点
    - 神经递质失衡
    - 激素失衡
    - 基因脆弱性
    - 气质
    - 大脑损伤
  - 心理学的观点
    - 心理动力学的观点
      - 精神内在冲突
      - 防御机制的不当使用
      - 性心理发展阶段的固着
    - 新式心理动力学的观点
      - 自我心理学
      - 依恋理论
      - 人际透视
    - 行为主义的观点
      - 经典条件反射学习
      - 操作条件反射学习
      - 观察学习
    - 认知行为主义的观点
      - 自我效能理论
      - 功能不良的图式
      - 归因风格
  - 社会文化的观点
    - 不良的社会影响力
      - 低社会经济地位与失业
      - 种族、性别和文化的歧视
      - 社会变动与未来不确定性

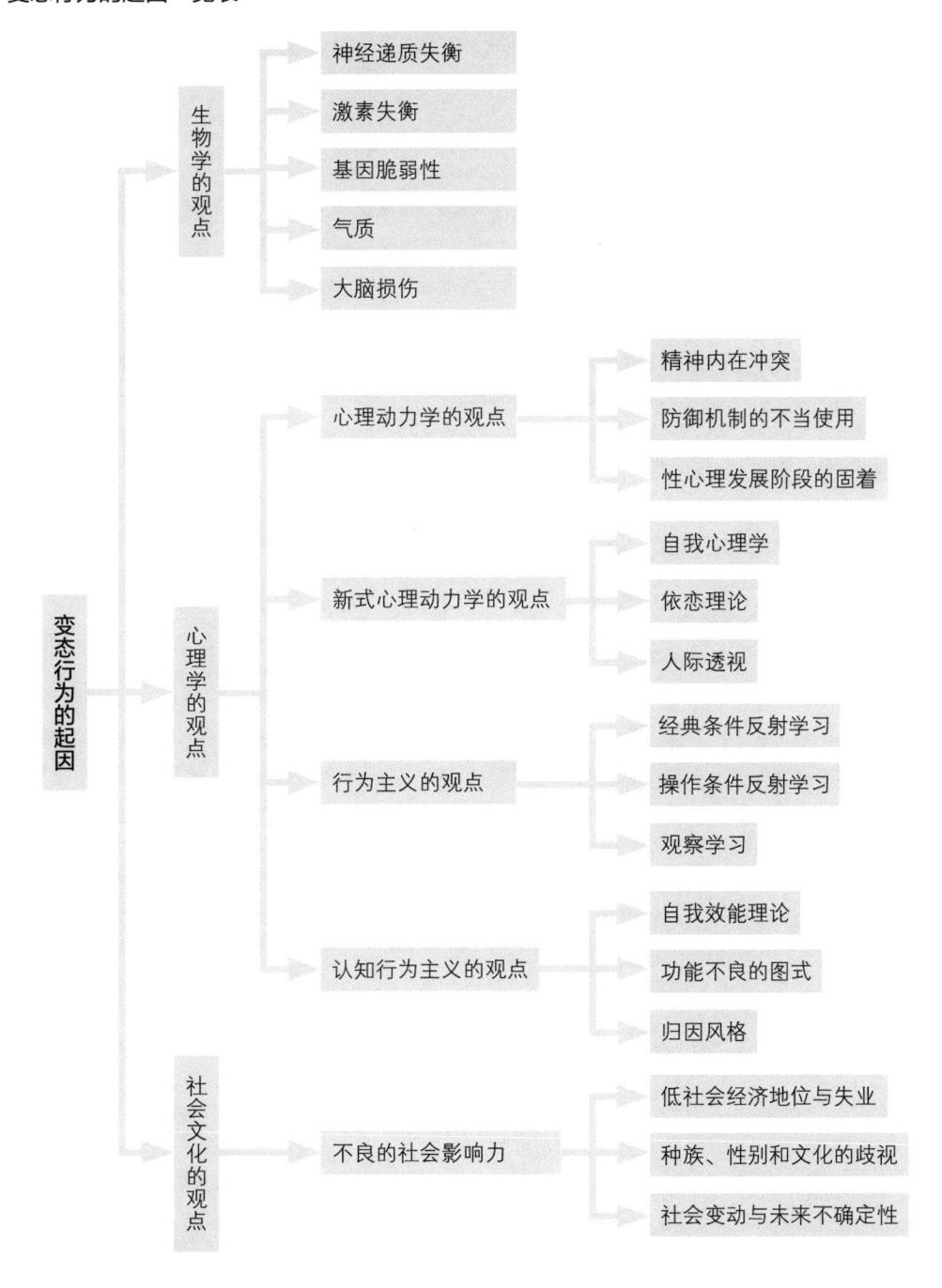

第四章
临床测评与诊断

4-1　身体机能的测评

4-2　心理社会的测评（一）

4-3　心理社会的测评（二）

4-4　心理障碍的分类

4-1 身体机能的测评

本章将检视较常使用的一些测评程序，以及所获得的资料如何被整合为有条理的临床描述，以便做出转介及治疗上的决定。

尽管是心理困扰，然而在某些情况下，我们有必要进行医学评估，以便排除可能引起该困扰的身体异常。

一、综合身体检查（general physical examination）

在身体症状是现存临床描述的一部分的情况下，临床医师通常会建议实行身体检查，它包含我们接受"身体检查"时所经历的各种程序。这种检查对于涉及身体状况的一些精神障碍特别重要，如以心理为基础的身体不适、成瘾障碍及器质性脑综合征。

二、神经检查（neurological examination）

因为大脑病变可能涉及一些心理障碍，临床医师还需要施行专门化的神经检验，这包括采集来访者的脑电波图（electroencephalogram，EEG）。脑电波图是指大脑皮质中细胞膜电位变化的记录图，当脑电波显著偏离正常形态时，就反映了脑功能失常，可能是脑肿瘤或另一些损伤所引起的。

（一）计算机断层摄影（CAT扫描）

它利用X射线，从人体各个不同位置加以扫描，从而得到人体横截面或剖面的影像，像是关于大脑结构上异常的部位及范围——可能是精神异常的原因。

（二）磁共振成像（MRI）

MRI已逐渐取代CAT扫描，因为它提供的颅内影像较为清晰，而且不必让当事人暴露于离子的辐射。MRI特别有助于确认退行性的大脑变化。但是，有些病人对于MRI机器的狭窄圆筒空间会有幽闭恐惧的反应。

（三）正电子放射断层扫描（PET扫描）

PET扫描被用来探讨当人们进行不同心理活动时，脑各部位在特定物质（如葡萄糖）上的代谢情况。PET扫描有助于获得关于脑部病变更明确的诊断——经由精确指出脑损伤及脑肿瘤的部位。它侦测的是脑部活动，而不是脑部结构。

（四）功能性MRI（fMRI）

fMRI测量脑组织特定部位耗氧（也就是血液流动）的变动情况。因此，进行中的心理活动（如感觉、意向及思想）可以被"绘制地图"，揭示大脑的哪些部位显著涉入所进行活动的神经生理过程。许多研究利用fMRI，它们已探索产生各种心理过程的皮质活动情况。虽然有些研究建议，fMRI可以作为侦查诈病或撒谎的有效程序，但是美国法庭最近已驳回使用fMRI作为测谎仪的提议。

fMRI技术似乎有潜力增进我们对心理障碍的早期发展的理解。但迄今为止，fMRI仍不被考虑为对心理障碍正当或有效的诊断工具。它的主要用途仍是在探讨皮质活动和认知过程方面。

三、神经心理检验（neuropsychological examination）

这种检验是指运用各种测验工具测量当事人的认知、知觉及动作表现，以作为脑损伤程度及部位的线索。当怀疑有器质性脑损伤时，临床神经心理学家会对当事人施行成套测验。当事人在标准化作业上的表现（特别是知觉—动作的作业），可以提供有价值的线索——关于当事人是否有任何认知及智力的缺损。这种测验甚至也能提供脑损伤位置的线索。

脑电波图的测量

借由把微电极贴附在头皮上，可以采集大脑电流脉冲的图形记录，进而推知个体的意识状态。

MRI是一种脑部造影的装置

它利用磁场和射频波的原理，用于扫描特定物质在大脑中各部位的集散情况，经由计算机分析而制成大脑的层面图像。

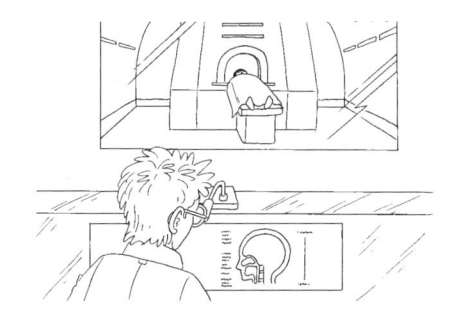

神经心理检验（摘自"直线定向判断测验"的样本题目）

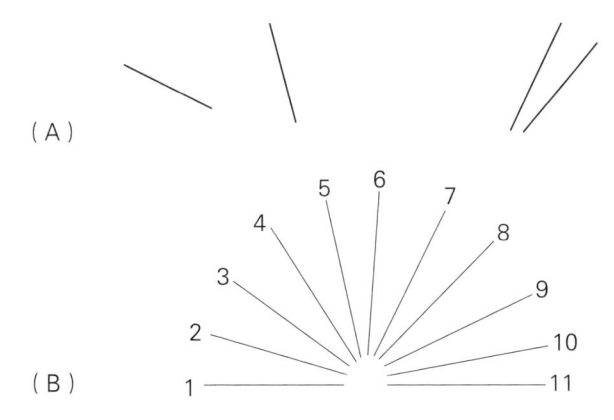

4-2 心理社会的测评（一）

心理社会的测评（psychosocial assessment）试图提供个体与其社会环境互动下的实际描述，包括个体的人格结构、当前生活功能、生活处境中的应激源和资源。在测评过程中，临床人员采用一套程序，如观察、面谈及心理测验等，以便获得关于来访者的症状及困扰的概括理解。

一、测评访谈（assessment interviews）

测评访谈一般被认为是测评过程的核心成分，它涉及面对面地直接与来访者会谈。访谈目的是在搜集关于来访者生活背景、行为及性格等各种层面的资料。

（一）结构式访谈（structured interviews）

这是指在整个访谈过程中遵照预先设定的一组问题，访谈者逐题进行，不能变动题目的内容及顺序。此外，每个问题都经过设计，以使来访者的应答能够被清楚地判定及量化。

（二）非结构式访谈（unstructured）

这通常是主观的，不依循一套固定的程序。访谈者根据来访者对前一个问题的应答，进而主观地决定接下来问些什么，即追踪问题是针对每个来访者量身定做的。这种访谈的应答不容易量化，也很难拿来跟其他来访者的应答进行比较。但它有时候能够提供极具价值的资料，而这是在结构式访谈中不会浮现的。

二、临床观察（clinical observation）

传统上最有用处的测评工具之一是对来访者行为的直接观察，以便获知更多关于来访者心理功能的资料。临床观察是指临床人员对当事人外观和行为的客观描述，像是当事人的个人卫生、情绪反应，以及所展现的任何攻击、焦虑、抑郁、幻觉或妄想。临床观察最好是在自然环境中执行，像是观察儿童在教室中或家庭里的行为，但它更经常发生在来访者住进诊所或医院后。

有些临床人员也会要求来访者从事角色扮演（role-playing），也就是重现所发生的冲突事件或家庭互动情形。此外，来访者也可能被要求从事自我观察（self-observation），然后提供对自己行为、思想及感受的客观报告。最后，来访者还可能被要求填写一些关于他们在各种情境下所产生的问题行为的自陈量表或检核表（checklist）。这些途径的基本理念是：当事人本身就是关于他自己资料的很好来源。

三、心理测验（psychological tests）

心理测验是指用来测量个体的心理特质，从而分析个体差异的工具。当接受心理测验后，来访者的反应被拿来与另一些人（通常是心理正常的人）的反应进行比较——经由建立测验常模（norm）或测验分数分布（distribution）。根据这些比较，临床人员就能推断来访者心理特质的异常情形。

就如血液检验、X光片和MRI扫描在内科医师手中的用途那般，心理测验也是临床人员手中有效的诊断工具。但它绝不是完美的工具，它的价值有赖于临床人员的解读能力。临床实施上最常使用的两大类心理测验，即智力测验和人格测验。

心理社会的测评一览表

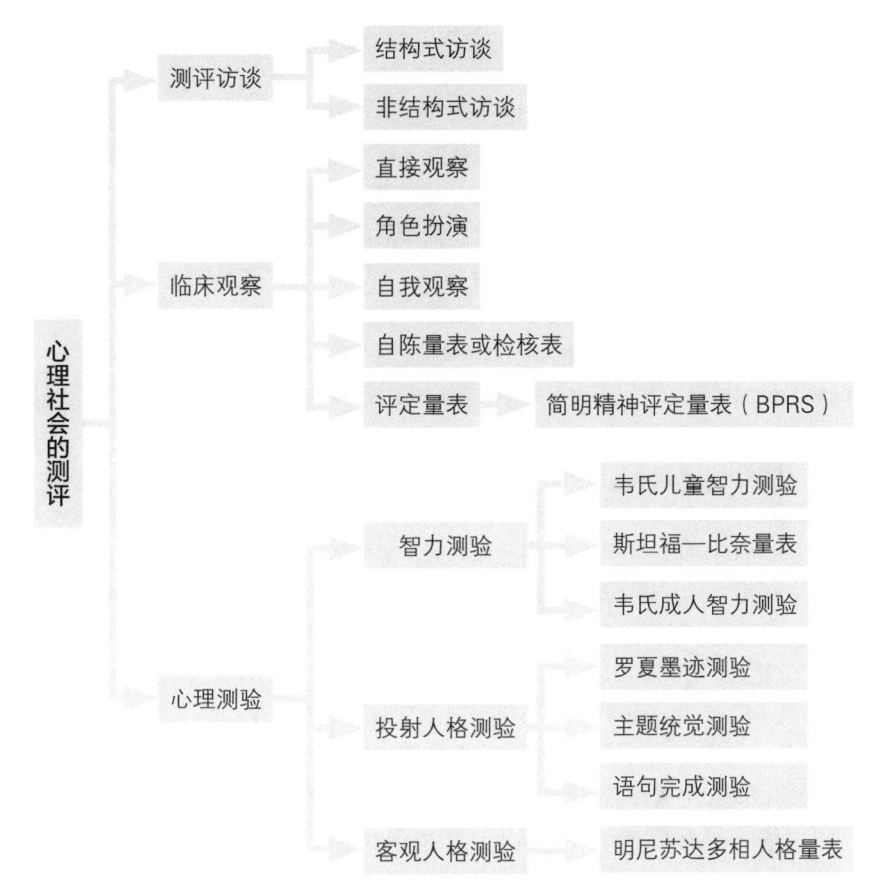

```
心理社会的测评
├── 测评访谈
│   ├── 结构式访谈
│   └── 非结构式访谈
├── 临床观察
│   ├── 直接观察
│   ├── 角色扮演
│   ├── 自我观察
│   ├── 自陈量表或检核表
│   └── 评定量表 ── 简明精神评定量表（BPRS）
└── 心理测验
    ├── 智力测验
    │   ├── 韦氏儿童智力测验
    │   ├── 斯坦福—比奈量表
    │   └── 韦氏成人智力测验
    ├── 投射人格测验
    │   ├── 罗夏墨迹测验
    │   ├── 主题统觉测验
    │   └── 语句完成测验
    └── 客观人格测验 ── 明尼苏达多相人格量表
```

当进行访谈时，临床人员经由运用几种形式的问题，以促进双方沟通，包括开放式（open-ended）、促进式（facilitative）、澄清式（clarifying）、对质式（confronting）及直接式（direct）问题。

类型	重要性	案例
开放式	授予来访者应答的责任和自由	"你可以告诉我你在军中的经历吗？"
促进式	鼓励来访者在交流中畅所欲言	"你可以再多告诉我一点那件事情吗？"
澄清式	鼓励澄清和扩充说明	"我想这是表示你觉得……"
对质式	质问不一致或矛盾的地方	"先前，你曾提到……"
直接式	融洽关系已建立，而来访者正在承担责任	"当你父亲指责你的决定时，你对他说了些什么？"

4-3 心理社会的测评（二）

（一）智力测验（intelligence test）

它是指用来测评个体智力高低的标准化测量工具。在临床背景中，最普遍被使用的两份测验是"韦氏智力测验"（WISC-Ⅳ和WAIS-Ⅳ）和斯坦福—比奈量表（SB5）。WAIS包括语言（verbal）和表现（performance）两部分，由15个分测验组成，像是数字广度、常识、积木造型、数符替代及矩阵推理等。当个体问题的核心被认为是智力受损或器质性脑损伤时，智力测验将是整套测验中最关键的诊断程序。

（二）投射人格测验（projective personality test）

我们通常把人格测验划分为投射和客观两大类。在投射测验中，来访者被提供一系列故意模棱两可的刺激，如抽象图案、不完整图形及容许多种解读的图画。来访者通过对这些材料的解释，透露出（投射出）大量关于自己内在冲突、动机、偏见、焦虑、价值观及愿望等的信息。

1.罗夏墨迹测验（Rorschach Inkblot Test）：这项测验由瑞士精神病学家罗夏在1921年编制。它对来访者呈现10张墨迹图案，然后问来访者："你看到什么？它让你想到些什么？请尽量作答，答案没有所谓的对或错。"假如适当运用的话，罗夏墨迹测验很有助于揭示一些心理动力的议题。事实上，研究学者已建立起反应形态与心理障碍之间的关系。即使如此，罗夏测验（以及它的评分系统）在信度、效度及临床实用性上，仍存在一些争议，它现今已渐少被使用。

2.主题统觉测验（Thematic Apperception Test，TAT）：由美国心理学家默里（H. A. Murray）和摩根（C. D. Morgan）于1935年编制。它对来访者呈现19张主题不明确的黑白图片和一张空白图片，内容以人物或景物为主，然后要求来访者针对每张图片编个故事，说明所发生事件的背景，图片中人物在做些什么、想些什么，以及最后会有什么结局。

TAT的原理是让来访者在不知不觉中，把他内心的冲突、需求及动机等状况，在所说的故事中宣泄出来。它被用在人格研究上，以找出个人的主要需求（如权力需求、成就需求）；也被用在临床实施上，以找出来访者的情绪困扰。TAT对来访者反应的解读大致上是主观的，这在一定程度上限制了它的信度和效度。

（三）客观人格测验

客观测验是指那些在计分和施行上相对简易，而且遵循良好界定的一些规则的测验。它们的典型形式是问卷、自陈量表或评定量表；许多是以计算机进行评分，且通过计算机程序解读测验分数。

最常被使用的人格测评工具是"明尼苏达多相人格量表"（Minnesota Multiphasic Personality Inventory, MMPI）。MMPI最初在1943年出版，它含有566个"是/否"的题目，所涉及内容从身体状况、心理状态，以迄于道德和社会态度。它在编制上采取实证（empirical）策略，只有当测验题目能够清楚辨别两组被试（例如，辨别抑郁症患者与对照组的正常人），才被收编在量表中。

MMPI最典型的应用是作为诊断标准，个人的侧写（profile）被拿来跟临床患者的侧写进行比较；假使符合的话，临床患者的资料就可作为当事人综合的描述性诊断。MMPI在许多临床场合中，被用来协助对当事人进行诊断，以及引导对当事人的治疗。

墨迹图案——类似于罗夏墨迹测验所使用的那些图片。

人物图画——主题统觉测验所使用的样本图片之一。

MMPI-2的10个临床量表——被试在所有这些量表上所拿到分数的分布形态，就构成了个人的MMPI侧写。

量表名称	高分的一般解读
1.疑病症（Hypochondriasis）	过度关心身体功能
2.抑郁（Depression）	悲观、无助、思考及动作迟缓
3.歇斯底里（Hysteria）	不成熟、使用压抑与否认作用
4.反社会偏差（Psychopathic deviate）	忽视社会习俗、冲动
5.男性化—女性化（Masculinity–femininity）	对传统性别角色的兴趣
6.妄想（Paranoia）	猜疑、敌意、夸大或迫害妄想
7.精神衰竭（Psychasthenia）	焦虑与强迫性思想
8.精神分裂（Schizophrenia）	疏离、不寻常的思想或行为
9.轻躁（Hypomania）	情绪激动、意念飞驰、躁动
10.社交内向（Social Introversion）	害羞、不安全感

4-4 心理障碍的分类

对任何科学研究来说，分类（classification）都是一个重要步骤，无论我们所探讨的是动植物、化学元素、星球还是人类。当拥有普遍一致的分类系统时，我们才能快速、清楚而有效地传达相关的信息。在变态心理学上，分类也使我们能够以约定俗成而相对精确的方式传达关于各个群体变态行为的信息。

一、精神障碍的正式诊断分类

如今主要有两套精神医学分类系统在通行中，一是由"世界卫生组织"（WHO）所发表的《国际疾病分类系统》（ICD-10），二是"美国精神医学学会"所出版的《精神障碍诊断与统计手册》（DSM）。前者被广泛使用于欧洲和其他许多国家，后者则主要在美洲地区使用，但两套系统有很高的兼容性。

在DSM系统中，界定各种障碍的标准主要是由一些症状迹象组成。症状（symptoms）一般是指当事人主观的描述，即其对于自己的困扰所提出的抱怨。迹象（signs）是指诊断人员所做的客观观察，可能是直接的（如当事人无法直视他人眼睛）或间接的观察（如心理测验的结果）。为了获得诊断，DSM为特定障碍所指定的一些症状和迹象必须被达成及符合。

二、DSM的演进

经过大量的辩论及争议，DSM第五版（DSM-5）最终在2013年出版。这套系统是60年演进的产物。DSM-Ⅰ在1952年问世，主要用于"二战"的军队人事甄选。DSM-Ⅱ则在1968年发表。但这两个版本的诊断信度太低了，当两位专业人员评估同一位当事人时，他们往往会做出完全不同的诊断。

为了解决这种困境，1980年的DSM-Ⅲ引进截然不同的途径。它在界定各种障碍上，采取"操作性"（operational）方法，以便尽量在诊断过程中排除主观判断的成分。这表示在所指定的表单中，当事人必须呈现一定数量的症状或迹象，才符合特定的诊断标签。这种新方法在1987年的DSM-Ⅲ-R和1994年的DSM-Ⅳ中继续沿用，它显著提升了诊断的信度。

三、诊断上的性别差异

在精神症状的起源和表现上，研究人员早已注意到一些障碍存在性别差异。有些障碍在男性上有较高的患病率（如反社会型人格障碍），另一些障碍则较常见于女性（如神经性厌食）。再者，即使被诊断为同一障碍（如品行障碍），男性和女性经常显现不同的症状。男性有较多的打架和攻击行为，女性则较倾向于说谎、逃课及离家出走。

四、结构式与非结构式诊断访谈

就像先前提到的测评访谈，诊断访谈也被分为非结构式与结构式两大类。在非结构式访谈中，临床人员不预先决定探问的内容和顺序，多少有点随心所欲，或依据前一个问题的应答来提问。这种无拘无束的风格，有助于追踪特定的"线索"，但它缺乏信度。

在结构式访谈中，临床人员提出的题目经过事先安排，主要是为了确认当事人的症状和迹象是否符合诊断标准。这种访谈方式已大幅提高诊断的信度。目前针对DSM-5和ICD-10的结构式诊断工具都已被开发出来（如SCID和SCAN）。

《精神障碍诊断与统计手册》（DSM-5）的分类

DSM-5的综合类别

1. 神经发育障碍
2. 精神分裂症谱系及其他精神病性障碍
3. 双相及相关障碍
4. 抑郁障碍
5. 焦虑障碍
6. 强迫及相关障碍
7. 创伤及应激相关障碍
8. 分离障碍
9. 躯体症状及相关障碍
10. 喂食及进食障碍
11. 排泄障碍
12. 睡眠—觉醒障碍
13. 性功能失调
14. 性别烦躁
15. 破坏性、冲动控制及品行障碍
16. 物质相关及成瘾障碍
17. 神经认知障碍
18. 人格障碍
19. 性欲倒错障碍
20. 其他精神障碍
21. 药物所致的运动障碍及其他不良反应
22. 可能成为临床关注焦点的其他状况

+ 知识补充站

再论标签效应

DSM系统并不广受推崇，让它备受批评的是：精神诊断不过是为各类社会不赞许的行为贴上标签。诊断标签（diagnostic label）只描述与当事人当前生活功能有关的一些行为模式，它并未指出任何内在的病理状况。这很容易形成一种循环论证——当事人为什么展现那样的行为，是因为他有该心理障碍；当事人为什么有该障碍，则是从他所展现的行为判断出来，结果是没有做任何解释。

此外，精神诊断可能具有伤害性，甚至污名化当事人。在我们的社会中，对患者和康复患者来说，诊断经常是关上大门，而不是打开大门。诊断似乎湮没了当事人，他人只看到标签，而不是标签背后一个真实的人。因此，标签可能损害人际关系及自尊、妨碍个人被雇用或升迁，以及在极端情形下造成公民权利被剥夺。标签甚至促使一些人投降及屈服，接纳"精神失常"的角色。

第五章
压力与身心健康

5-1　压力的基本概念

5-2　压力与身体健康（一）

5-3　压力与身体健康（二）

5-4　适应障碍

5-5　创伤后应激障碍（一）

5-6　创伤后应激障碍（二）

5-1 压力的基本概念

生活毋庸置疑地充满压力，每个人在生活中都会面对一大堆不同的要求。实际上，在现代化社会所设定的快速、杂乱生活步调中，压力已成为一种背景音。

一、压力的定义

压力通常被用来指称两者，一是施加于个体的适应要求，二是个体对这些要求的内在生理反应和心理反应。为了避免混淆，我们将称适应要求为应激源（stressors），称它们在个体之内造成的效应为应激（stress）。至于个体在抗衡压力上的努力，则称为应对策略（coping strategies）。

加拿大生理学家汉斯·塞里（Hans Selye, 1956）是当代压力研究的先驱。他指出压力不仅会发生在负面情境中（如参加考试），也会发生在正面情境中（如婚礼）。这两种压力都会增加个人资源和应对技巧的负荷。再者，压力也可能是一种持续的作用，直到逾越了个人的管控能力。

二、压力与DSM

考虑到压力与心理障碍之间的关系，在DSM-IV中，PTSD原本被列在"焦虑症"之下，但DSM-5引进一个新的诊断分类，称为"创伤及应激相关障碍"，PTSD现在被安置在这里。这个新的分类还包括"适应障碍"和"急性应激障碍"，分别针对不同应激源所导致的各种心理和行为的障碍。

三、减缓压力的因素

有些人在压力下较具抵抗力而不至于产生长期困扰，这可能涉及他们的应对技巧和个人资源。许多个体的特性，提升了当事人应对生活压力的能力，包括较乐观的态度、较强的心理控制或掌控力、较高的自尊及较充裕的社会支援。这些稳定因素有助于降低当事人面对压力事件时的心理苦恼，促成较良好的健康状态。应激耐受（stress tolerance）就是指个人抵抗压力的能力，使自己免于受到压力的严重伤害。

四、应激源的特性

为什么被解雇或婚姻不快乐比起收到交通罚单更具有压力？原则上，应激源可以被解析为下列维度：严重性、持续性、发生时机、与个人生活的密切程度、可被预测性，以及可控制性。随着这些维度的变动，应激源对人产生不同程度的影响。

五、测量生活压力

生活变动对我们提出新的要求，因此也就带来了压力。源自生活变动的压力可能在引发或加速障碍的发作上扮演一定角色。生活变动越快，压力就越大。

这方面研究的焦点主要放在生活压力的测量上。1960年代，Holmes和Rahe（1967）编制社会再适应评定量表（SRRS），它以自我报告检核表的形式，测量个人在某一时期内所积累的压力。这份量表以生活变动单位（life change units, LCD）作为生活压力的指标；当事件越具压力，它就被指定越多的LCDs。研究已发现，身体疾病的发展与近几个月中所积累的LCDs之间存在显著相关。

为什么一些应激源较具破坏作用

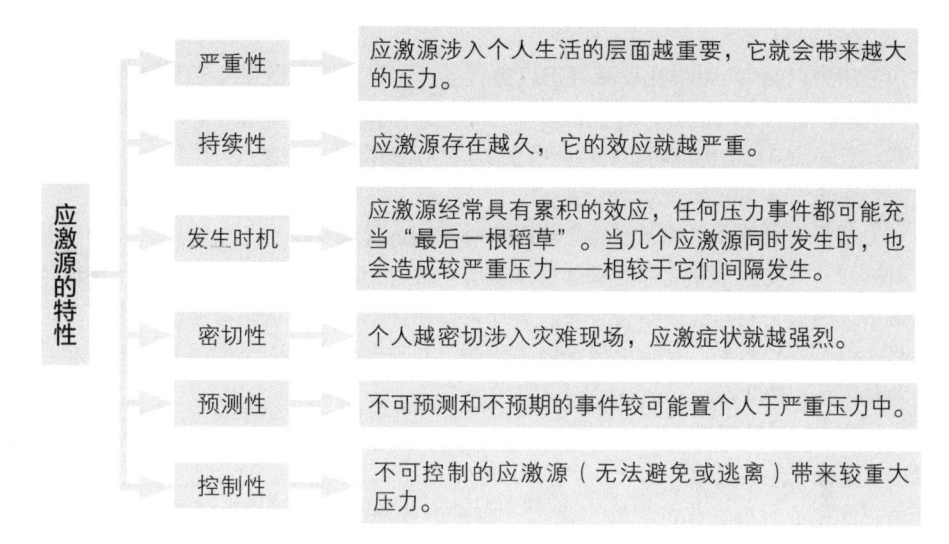

应激源的特性：
- **严重性** → 应激源涉入个人生活的层面越重要，它就会带来越大的压力。
- **持续性** → 应激源存在越久，它的效应就越严重。
- **发生时机** → 应激源经常具有累积的效应，任何压力事件都可能充当"最后一根稻草"。当几个应激源同时发生时，也会造成较严重压力——相较于它们间隔发生。
- **密切性** → 个人越密切涉入灾难现场，应激症状就越强烈。
- **预测性** → 不可预测和不预期的事件较可能置个人于严重压力中。
- **控制性** → 不可控制的应激源（无法避免或逃离）带来较重大压力。

社会再适应评定量表

个人勾选最近经历过的生活事件，再把它们的生活变动单位加起来，就是个人目前所承受压力程度的数值。

排序	事件	生活变动单位
1	配偶去世	100
2	离婚	73
3	分居	65
4	牢狱之灾	63
5	亲近家人的死亡	63
6	个人身体伤害或疾病	53
7	结婚	50
8	被解雇	47
9	婚姻的调解	45
10	退休	45
11	家人健康出问题	44
12	怀孕	40
……	……	……

5-2　压力与身体健康（一）

你知道压力以24%～40%比率减慢伤口愈合吗？这是因为应激与免疫系统的抑制有关。另一些与免疫抑制有关的应激源还包括睡眠剥夺、跑马拉松、身为失智症患者的照护者及配偶死亡等。幸好，笑也与免疫功能的增强有关。这些证据指出"心灵—身体"存在密切关系。

一、积极心理学（positive psychology）

由于大脑会影响免疫系统，因此心理因素对我们的健康和安宁相当重要。你如何看待困扰和应对挑战，可能直接影响你的基础身体健康。你特别需要避免抑郁、焦虑、怨恨及愤怒等负面情绪，因为它们与健康不良有关。另外，对生活的乐观看法则对你的健康有益。积极心理学是一门新兴的学派，它指出像幽默、感激、宽恕及怜悯等人类特质及资源，相当有助于我们的身体和心理健康。

二、心血管疾病的风险因素

（一）慢性和急性应激

压力提高了心脏病发作的风险。例如，在1994年洛杉矶发生大地震之前，由于冠心病（CHD）而猝死的人数是每天4.6人，但在地震当天骤升到24人。

日常压力也会提升CHD和死亡的风险。这两方面的关键因素是高负荷的工作和无力掌控决策。这两种工作压力增加未来CHD的风险——当其他不良行为（如吸烟）受到控制后，情况依然如此。值得一提的是，对于上班工作的人来说，大部分的心脏病发作发生在星期一。周末过后，返回工作岗位的压力可能是原因之一。已知心理压力提高了血管的收缩压，也引起肾上腺素的升高。心理压力也可能减少心肌的氧气供应。

（二）性格

性格是否会影响健康？早在1950年代，研究人员已鉴定出A型行为模式（或A型性格），它的特征是高度竞争心、极度投身工作、缺乏耐性、匆匆忙忙，以及带有敌意。而B型性格的人较不具竞争心，也较不具敌意，他们个性温和，在生活中较能随遇而安。

追踪研究已指出，A型性格的人有发生冠心病和心脏病发作的显著较高风险。在冠心病上，A型约为B型的2倍高；在重复发作的心肌梗死上，A型约为B型的8倍高。但不是所有研究报告都有这么高的正相关，后续研究也发现，A型性格中的敌意（hostility）、愤世嫉俗（cynicism）及压抑愤怒为最重大风险因素。

（三）社交孤立与缺乏社会支援

研究已指出社交因素与CHD发展的强烈关联。对于社交圈狭窄或认为自己缺乏情绪支持的人来说，他们长期下来较可能发展出CHD。在另一项研究中，如果CHD患者没有结婚或没有能够信任的人，他们在接下来5年中的死亡率是一般情形的3倍。最后，对于充血性心力衰竭的患者来说，其所处的婚姻关系的质量预测了4年的存活率。

塞里提出"一般适应综合征"的模式，以其解释当面对长期重大应激源时，身体如何自行动员以应对压力。

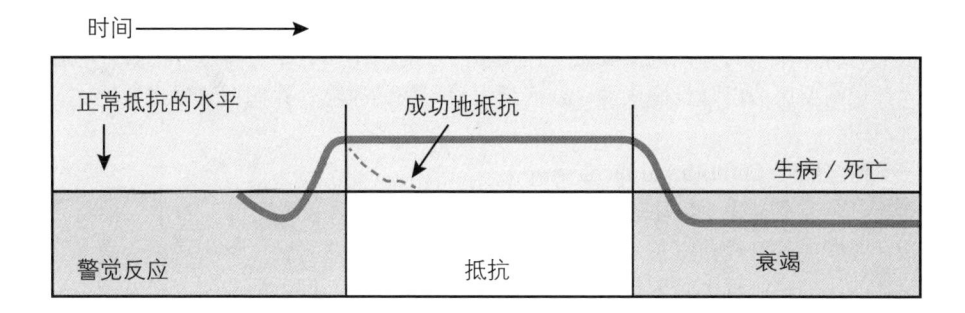

```
时间 ──────►

          正常抵抗的水平        成功地抵抗
                ↓                                                    生病/死亡

          警觉反应              抵抗                    衰竭
```

| 警觉反应（alarm reaction）阶段：通过自主神经系统的激活，肾上腺素被释放，心跳速率和血压上升，呼吸急促及血液集中在骨骼肌，身体准备好做出战斗或逃离的反应。 | 抵抗（resistance）阶段：如果应激源持续不退，身体进入抵抗阶段，适应时间取决于应激源强度；到了后期，神经和激素反应衰竭，免疫能力减弱。 | 衰竭（exhaustion）阶段：身体的适应功能衰退或瓦解，资源耗尽，个体生病或死亡。 |

＋知识补充站

应对压力的方式（coping with stress）

1.问题导向的应对方式（problem-directed coping）：这是设法改变应激源，或改变个人与应激源的关系——经由直接行动及/或问题解决的活动。例如，你可以设法：对抗（消除或减轻威胁）、逃离（脱身于威胁）、折中（磋商、交涉、妥协）或预防未来压力（采取行动以增进个人抵抗力或降低预期压力的强度）。

2.情绪取向的应对方式（emotion-focused coping）：这是设法改变自己——采取一些活动使自己觉得舒适些，但没有改变应激源。例如，你可以采取：以身体为主的活动（服用抗焦虑药物、放松法、生理反馈法）、以认知为主的活动（分散注意、幻想、沉思、静坐）或寻求心理咨询。

5-3　压力与身体健康（二）

三、压力相关身体疾病的治疗

当人们有身体疾病时，他们需要接受医学治疗。对CHD病人来说，这样的治疗包括心脏手术，当然也需要服药以降低胆固醇，或降低血液凝块的风险。我们在这里主要论述一些有益的心理治疗。

（一）情绪倾吐（emotional disclosure）

是否有任何事情困扰你，使你羞于启齿呢？健康心理学家已发现，当一个人把与自己创伤、挫败、罪疚或羞耻经验有关的思想和感情压抑下来时，这将会无形中侵蚀心理和身体的健康。这样的压抑在心理上是困难的工作。因此，赶快找个人倾诉吧！研究已发现，假使你能找到值得信任的人（或通过写日记、私下录音的方式），尽情吐露内心深处的感受，将有助于降低全面性的应激水平。

（二）生物反馈法（biofeedback）

它借助精密仪器侦测个人身体内部的反应，然后加以扩大且转换为不同强度的灯光或声号的线索，以便当事人能"看到"或"听到"身体内部的生理变化。因此，当事人的任务就是控制这些外在信号的强度。生物反馈法具有多种特殊用途，如血压的控制和前额肌肉的放松（进而消除头痛）。它已被证实能够作为辅佐药物治疗的方式。

（三）放松技术（relaxation techniques）

它涉及拉紧及放松各个肌肉群，包括手臂、脸部、颈部、肩膀、胸部、胃部及腿部，以达到越来越深沉的放松状态。有时候，放松训练会辅以催眠性暗示或镇静剂。无论如何，其主要目的是让来访者学会辨别紧张与放松的感觉，然后把紧张释放掉，以达到身体与心灵的一种放松状态。

研究已发现，放松技术能够协助原发性高血压（essential hypertension）的患者，也有助于紧张性头痛的患者。一般而言，头痛还是以生物反馈法处理较具成效，优于只进行放松训练，但这两种疗法的结合得到的临床效果最佳。

（四）静坐（meditation，或冥想）

在东方，静坐被用来寻求心灵或宗教上更高水平的自我发展。但在西方，它通常被用来加强自我管理、增进放松及产生安宁感。催眠是指对个人的意识缺乏觉知，而静坐（如日本的坐禅和印度的瑜伽）则提供对个人意识的直接观察。

亚洲哲学家相信幻想、梦及知觉通常是扭曲的（虚幻），但可以通过静坐的觉知历程加以观察，以便破除迷障。这通常有助于个人的启迪及开化，或消除心理苦恼。

研究已显示，静坐可以导致肌肉张力、血压、大脑皮质活动、呼吸速率及体温等生理变化。静坐训练来访者控制及专注于自己的心智历程，以便带来心灵平静和身体放松。静坐也有助于减少焦虑，以及降低对密闭空间、考试或独处等的恐惧。此外，静坐在减少药物与酒精使用，以及协助失眠、气喘和心脏病患者方面，也有不错效果。

（五）认知行为疗法（CBT）

CBT已被显示在头痛和其他疼痛的治疗上是有效的。在缓解儿童腹部疼痛的重复发作上，CBT取向的家庭治疗，远优于例行的小儿科照护。一些CBT技术，也已被用于帮助风湿性关节炎患者。相较于接受标准的医学照护，接受CBT的患者，呈现较良好的身体、社会及心理功能。

静坐（如日本的坐禅和印度的瑜伽）是在开发更高水平的意识状态，它有助于放松、释放压力及改善生理功能——一种自助式的心理治疗。

生物反馈法能够协助人们（如高血压患者）学习如何放松自己。

A型行为问卷：个人得分越高，就越具A型性格（问题节选如下）

> 4.你的工作是否承担重大责任？
> 6.当你生气或烦恼时，你身边的人们是否知道？你如何表现出来？
> 12.当你正在开车，而车道前方的汽车像是蜗牛在散步，你会做些什么事情？
> 14.假使你跟某个人约好下午2点见面，你会准时抵达吗？如果对方姗姗来迟，你会感到愤慨吗？
> 17.你吃饭会很快吗？你走路会很快吗？当吃饱后，你是否会坐在餐桌旁闲聊一下？或是你会立即起身做一些事情？
> 19.你对于排队等候有什么感受，像是在银行或超市中？

5-4　适应障碍

当承受压力时，不仅我们的身体要付出代价，我们的心理也要付出代价。有时候，个人所承受的压力已压倒他的适应能力，给心理造成不良的影响。我们将讨论DSM中的两种障碍：适应障碍和PTSD。它们都是暴露于压力所引起的。但在适应障碍中，应激源是平常经历的一些事件，而心理反应的性质较不严重。

一、临床描述

适应障碍（adjustment disorder）是对一般应激源（如离婚、死别、失业）的心理反应，而且造成临床上显著的行为症状或情绪症状。应激源可能是单一事件，像是初次离家到外地读大学，或涉及多重应激源，像是生意失败或婚姻失和。当这样的重度压力超越个人应对能力时，就可能被诊断为适应障碍。根据诊断标准，症状必须是在应激源开始的3个月之内出现。

随着应激源结束，或随着个人学会适应应激源，症状就应该减轻或消失。但如果症状持续超过6个月，就应该考虑另一些精神障碍的诊断。在DSM中，适应障碍或许是最轻微，也是最不具伤害性的诊断。

二、失业引起的适应障碍

工作固然带来压力，但是失业可能更具压力。每当社会进入经济萧条期或公司发生重整，就有许多人面临被解雇的风险。管理与失业有关的压力，需要莫大的应对能力，特别是对于先前有充裕收入的人。许多人找到方法以维持专注及动机，即使这可能非常困难。但对另一些人来说，失业可能带来长期的不良后果。研究已发现，长期失业可能对个人的自我概念、价值观及归属感造成重大打击。此外，失业还增加了自杀的风险。

三、丧亲引起的适应障碍

当我们所亲近的人死亡时，我们的第一个反应通常是不相信（disbelief）。然后，随着我们开始了解它所代表的含义，我们逐渐被哀伤、悲痛及绝望的感受所淹没。

对亲人丧亡的哀恸是一种自然的过程，这使得还活着的人得以哀悼他们的离去，然后重新面对没有死者的生活。正常的哀悼过程通常持续至多1年，但在夭折或意外死亡的情况下，哀恸通常就较为复杂或持久。

四、离婚或分居引起的适应障碍

亲密关系的恶化或终止，无疑是重大应激源。尽管离婚在如今已较普遍被接受，但它所带来的不愉快经验，仍然令人难以承受，许多人因此寻求心理咨询。

为什么离婚或分居会造成当事人的重大压力？这可能涉及几个因素：个人必须承认自己在社会重要关系上的挫败；个人需要对家人和朋友解释挫败的原因；个人通常会失去一些有价值的友谊；个人经常会面对经济的不确定性及困境；当涉及子女时，个人必须面对监护权的问题。

总之，许多困扰将会在离婚后一一浮现。经过多年婚姻后，适应单身生活绝不是一件容易的事情。

在适应障碍中，当事人的反应是针对一般生活应激源，如结婚、分娩、离婚、空巢、丧亲或失业等。它引起当事人的显著苦恼，而且造成在社交、职业和其他重要领域上显著的功能减损。

```
                    一般生活应激源
         ┌──────────────┼──────────────┐
         ▼              ▼              ▼
```

失业 （unemployment）	丧亲 （bereavement）	离婚 （divorce）
长期失业可能使个人对自己产生怀疑，觉得自己不能胜任这个社会，甚至可能走上穷途末路。	心理学家指出，当事人临终的心理转变会经过五个阶段，即否认与孤离→愤怒不平→讨价还价→消沉抑郁→接受现实。在面对亲人的死亡上，似乎也有近似的过程。	离婚是一种极其重大的亲密关系的决裂，也算是一种小规模的死亡。尽管离婚在如今已逐渐被接受，但对曾经拥有亲近及信任关系的双方来说，它仍是悲剧性的。

➕ 知识补充站

积极心理学（positive psychology）

你能教导人们变得快乐吗？金钱能够换到快乐吗？为什么有些人就是更加快乐？这些是关于人类处境的共同而基本的问题，却是长期被心理学家们所忽略的。

就严谨的心理学论文来说，当100篇中有99篇是在探讨抑郁状态时，才有一篇是在谈论快乐情绪。第一本专论"快乐心理学"的书籍，在1980年代问世。但直到千禧年转换时，积极心理学运动才受到青睐，逐渐活跃起来。

积极心理学是在探讨导致正面情绪、善良行为及最佳表现的各种因素和历程，包括个人和团体两方面。这个研究领域的目标是提供人们知识和技能，以使他们能够体验充实的生活。

什么是快乐？它被界定为主观的幸福（subjective well-being），也就是个人自觉身心安宁舒适而具有活力的状态，它是个人对生活满足和愉悦的总体评价。

积极心理学现在已成为一股风潮，它正吸引许多领域的研究者的兴趣，以便对所有人类处境这个最基本特质进行科学检视。总之，积极心理学相信，我们可以学习让自己快乐起来。

5-5　创伤后应激障碍（一）

在DSM-5中，创伤后应激障碍（post-traumatic stress disorder）被列在新的诊断分类下，称为"创伤及应激相关障碍"。这个分类还包括适应障碍和急性应激障碍，它们的核心成分是当事人经历"重大压力"。

PTSD的诊断标准在1980年首度进入DSM。精神医学那时候开始了解，许多越战退役军人留下心理伤痕，在返乡后无法重返正常的平民生活。随后的研究发现，不仅是军事战斗，任何极端、恐怖而高压的事件（具有生命威胁性和超出日常经验的范围），都可能导致类似心理症状。

一、临床描述

PTSD是指个人直接经历或目击涉及死亡或严重伤害的事件；例如，战争、天灾（如地震、海啸）、恐怖行动、长期监禁及拷问（如人质绑架）、重大交通意外（如飞机失事）、强暴或凌迟等。

PTSD的特征是，个人强烈的惊恐和无助；经由梦境、幻觉或往事闪现（flashback）等方式，不断地再度经历创伤事件；当事人持续逃避与创伤事件有关的刺激；当事人产生疏离感，对于参加重要活动的兴趣低落，对于前途悲观；经常有睡眠困扰，不易保持专注，以及出现过度惊吓反应等。

有些人可能突然改变居住地点或生活方式，有些人则会产生记忆障碍、头痛及头晕等症状。PTSD的长期影响，包括抑郁、焦虑等症状，以及人际关系、药物滥用、家庭及健康等方面的问题。

二、PTSD的一些特性

根据美国的调查，大约80%的成年人曾经历过至少一件可被界定为创伤的事件，主要是重大事故、身体虐待或性虐待。但是只有9.7%的女性和3.6%的男性发展出PTSD。PTSD的患病率，女性约为男性的2倍（女性也倾向于有较严重的症状），大致上是因为攻击暴力（如家暴及性侵害）较常针对女性而发生。

在创伤事件的余波下，压力症状极为常见。但随着时间的流逝，这些症状将会减少。研究已指出，95%的女性在受到强暴的2个星期内，符合PTSD的诊断标准。在被强暴的1个月后，这个数值降到63.3%；3个月后，45.9%的女性被诊断为PTSD。显然，随着时间的推移，自然恢复是常见现象。

三、急性应激障碍（acute stress disorder）

DSM-5指出另一项压力障碍，称为"急性应激障碍"，它在应激源和症状方面类似于PTSD，它们的不同之处在于症状的持续时间。急性应激障碍发生在创伤事件后的4个星期内，症状持续至少3天，至多4个星期。当症状持续超过1个月时，就要被诊断为PTSD。这一诊断的存在是为了让当事人及早接受治疗，不需等到症状拖延1个月后才被正式诊断为PTSD。早期介入对PTSD的治疗相当重要。

在DSM-5中，PTSD的临床症状由五大领域组成

PTSD的五大类症状

侵入性症状（intrusion）	负面情绪（negative mood）	分离症状（dissociative）	回避症状（avoidance）	警觉症状（arousal）
经由梦境或侵入性意象不断地再经历创伤事件。	负面情绪状态，例如羞愧、愤怒，以及不正当地责怪自己或他人。	个人失去自我感，或失去现实感。从别人的角度来看待自己，或仿佛周遭世界不太真实。	逃避与创伤事件有关的刺激。	睡眠困扰、过度惊吓反应及不顾后果的行为。

2001年的"9·11"事件，为许多人带来强烈的惊恐和震撼，包括受害人的家属及朋友、救援人员，以及世界各地在电视上目击攻击活动的人们。在事件发生后，许多人觉得需要一再述说关于这场灾难的同样一些情节，借以降低焦虑，也减轻自己对该创伤经验的敏感性（desensitize）。

➕ 知识补充站

强暴后遗症

强暴案受害人经常表现出许多创伤后应激障碍的症状。在受到性侵害的两个星期后进行评估，94%的受害人被诊断有PTSD；在被性侵害的12个星期后，51%的受害人仍然符合诊断标准。这些资料说明，创伤后应激障碍的情绪反应，可能在创伤后以急性形式立即发生，也可能潜伏好几个月才发作。

许多受害人对于自己在被施暴期间的反应方式感到罪疚，她们认为自己应该更快速反应或更激烈抵抗才对，这样的自责与她们长期的不良适应有关。但事实上，受害人在被施暴初期的反应，通常是对自己丧命的强烈害怕，远为强烈于对性举动本身的害怕。这种过度强烈的恐惧引发一种麻痹效应，经常导致受害人的功能活动发生各种程度的瓦解，甚至进入一种不能动弹的状态。因此，受害人的罪疚需要被安抚及保证她的举止是正常的。

5-6 创伤后应激障碍（二）

四、创伤后应激障碍的起因

尽管暴露于创伤事件，但不是每个人都会发展出PTSD。这表示有些人可能更易于发展出PTSD，这对于我们如何预防及治疗这种障碍具有启示作用。显然，创伤应激源的性质和接近的程度，解释了应激反应的大部分差异，但另一些因素也在产生作用。

（一）个别风险因素

创伤事件给每个人带来的风险是不同的，有些职业先天就担负较多风险，如军人或消防队员。个人较可能暴露于创伤的风险因素包括：身为男性、较低的教育程度、儿童期曾有品行问题、个人有精神疾病的家族史，以及在外向和神经质（neuroticism）维度上得分较高。

暴露于创伤事件后，什么因素会使个人发展出PTSD的风险增高呢？身为女性当然是风险因素，另一些因素则包括：低社会支持、神经质、先前已有抑郁和焦虑的困扰，以及有抑郁、焦虑及物质滥用的家族史。

（二）社会文化因素

身为少数族群的成员，似乎有发展出PTSD的较高风险。在2001年"9·11"事件的2~3年后，针对当时从双子星大厦被疏散的3271人进行调查，发现仍有15%被测评为PTSD。但相较于白人，非洲裔和拉丁裔的幸存者较可能发生PTSD。此外，另一些研究则发现，当人们有较高的教育程度和较高的年收入时，他们整体的PTSD发病率较低。

五、压力障碍的预防和治疗

（一）预防

当应激源可被预测时，我们可以提供当事人相关的信息和良好的应对技巧，以使他们预先做好准备。这种压力管理（stress management）的方法，对于即将面临重大事件的当事人颇有助益，如重大手术或亲密关系的结束。这个预防策略属于认知行为技术的一种，通常被称为"压力免疫训练"。不幸地，大部分的灾难或创伤情境是我们无法在心理上做好准备的，因为它们本质上通常是不可预测及不受控制的。

（二）压力障碍的治疗

随着时间流逝和朋友、家人的协助，受创者通常会自然地恢复。如果没有，那么他们就需要求助于专业人士。

1.热线电话（telephone hotlines）。如今，美国的大部分城市都已设立热线电话，以协助正承受重大压力的人。除了自杀专线外，针对强暴和性侵害受害人的专线也已设立。

2.危机取向的治疗（crisis-oriented therapy）。这是一种短期的危机干预，治疗师在这里主要关注情绪本质的问题。它的核心假设是：当事人在创伤之前有良好的心理功能，因此，治疗重点仅在协助当事人度过当前危机，不在于"改造"他的人格。在这样的危机场面中，治疗师通常非常主动，协助澄清问题、建议行动方案，以及提供安抚、支持及所需要的信息。

3.药物治疗（medications）。PTSD的主要症状是：强烈焦虑或抑郁的感受、侵入性思想、麻木及睡眠障碍。几种药物可被用来缓解症状，例如，抗抑郁药有助于减轻抑郁、侵入性及回避性的症状。在某些案例上，抗精神病药物也被派上用场。

什么因素使得个人较可能面临创伤事件？

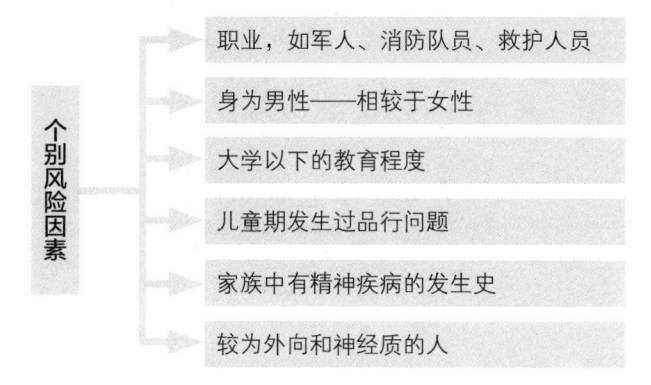

个别风险因素
- 职业，如军人、消防队员、救护人员
- 身为男性——相较于女性
- 大学以下的教育程度
- 儿童期发生过品行问题
- 家族中有精神疾病的发生史
- 较为外向和神经质的人

什么因素使得个人较可能发展出PTSD？

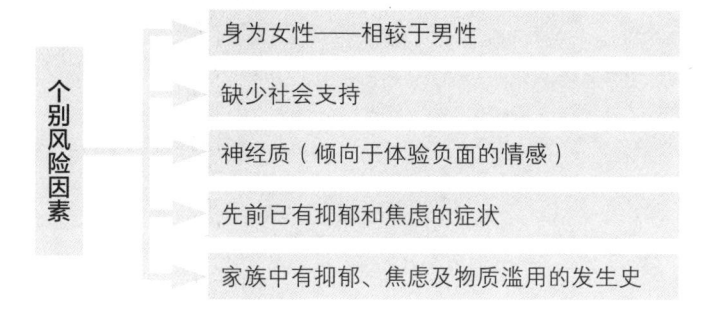

个别风险因素
- 身为女性——相较于男性
- 缺少社会支持
- 神经质（倾向于体验负面的情感）
- 先前已有抑郁和焦虑的症状
- 家族中有抑郁、焦虑及物质滥用的发生史

✚ 知识补充站

PTSD的认知行为疗法

如果你一再地观看同一部恐怖电影，那会发生什么情形？你会发现，随着观看次数增多，你的恐惧降低，电影变得不那般令人惊怖了。这就是延长暴露法（prolonged exposure）的运作原理，它是一种行为取向的治疗策略，被广泛用来治疗PTSD。

在延长暴露法中，来访者被要求生动而逼真地一再详述创伤事件，直到他的情绪反应减轻。此外，它也要求来访者反复而长时间地暴露于所害怕（但客观上无害）的刺激，无论是以实境或想象的方式。这种疗法也可配合另一些行为技术，例如，放松训练可被用来协助来访者管控创作事件后的焦虑。

在PTSD的认知治疗上，它针对修正来访者关于创伤及其后果的不切实际的信念。例如，来访者因为家人都死于地震，只有自己能够幸存，因此不断自责或感到罪疚（如"为什么是我被饶过一命？我认为这不公平"）。认知治疗可以协助来访者找出不合理的信念，进而取代以较合理的信念（如"你不需要为家人的死亡负责，那是天灾造成的"），以便安抚来访者的情绪。

第六章
焦虑症与强迫症

- 6-1 特定恐怖症
- 6-2 社交焦虑障碍
- 6-3 惊恐障碍与场所恐怖症
- 6-4 广泛性焦虑障碍
- 6-5 强迫及相关障碍
- 6-6 躯体变形障碍

6-1 特定恐怖症

焦虑（anxiety）是指担忧未来可能的危险的一种感受，恐惧（fear）则是在面对即时危险时所产生的警觉反应。DSM-5鉴定出一组障碍，称为焦虑障碍（anxiety disorders），它们的特征是临床上显著的恐惧或焦虑。

焦虑症都具有不切实际、不合理的恐惧或焦虑，只是每种障碍在这两种成分上的强度不一。我们将讨论DSM-5所认定的其中5种，它们是：特定恐怖症、社交焦虑障碍（社交恐怖症）、惊恐障碍、场所恐怖症和广泛性焦虑障碍。

一、特定恐怖症（specific phobias）的描述

如果个人显现强烈而持续的恐惧，而这样恐惧是由于特定物体或情境的呈现所引发的，他就可能被诊断为"特定恐怖症"。当病人实际面临所害怕的刺激时，他们通常显现立即的恐惧反应。即使只是预期自己可能面临所害怕的情境，他们也会感到焦虑。例如，幽闭恐怖症（claustrophobia）患者会尽一切可能避免进入密闭空间或电梯，即使这表示他们需要爬多层楼梯或回避需搭电梯的工作。一般而言，当事人承认自己的恐惧是过度而不合理的，但他们却表示自己无法控制。

二、特定恐怖症的一些特性

特定恐怖症相当常见。研究已指出，它的一生患病率大约为12%。它相对的男女之比则有很大差异，视各种特定恐怖症而定，但普遍是女性远多于男性。例如，90%~95%的动物型恐怖症患者是女性，但是血液—注射—损伤型恐怖症的男女性别比例则不到1∶2。

三、特定恐怖症的起因

（一）精神分析论的观点

恐怖症是对抗焦虑的一种防御方式，这样的焦虑起源于在本我（id）中被压抑的冲动。为了使被压抑的本我冲动不为个人所觉知，焦虑就转移到一些外在物体或情境上，而它们与焦虑的真正对象具有一些象征关系。

（二）视焦虑症为习得的行为

当先前中性的刺激伴随痛苦事件出现后，恐惧反应很快也会与这些刺激联结。一旦习得之后，这份恐惧还会类化到另一些类似的物体或情境上。

（三）替代性条件反射（vicarious conditioning）

经由观看一个人对其所害怕的物体展现恐惧反应，可以导致恐惧从一个人传递到另一个人，称为替代性条件反射（或观察学习）。

在以恒河猴为对象的动物研究中，实验室饲养的猴子原先并不害怕蛇类，但仅通过观察野生猴子展现对蛇类的恐惧反应，它们很快就发展出对蛇类近似恐怖症的害怕反应。此外，甚至仅是观看电视影片，猴子也能习得恐惧反应。这说明大众媒体在人类的恐怖症发展上可能也起到一定作用。

（四）生物的因素

遗传和气质影响恐惧的习得速度和强度。这也就是说，视个人的遗传构造或其气质及性格而定，每个人将会较可能或较不可能习得恐惧及恐怖症。例如，研究已发现，如果幼儿在21个月大时被评定为"行为抑制型"（即过度胆怯、害羞、容易苦恼），他们到了7~8岁时，将有发展出多种特定恐怖症的较高风险——相较于非抑制型的幼儿（32% vs 5%）。此外，几项行为遗传学的研究也指出，特定恐怖症的发展可能有一部分是由于遗传造成的。

在DSM-5中，特定恐怖症被分成5个亚型：动物型、自然环境型、血液—注射—损伤型、情境型、其他类型。

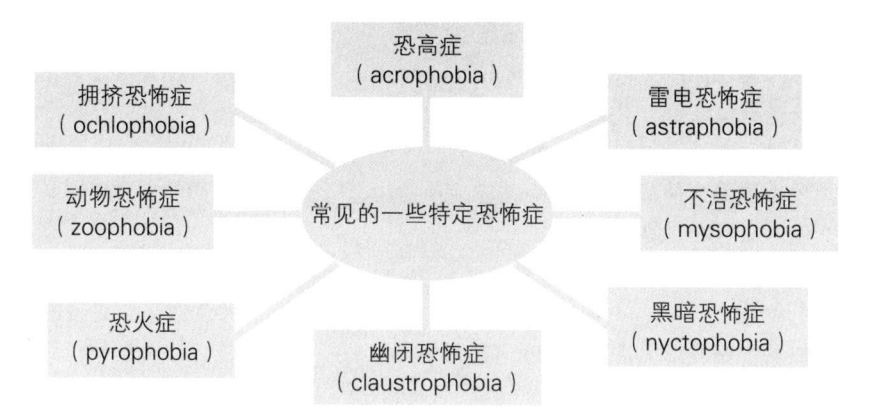

```
                    恐高症
                  （acrophobia）
  拥挤恐怖症                          雷电恐怖症
 （ochlophobia）                    （astraphobia）

  动物恐怖症      常见的一些特定恐怖症    不洁恐怖症
  （zoophobia）                     （mysophobia）

   恐火症                            黑暗恐怖症
 （pyrophobia）    幽闭恐怖症        （nyctophobia）
                （claustrophobia）
```

当人们有幽闭恐怖症时，他们会竭尽所能避免搭电梯，他们非常害怕电梯会掉落、电梯门会打不开，或没有足够空气可供呼吸。

✚ 知识补充站

特定恐怖症的治疗

　　暴露治疗（exposure therapy）是特定恐怖症的最佳治疗方式，即来访者渐进地被安置在他们所害怕的情境中，直到他们的恐惧开始减退。在参与式行为示范中（participant modeling），治疗师首先冷静地示范如何与所害怕的刺激或情境互动，以使来访者理解那些情境不是他们所认为的那般令人惊恐，他们的焦虑是不具伤害性的，而且将会逐渐消散。对于小型动物恐怖症、飞行恐怖症及幽闭恐怖症来说，只需施行一次长疗程（长达3个小时）的暴露治疗，通常就颇具成效。

　　近年来，虚拟现实（virtual reality）的技术被用来模拟各种恐惧情境，作为实施暴露治疗的场所。这表示来访者不必再抵达现场（如真正的飞机或摩天大楼中）以接受治疗。研究已发现，虚拟现实的效能足以比拟真实情境的暴露。

6-2 社交焦虑障碍

一、社交焦虑障碍（social phobias）的症状描述

社交焦虑障碍也称社交恐怖症（social anxiety disorder），它的特征是极度害怕一种或多种特别的社交情况，像是公开谈话、在公共厕所排尿，或在公开场合饮食。在这些情况中，个人害怕自己可能受到别人审视和负面评价，或他可能以困窘或丢脸的方式展现行为。因此，当事人要不逃避这种情况，要不就很苦恼地加以忍受。公开谈话的强烈恐惧是最常发生的单一社交焦虑障碍的类型。

二、社交焦虑障碍的一些特性

根据流行病学的调查，大约12%的人在生活的某些时候，将会符合社交焦虑障碍的诊断。女性的发病率略高于男性，大约60%的患者是女性。特定恐怖症通常起始于儿童期，但社交焦虑障碍的初发稍微晚些，通常是到青少年期或成年早期才发生。

为了协助自己面对所害怕的情况，大约1／3的患者滥用酒精以减轻自己的焦虑，像是在赴会之前喝酒。再者，这种障碍极为顽固，在12年的追踪期间只有37%的患者自然康复。

三、社交焦虑障碍的起因

（一）社交焦虑障碍是习得的行为

社交焦虑障碍通常是起源于经典条件反射作用，像是直接经历自己所认定的社交挫败或蒙羞，或曾经身为被指摘及批评的对象。在成年的社交焦虑障碍患者中，有92%报告在儿童期遭受过严重嘲弄。

社交焦虑障碍也可能起源于替代性条件反射，像是目击同伴因为不胜任社交而受到责备或欺负。此外，当父母是情绪冷淡、社交隔离及回避交往的人时，他们的子女特别可能发生广泛性社交焦虑障碍。这样的父母贬低"社交性"的价值，也不鼓励他们的子女参加社交活动，这些因素为社交畏惧的替代学习提供了温床。

（二）认知偏差（cognitive biases）

认知因素也在社交焦虑障碍的起源和维持上起到一定作用。研究者指出，社交焦虑障碍患者倾向于预期别人将会拒绝或负面地评价他们。这样的观念导致他们预期自己将会以笨拙及不适宜的方式展现行为。这样的负面预期接着导致他们专注于自己在社交情境中的身体反应和负面的自我形象，也导致他们高估别人发现自己的焦虑的可能性。这样的自我专注甚至到了注意自己心跳快慢的地步，当然会干扰他们良好互动的能力。因此，恶性循环就进一步发展：他们朝向身体内部的注意力和略微笨拙的行为，可能导致别人以较不友善的态度回应他们，因而证实了他们的预期。

（三）生物因素

最重要的气质变量是行为抑制（behavioral inhibition），它兼有神经质和内向这两项特质。行为抑制型的婴儿容易因不熟悉的刺激而苦恼，也容易害羞或回避。他们较可能在儿童期变得胆怯，然后在青少年期有发展成社交焦虑障碍的较大风险。此外，几项双胞胎研究也指出，遗传因素在一定程度上造成了社交焦虑，具体来说，大约30%的变异可归于遗传因素。

对于演讲（在大众面前讲话）的强烈恐惧是最常发生的单一社交焦虑障碍。

焦虑障碍一览

```
                    焦虑障碍的分类
    ┌───────────┬───────────┬───────────┐
 特定恐怖症    社交恐怖症    惊恐障碍    场所恐怖症
    │           │           │
 分离焦虑障碍  广泛性焦虑障碍  选择性缄默症
(separation              (selective mutism)
 anxiety disorder)
```

➕ 知识补充站

社交焦虑障碍的治疗

针对社交焦虑障碍，行为疗法最先被开发出来，它涉及渐进地暴露于引起恐惧的社交情境。近期，随着研究指出社交焦虑障碍所特有的内心扭曲的认知，认知重建（cognitive restructuring）的技术被添加到行为技术中，称为认知行为疗法。

在认知重建中，治疗师首先协助来访者检查他的负面自动化思维。在让来访者理解这样的自动化思维经常伴随一些认知扭曲后，治疗师经由逻辑分析，协助来访者更换这些内心的思想和信念。此外，来访者也可能接受录像的反馈，以矫正他扭曲的自我形象。这样的技术现在已成功地被用来治疗社交焦虑障碍。

最后，有些药物似乎对社交焦虑障碍有良好效果。最有效和最被广泛使用的药物是几类抗抑郁药，包括MAOIs和SSRIs。但是，药物必须长期服用，才能确保症状不会复发。

6-3 惊恐障碍与场所恐怖症

一、惊恐障碍（panic disorder）的症状描述

在诊断上，惊恐障碍被界定及描述为发生惊恐发作（panic attacks），通常是突如其来的。除了重复、出其不意的发作外，当事人也必须持续关注或担忧会有另一次发作，为期至少一个月。为了符合正式惊恐发作的诊断标准，当事人必须突发13项症状中的至少4项，大部分是身体症状（如心悸、呼吸短促、头昏及发抖等），但有3项是认知症状（如失去现实感，害怕将会死亡，或害怕快要疯了）。

惊恐发作相当短暂但强烈，症状突如其来，通常在10分钟内达到最高强度，但会在20~30分钟内平息下来，很少持续1小时以上。

二、场所恐怖症（agoraphobia）的症状描述

在这种恐怖症中，来访者最普遍害怕及回避的情境为街道和拥挤的处所，如购物中心和电影院。有时候，场所恐怖症的发展是作为曾在这种情境中有过惊恐发作的并发症。来访者担忧如果处身于这些情境，他们将实际上难以逃脱、心理上感到困窘，或无法获得及时的帮助。通常，来访者也对自己的身体感觉到惊恐，所以他们也避免将会引发生理激活的一些活动，如运动、观看恐怖电影、饮用咖啡，甚至从事性活动。

随着场所恐怖症的发展，来访者倾向于回避曾经产生发作的情境，但这样的回避行为会逐渐蔓延到另一些情境。在很严重的情况中，来访者甚至无法迈出大门一步，他们成为家中的囚犯。

三、惊恐障碍的一些特性

在成年人中，惊恐障碍的一生患病率估计值是4.7%。它经常在十多岁后期开始成形，但初发的平均年龄是23~34岁。然而，它也可能起始于个人三四十岁时，特别是对女性来说。女性在惊恐障碍上的患病率是男性的2倍。场所恐怖症也更频繁地发生在女性身上，80%~90%的严重来访者是女性。

四、惊恐障碍的起因

（一）遗传因素

根据家族和双胞胎研究，惊恐障碍的出现有适度的遗传成分。在导致惊恐障碍的倾向中，33%~43%的变异可归于遗传。

（二）生化异常

多年以来，惊恐发作被视为生化功能失常引起的警觉反应。如今，我们已知道，惊恐障碍主要涉及两种神经递质，即去甲肾上腺素和血清素。SSRIs是目前最广泛被用来治疗惊恐障碍的药物，它的作用似乎就是增进血清素的活动和降低去甲肾上腺素的活动。

（三）惊恐的认知理论

它指出惊恐障碍患者对他们的身体感受过度敏感，很容易就对它们进行最可怕的解读——这种倾向被称为灾难化（catastrophize）。例如，个人发展出惊恐障碍，他可能注意到自己的心跳正在加速，就断定自己心脏病发作，或注意到自己有点头昏，就认为会晕倒或自己有脑瘤。这些令人惊恐的思想，引起更多焦虑的身体症状，为灾难化思想更增添了燃料，导致恶性循环，而在惊恐发作时达到顶点（参考右页图）。

场所恐怖症患者经常回避的一些情境

回避的处境和场合：蒸汽浴、人群、戏院、桥梁、餐厅、单独在家、电动手扶梯、有氧运动、升降梯、地下通道、排队、发怒、性活动、汽车和巴士、运动场、看恐怖电影

惊恐的循环

诱发刺激
（内在或外在）
↓
自觉威胁
↓
忧虑或担心
（例如，关于将会惊恐发作，或关于任何令人苦恼的情境）
↓
身体感觉
↑
对身体感受作灾难化的解读
↑
诱发刺激
（内在或外在）
（例如，运动、激动、发怒、性活动、咖啡、精神活性药物）

✚ 知识补充站

惊恐障碍和场所恐怖症的治疗

许多惊恐障碍患者被开以镇静剂（抗焦虑药物）的处方。这些药物带来症状的缓解，使当事人能有效地生活活动。药物的主要优点是快速起作用（在30~60分钟内），所以在强烈恐慌或焦虑的紧急情况中很有助益。但是长期服用的话，许多人会发展出对药物的生理依赖，当停止（或中断）服药后会产生戒断症状。此外，停药造成很高的复发率。

另一类被派上用场的药物是抗抑郁剂，主要是三环抗抑郁剂、SSRIs及SNRIs。这类药物的优点是不会造成生理依赖，也能缓解任何共病的抑郁症状。但它的药效在服用大约4个星期后才会出现，所以不适用于紧急情况。此外，它也有一些不良副作用，停药后的复发率也偏高。

在心理治疗方面，暴露治疗对于处理场所恐怖症颇具成效，协助60%~75%的患者显现临床上显著的改善。这些效果在2~4年的追踪期间，仍普遍被良好维持。

最后，针对惊恐障碍患者的灾难化自动思想，"认知重建"技术也早已开发出来，一般来说有不错的效果。

6-4 广泛性焦虑障碍

虽然不像恐惧那般有所谓"战斗或逃跑反应"的激活，但焦虑确实使当事人处于这样反应的蓄势待发状态。焦虑的适应价值在于，它协助我们为可能的威胁做好计划及准备。在轻微到中等的程度上，焦虑实际上增进学习和表现。但是，当焦虑及担忧变得长期、过度及不合理时，它就不具适应价值，反而造成危害。

一、广泛性焦虑障碍（generalized anxiety disorder，GAD）的描述

根据DSM-5，在至少6个月期间，当事人产生担忧的日子必须多于不担忧的日子，而且难以控制自己的担忧。这样的担忧是针对许多事件或活动（如工作或学业表现）。当事人还必须符合6项症状中的至少3项，如坐立不安或容易疲劳。

GAD患者长期处于担心、挂念、紧张、烦躁及普遍不安的心情状态下。这样的忧心忡忡也会发生在其他焦虑症中（如场所恐怖症和社交焦虑障碍），但那只是症状的一部分，而忧心忡忡却是GAD的本质。

二、GAD的一些特性

GAD是相对常见的病况，它的一年患病率大约是3%，一生患病率则是5.7%。它倾向于是长期性的，追踪研究显示，42%的患者在13年后仍未见缓解，将近半数出现重复发作。

GAD较常见于女性，约为男性发病率的2倍高，但相较于其他焦虑症的性别差异，这不是特别显著的数值（参考右页表）。GAD患者较少求助于心理治疗，但他们经常因身体不适（如肌肉紧绷、胃肠症状或心脏症状），而现身于内科医师的诊疗室，他们是过度使用医疗卡的一群人。

三、广泛性焦虑障碍的起因

（一）精神分析论的观点

根据这个观点，广泛性焦虑（或游离性焦虑）是起因于自我（ego）与本我（id）冲动之间的潜意识冲突。这样的冲突因为个人防御机制的瓦解或不曾发展，而未被适当处理。弗洛伊德相信，如果个人主要的性（或攻击）冲动得不到表达，或表达时受到惩罚，就会导致游离性焦虑。

（二）不可预测和不受控制事件的角色

研究已发现，GAD患者似乎较常在他们生活中经历许多重要事件，而他们视之为不可预测及不受控制的，特别是在早期生活中。再者，他们显然对"不确定性"的容忍力偏低。当不能预测未来时，他们特别容易躁动不安。这使得他们没有发展出安全信号，以提醒自己什么时候适宜放松而感到安全，就导致了长期的焦虑。

（三）父母管教风格

父母侵入性、过度控制的管教风格，经常造成儿童忧虑不安。这种风格使儿童视世界为不安全的处所，他们对之无能为力并且需要保护，从而造成了儿童的焦虑行为。

（四）生物因素

虽然关于GAD的遗传促成证据不太一致，但它似乎有适度的可遗传性，15%～20%的变异可归于遗传——略低于大多数的其他焦虑症。

1950年代以来，许多抗焦虑药物被研发出来。后来发现，它们发挥效果是经由激发GABA的作用。已知GABA强烈影响广泛性焦虑，目前，GABA、血清素及去甲肾上腺素似乎都在焦虑上扮演一定角色，但它们如何产生交互作用，目前仍然不详。

各种心理障碍的性别差异：一生患病率估计值

障碍	男性的患病率（%）	女性的患病率（%）	比值
惊恐障碍	2	5	2.5
特定恐怖症	6.7	15.7	2.34
创伤后应激障碍	5	10.4	2.08
广泛性焦虑障碍	3.6	6.6	1.8
强迫症	2	2.9	1.45
社交焦虑障碍	11.1	15.5	1.4

◎ 根据DSM-5，创伤后应激障碍和强迫症已不列在焦虑障碍之中。

广泛性焦虑障碍不是针对特定对象所产生的焦虑，而是对于各种不同生活领域的焦虑反应。

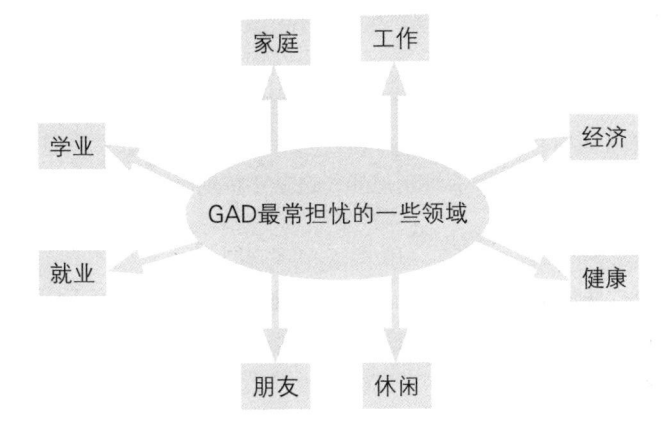

GAD最常担忧的一些领域：家庭、工作、学业、经济、就业、健康、朋友、休闲

+ 知识补充站

广泛性焦虑障碍的治疗

在这样的案例上，最常被使用的是benzodiazepine（BZD）类的药物，如Xanax和Klonopin。它们有助于缓解紧张、减轻其他身体症状及放松下来。但它们可能造成生理依赖、心理依赖及戒断症状。一种称为buspirone的新式药物也颇具成效，它既不具镇静作用（如昏昏欲睡），也不会导致生理依赖。但它可能需要2～4个星期才能显现效果。

认知行为治疗（CBT）也已被派上用场，它结合了两方面技术：一是行为技术，诸如深度肌肉放松的训练；二是认知重建技术，针对于消除来访者在信息处理上的偏差，也是在减少对轻微事件的灾难化思想。研究已显示，CBT的疗效绝不亚于服用BZD。

6-5 强迫及相关障碍

一、强迫症（obsessive-compulsive disorder）的症状描述

强迫症是指产生一些非自愿和侵入性的强迫思想或意向，引起当事人的苦恼；通常还会伴随强迫行为，试图抵消该强迫思想或意向。当事人通常知道这些持续而反复发生的强迫意念（obsessions）是不合理的，也干扰了生活，他们试图加以抵抗或压制。强迫行为（compulsions）可能是一些外显的重复动作（如洗手、盘查和排序），也可能是一些内隐的心理活动（如计数或祈祷）。强迫行为的执行是为了预防或降低苦恼，或为了防止一些可怕事件或情境的发生。

大部分人有过轻微的强迫思想或行为，像是怀疑自己是否锁好门窗或关掉煤气炉。但在强迫症患者身上，这样的思想显得过激或不合理，相当顽强而引人苦恼，消耗当事人不少时间。

二、强迫症的一些特性

强迫症普遍初发于青少年后期或成年早期（平均是19.5岁），但在儿童身上也不少见。强迫症会渐进地发作，一旦成形后，会产生长期性的影响，但是症状的严重程度随着时间起伏不定。

强迫症比起它一度被认为的更为盛行。它平均的一年患病率是1.2%；一生的患病率平均是2.3%。因强迫症而寻求治疗的人，超过90%兼具强迫意念和强迫行为两者。强迫症（OCD）在成年人身上，很少或没有性别差异，这是它特别于焦虑障碍之处。

三、强迫症的起因

（一）精神分析论的观点

强迫行为被视为一种替罪仪式，以使另一些更为令人惊骇的欲望或冲动所制造的焦虑得以缓解。因此，重复的洗手行为可能象征洗去个人双手的罪恶，无论是真正还是想象的罪恶。

（二）行为论的观点

根据回避学习（avoidance learning）的双过程理论，首先，触摸门把（或握手）可能与污染的"惊恐"想法联结起来。一旦达成这样的联想，当事人接着发现，触摸门把引起的焦虑可以经由洗手而降低。洗手降低了焦虑，所以洗手反应受到强化。当另一些情境也引起关于污染的焦虑时，洗手将会一再地发生。一旦习得之后，这样的回避反应极难被消除。

（三）认知偏差及扭曲

当正常人试图压制不想要的思想时（例如，"在10分钟内不要想起海豚"），他们有时候会自相矛盾地增加这些思想的发生。因此，促成强迫思想频繁发生的一项因素是，来访者试图压制它们。此外，来访者也对自己的记忆力较不具信心，这可能造成他们一再地重复仪式化行为。

（四）生物因素

研究已显示，同卵双胞胎在OCD上，有中等程度的一致性（80对双胞胎中有54对），异卵双胞胎的一致性较低（29对双胞胎中只有9对）。此外，强迫症来访者的一等亲中，有显著较高的OCD患病率，达3~12倍之高——相较于OCD患病率的现行估计值，这表示比起焦虑障碍，OCD能更多地被生物因素解释。

最常见的一些强迫思想的题材

```
                    强迫思想
    ┌──────┬─────────┬────────┬─────────┐
  害怕污染  害怕伤害自己或他人  对疾病的疑虑
性方面的执念  要求保持对称  对宗教的强迫观念  对攻击的强迫观念
```

最常见的一些强迫举动（仪式化行为）

```
                    强迫行为
    ┌──────┬─────────┬────────┬─────────┐
   清洗    检查    排列/布置   默念    计数
```

强迫症使人们从事无意义、荒谬及仪式化的行为，如重复洗手。

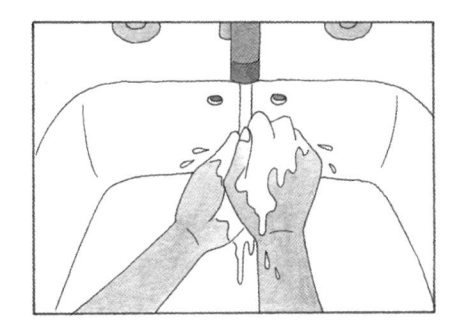

✚ 知识补充站

强迫症的治疗

　　暴露与反应预防（exposure and response prevention）似乎是处理强迫症的最有效途径。它首先要求来访者重复暴露于将会诱发他们强迫意念的刺激中；随着每次暴露，来访者被要求不能从事他们以往的强迫仪式，以让来访者看清楚，随着时间流逝，他们的强迫意念所制造的焦虑将会自然地消退。

　　至今为止，影响血清素的药物（如clomipramine）似乎是处理强迫症的主要药物，也有一定良好的效果。另外，几种SSRI类的抗抑郁药物（如fluoxetine，即氟西汀）也有助于减轻症状的强度。但是，强迫症药物治疗的主要不利之处是，当停止服药后，复发率通常很高，高达50%~90%。显然，行为疗法有更持久的效益。

6-6 躯体变形障碍

原来在DSM-Ⅳ-TR中，躯体变形障碍（body dysmorphic disorder，BDD）被归类为一种躯体型障碍。但是，因为它与OCD的强烈相似性（12%的OCD患者也被诊断有躯体变形障碍），所以它现在被列入强迫及相关障碍中。

一、躯体变形障碍的描述

BDD患者执念于他们外观的一些"自觉"或"想象"的瑕疵，以至于他们坚信自己是有缺陷或丑陋的。这样的关注是非常强烈的，会引起临床上的显著苦恼，以及社交或工作上的功能受损。大部分BDD患者有强迫性的检查行为，像是照镜子检视自己的外貌，或是遮掩/修饰自觉的瑕疵。另一种常见症状是回避日常活动，以免他人看见自己想象的缺陷。在严重的情况中，当事人把自己关在房子里，从不外出或工作，他们的平均就业率只有50%。

BDD患者经常就他们的缺陷寻求朋友和家人的保证及安抚，但那只能带来很短暂的情绪缓和。他们经常过度打扮，通过服饰、发型或化妆来掩饰他们自觉的缺陷。

二、躯体变形障碍的一些特性

BDD在一般人口中的患病率为1%～2%，在抑郁症患者中则增至8%。它似乎没有性别差异，通常初发于青少年期，那是许多人开始关心自己外貌的时候。BDD患者经常也有抑郁的诊断，也经常产生自杀意念（80%）和自杀企图（28%）。

BDD患者普遍求助于美容诊所和整形外科手术，高达75%的人并不会寻求精神科医疗。研究已发现，现身美容诊所的人中，有8%～20%的人符合BDD的诊断，即使接受整容手术，他们也几乎不会对整容结果感到满意。

最后，BDD已至少存在好几个世纪，也似乎是一种全球性的障碍，发生在所有欧洲国家、中东、中国、日本及非洲。为什么它直到近15年来才受到广泛探讨？主要是因为随着现代西方文化逐渐强调"外貌就是一切"，BDD的患病率近年来出现实质性的上升。另外也是因为BDD在这15年来受到媒体的大量报道，甚至成为谈话节目的主题，许多人才转而求助于临床心理师或精神科医师。

三、躯体变形障碍的起因

生理心理社会的模式似乎提出了颇为合理的解释。首先，过度关切外貌上自觉或轻微的缺陷，是一种中等程度可遗传的特质。其次，BDD似乎发生在特别重视外表吸引力和美貌的社会文化背景中。当身为儿童时，这些人就常因为外观而受到强化，远多于因为他们的行为而受到强化。另一种可能性是，他们曾经因自己的外观而受到嘲笑或批评，使厌恶、羞耻或焦虑情绪与他们对自己身体的意象相联结。

四、躯体变形障碍的治疗

对于强迫症有效的药物，通常也可用来治疗BDD，例如，SSRI类的抗抑郁药，通常也能使BDD患者有中等程度的改善。但一般而言，为了达到效果，治疗BDD所需的剂量要较高些——相较于OCD。此外，一种把重点放在"暴露与反应预防"上的认知行为疗法，已显示给50%～80%接受治疗的患者带来了明显的改善，而且治疗获益在追踪期间普遍被良好维持。

强迫及相关障碍一览表

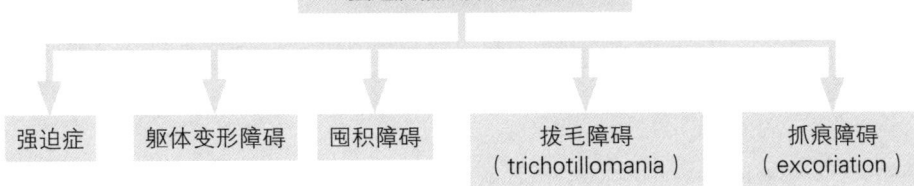

```
                    强迫及相关障碍的分类
    ┌──────┬──────────┬──────┬──────────────┬──────────┐
  强迫症  躯体变形障碍  囤积障碍   拔毛障碍        抓痕障碍
                              (trichotillomania) (excoriation)
```

BDD患者可能关注身体的几乎任何部位，例如，他们的皮肤有瑕疵、乳房太小、脸部太瘦（或太胖）或青筋外露等。

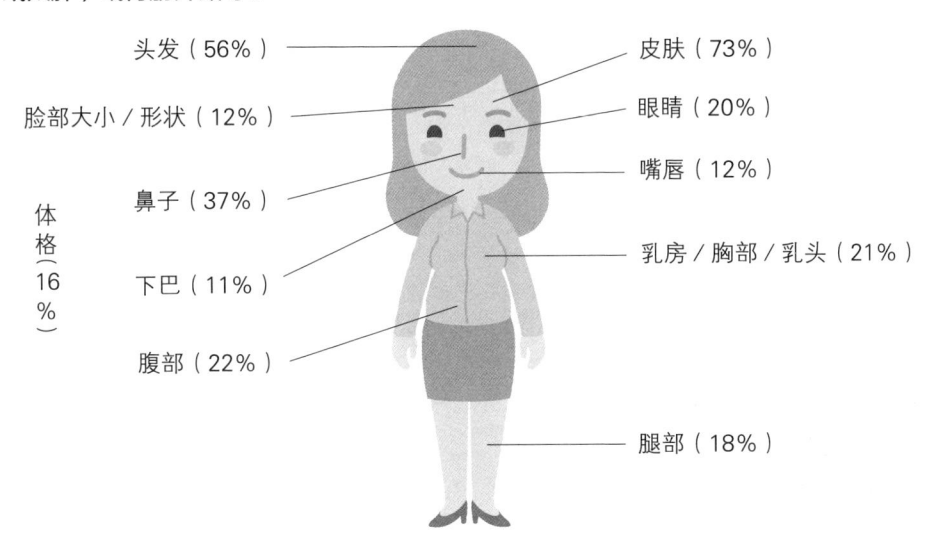

- 头发（56%）
- 脸部大小/形状（12%）
- 鼻子（37%）
- 下巴（11%）
- 腹部（22%）
- 体格（16%）
- 皮肤（73%）
- 眼睛（20%）
- 嘴唇（12%）
- 乳房/胸部/乳头（21%）
- 腿部（18%）

➕ 知识补充站

囤积障碍（hoarding disorder）

囤积障碍是一种引人兴趣的病况，直到大约15～20年前才引起研究的注意，主要是电视媒体的大肆报道所致。传统上，储物（或囤积）被视为OCD的特有症状之一，但它在DSM-5中被添列为新的障碍。强迫性囤积（作为症状）发生在10%～40%的OCD患者中，它在成年人口中的患病率为3%～5%。

囤积障碍患者收集而不愿丢弃许多所有物，尽管这些物品似乎没有用处或价值有限，部分是因为他们对物品发展出情绪依恋。此外，他们的起居空间极为拥挤而凌乱不堪，以至于干扰了正常活动，像是已占据了浴室、厨房及走廊的空间。在严重的情况中，当事人实际上被他们所囤积的物品活埋（buried alive）在自己家中。

第七章
躯体症状障碍与分离障碍

- 7-1 疼痛障碍
- 7-2 疑病症
- 7-3 躯体形式障碍
- 7-4 转换障碍
- 7-5 人格解体／现实解体障碍
- 7-6 分离性遗忘症与分离性漫游症
- 7-7 分离性身份障碍

7-1 疼痛障碍

躯体症状障碍（somatic symptom disorders）位于变态心理学与医学间的交接地带。它们是一组病况，不仅包括身体症状，也包括针对这些症状的一些不当（功能不良）的思想、情感及行为。虽然患者的抱怨表明有医学症状的存在，但却找不到身体病理原因。此外，患者不是有意伪装症状或试图欺骗别人，他们无法控制自己的症状，而且真正相信自己的身体出现了问题。DSM-5在"躯体症状及相关障碍"的分类中，列出四种障碍：躯体症状障碍、疾病焦虑障碍、转换障碍，以及做作性障碍。

一、躯体症状障碍的症状描述

DSM-Ⅳ原本列有几种障碍，像是疑病症、躯体化障碍及疼痛障碍（pain），但它们现在都被诊断为躯体症状障碍。在DSM-5中，当事人必须符合下列三项特征中的至少一项：不成比例及持续地担心自己症状的严重性、持续地对健康或症状感到高度焦虑、花费过多时间和精力于担心这些症状。

这种患者经常现身于医疗诊所，他们较可能是女性和教育程度偏低的人。他们经常寻求医学检验，当医生找不到任何身体毛病时，他们还是认为一些重要程序被遗漏了，因此求诊于另一位医生。研究还发现，他们倾向于持有一种认知风格，导致他们对自己的身体感受过度警觉。另一项特征是，他们倾向于对自己症状做灾难化的思考，经常高估自己状况的严重性。

二、疼痛障碍（pain disorder）的症状描述

疼痛障碍的特征是，持续而严重的疼痛，发生在身体的一些部位，不是有意制造或伪装的。虽然医学状况（medical condition）可能促成了疼痛，但心理因素被判断扮演重要角色。疼痛时间少于6个月属于急性（acute），超过6个月则是慢性（chronic）。但需要注意，当事人所感受到的疼痛是极为真实的，完全不逊色于其他来源的疼痛所带来的伤害，尽管疼痛始终是一种主观体验，无法由别人做客观的鉴定。

三、疼痛障碍的一些特性

疼痛障碍在一般人口中的发病率仍然不明，但显然常见于求助疼痛诊所的人群，女性的发病率显著高于男性。当事人经常无法工作，或不能完成一些日常活动。他们缺乏活力（包括不愿意从事身体活动）和社交隔离的状态可能导致抑郁，也会造成身体的力气和耐力的流失。这样身心俱疲的状态进而使疼痛加剧，一种恶性循环于是形成。最后，当他们倾向于对疼痛的意义及效应做灾难化的思考时，症状很可能进展为慢性疼痛。

四、疼痛障碍的治疗

认知行为技术已被广泛使用来处理身体疼痛和心因性疼痛。治疗方案通常包括放松训练、支持与验证（证明疼痛是真实的）、规划每天的活动、认知重建，以及"无痛"行为的强化。此外，抗抑郁药物（特别是三环抗抑郁剂）和一些SSRIs已被发现能减轻疼痛强度。

从DSM-Ⅳ到DSM-5，躯体症状障碍的分类发生了很大变动，我们特别介绍如下：

```
                    DSM-Ⅳ的躯体形式障碍
                    (somatoform disorders)
                            │
    ┌──────────┬────────────┼────────────┬──────────┐
    ▼          ▼            ▼            ▼          ▼
躯体化障碍  转换障碍      疼痛障碍       疑病症    躯体变形障碍
(somatization)(conversion)  (pain)   (hypochondriasis)(body dysmorphic)
                            │
                            ▼
                DSM-5的躯体症状及相关障碍
                (somatic symptom disorders)
                            │
        ┌──────────┬────────┼────────┬──────────┐
        ▼          ▼        ▼        ▼          
    躯体症状障碍 疾病焦虑障碍 转换障碍  做作性障碍
    (somatic symptom)(illness anxiety)(conversion)(factitious)
```

◎ 躯体变形障碍在DSM-5中已被纳入强迫症的诊断分类中。
◎ 疑病症、躯体化障碍及疼痛障碍三者在DSM-5中都被收编在躯体症状障碍的分类中。

疼痛障碍的恶性循环

```
              身体部位的
              疼痛体验
            ↗         ↘
    身心疲乏使          消极、被动，
    得疼痛加剧          不愿意参加活动
            ↖         ↙
              郁郁寡欢、体力
              和耐力的流失
```

7-2 疑病症

在原先（DSM-Ⅳ）被诊断为疑病症的人中，大约75%在DSM-5中将会被诊断为躯体症状障碍，另外的25%则被诊断为疾病焦虑障碍（illness anxiety disorder）。

一、疑病症（hypochondriasis）的症状描述

在疑病症中，患者会始终有感染严重疾病的恐惧，或抱持着他们已实际罹患该疾病的想法。这样的执念完全是建立在对一些身体征兆或症状的错误解读上，例如，心跳稍微不顺，就认为罹患心脏病。另一项典型特征是，当事人不因医学检验的结果而被安抚。换言之，尽管缺乏医学证据，但罹病的恐惧或想法仍然持续不退。这样的情况必须持续至少6个月，因此不只是短暂地对健康感到忧心。

这类患者经常像逛街一样，从一位医生换到另一位医生，就是无法被安抚。当有人指出，他们的困扰或许是心理方面，应该求助于心理医师或精神科医师时，他们普遍嗤之以鼻。

二、疑病症的一些特性

疑病症是常见的躯体症状障碍，在一般医学实施上的患病率是2%～7%。它平均分布在女性和男性身上，虽然最常发于成年早期，但实际上可在任何年龄出现。如果不加以治疗的话，疑病症将是一种持续的障碍，虽然其严重性可能起伏不定。

尽管身体状况通常良好，但疑病症患者真心相信自己发觉的症状是重大疾病的征兆，他们不是在诈病（malingering）。再者，因为他们倾向于怀疑医生的检验和诊断的妥善性，医患关系经常充满冲突及敌意。

三、疑病症的起因

我们对躯体症状障碍（包括疑病症）病因的认识仍然有限。目前，认知行为的观点或许最被广泛接受，它主张疑病症是认知和知觉的失调，对身体感觉的错误解读扮演关键的角色。当事人在疾病方面的过去经验（在自己和别人身上，以及从大众媒体所观察的），导致他们对症状和疾病发展出一套功能不良的假设，像是"你应该注意严重疾病的生理征兆，一旦有些不对劲，就必须趁早就医"，这使得他们易于发展出疑病症。

因为这些功能不良的假设，当事人对于疾病相关信息展现一种注意偏差（attentional bias）。他们知觉自己症状比起实际情形更为危险，也判断所涉疾病比起实际情形更可能发生。一旦错误解读自己症状，他们倾向于寻找支持性的证据，而且对于他们健康良好的证据显得半信半疑。这般对疾病和症状不适宜的关注，制造了一种恶性循环：他们对疾病的忧心，引起了焦虑的生理效应，乍看之下像是疾病的症状，这提供了进一步的动力（证据），表示他们对自己健康的忧心是有正当依据的。

从孩提时期起，大部分人就已知道，当生病时我们会得到额外的安慰及注意，也能豁免一些责任（如不用上学或做家务）。这样的附带获益（secondary gain）或许也有助于理解疑病症的思想和行为模式如何被维持下去。

疑病症的恶性循环

```
        个人对疾病和
         症状的忧心
       ↗           ↘
为"自己生病了"的信         产生了焦虑
念提供进一步的燃料         的生理症状
       ↖           ↙
        被解读为重大
         疾病的征兆
```

疑病症患者执迷于对疾病的不切实际的恐惧，他们深信自己出现身体疾病的一些症状，但他们通常不能精确地描述自己的症状。

✚ 知识补充站

疑病症的治疗

认知行为治疗已被发现能够有效处理疑病症。在认知成分上，它把重点放在评估当事人对疾病的信念上，然后修正当事人对身体感觉的错误解读。在行为技术上，它要求当事人有意地专注于自己身体的各个部位，以引起一些无害的症状，这样一来，当事人就能了解，他们对身体感觉的选择性知觉，在自己的症状上扮演重要角色。有时候，当事人也被教导如何从事反应预防（response prevention），也就是不再检查他们的身体，也不再寻求别人的安抚。这样的治疗相对短暂，只需6~16次的疗程，也能以团体的方式实施。此外，一些抗抑郁药（特别是SSRIs）在治疗疑病症上也有不错的效果。

7-3 躯体形式障碍

在DSM-5中，躯体形式障碍的诊断现在已被包含在更宽广的分类下，即躯体症状障碍。

一、躯体形式障碍（somatization disorder）的症状描述

躯体形式障碍的特征是有各种对身体健康状态的疑虑。为了符合诊断，这些疑虑必须在30岁之前就已出现，持续好几年，而且不能以所发现的身体疾病或伤害做适当的解释。这些抱怨也必须已导致医学治疗，或导致生活功能的重大受损。显然，躯体形式障碍最常见于初步诊疗中心的患者。因为他们经常有不必要的住院或手术，花费巨大的医疗成本。

在DSM-IV的诊断中，患者需要报告有广泛领域上的大量症状（例如，疼痛、胃肠道、神经层面及性方面的症状），但这似乎不符合实际情况。因此，DSM-5完全抛弃这一长串的复杂症状，而躯体形式障碍现在被视为只是躯体症状障碍中的一种变化形式。

DSM-5这种收编方式还有另一项益处，即我们不再需要去关心躯体形式障碍和疑病症是否真正为两种不同的障碍。实际上，这两种障碍有显著的相似性，它们有时候也会共同发生。

二、躯体形式障碍的一些特性

躯体形式障碍经常起始于青少年期，女性的患病率约为男性的3~10倍。它也倾向于发生在较低教育程度和较低社会经济水平的人身上。至于一生患病率，女性是0.2%~2%，男性则低于0.2%。躯体形式障碍经常与另几种障碍共同发生，包括抑郁症、疼痛障碍、惊恐障碍及广泛性焦虑障碍。躯体形式障碍也被认为是一种慢性病，预后通常不佳，虽然有时候也会自发地缓解。

三、躯体形式障碍的起因

我们仍不太清楚躯体形式障碍的发展进程和特定病因。有证据指出，它倾向于在家族中流传。此外，男性的反社会型人格障碍与女性的躯体形式障碍之间，似乎存在家族的联结。也就是说，一些共同的内在素质（至少是部分地具有遗传基础），导致了男性的反社会行为和女性的躯体形式障碍。再者，女性的身体症状和反社会症状倾向于共同发生。我们仍不清楚这层关系的本质，很可能这两种障碍是经由冲动性（impulsivity）的共同特质而联结起来的。

最后，这类患者也会选择性地注意自己身体的感觉，对其做知觉的扩大。他们也倾向于视身体"感受"为身体"症状"。就像疑病症患者，他们会对轻微的身体症状做灾难化的解读，视为重大身体疾病的征兆。他们认为自己的身体很脆弱，不能忍受压力或活动。

四、疾病焦虑障碍（illness anxiety disorder）

这在DSM-5中是新式障碍，当事人先入为主地认为，自己已罹患或即将发展出严重疾病。这份焦虑令人苦恼而妨碍生活功能，但当事人实际上极少有身体症状。

如何辨别做作性障碍（factitious disorder）与诈病（malingering）？它们两者都是有意地伪装失能或疾病。

做作性障碍
1. 在DSM-5中被列为正式的诊断分类。
2. 当事人有意制造心理或身体的症状。
3. 没有实质的外在诱因，个人仅是为了获得及维持他扮演"生病角色"所被提供的利益，包括家人和医疗人员的注意及关心。

诈病
1. 没有正式的诊断标准。
2. 当事人有意制造或显著夸大身体症状。
3. 受到外在诱因的激发，如逃避工作或兵役，获得赔偿，或规避罪行指控。

转换障碍
1. 当事人不是有意地产生症状，认为自己是"症状的受害人"。
2. 当被指出他们行为的不一致时，他们通常不惊不慌——因为不是伪装的。
3. 任何附带获益仅是转换障碍本身的副产品，无关乎为症状提供动机。

✚ 知识补充站

躯体形式障碍的治疗

躯体形式障碍长期以来被认为不容易治愈，但过去15年来，特定医疗管理（medical management）配合认知行为疗法，已被发现带来很大助益。它首先指定一位医生，他将整合对患者的照护，这包括定期地与患者会面（从而尝试预期新困扰的出现）和针对新的抱怨提供身体检查（从而接受患者的症状为正当的）。然而，医生避免不必要的诊断检验，也只施加最起码的药物。研究已发现，这能大为降低医疗的经费，也增进了患者的身体功能。

在认知行为治疗方面，它把重点放在促进适宜行为上，如较良好的应对和个人调适；也放在戒除不适宜行为上，如生病行为和专注于身体症状。此外，抗抑郁药有时候也有不错的疗效。

7-4 转换障碍

转换障碍是精神病理学上最有趣而又令人困惑的障碍之一。"转换障碍"是较为近代的称谓。历史上，这种障碍是收编在"歇斯底里症"（hysteria）下的几种障碍之一。

一、转换障碍（conversion disorder）的症状描述

在DSM-5中，转换障碍也称"功能性神经症状障碍"。它涉及一些症状或功能缺失，影响了当事人的自主运动或感官功能，令人联想当事人可能有医学或神经学的病况。但经过详细的医学检验，却不能找到任何已知医学现象对此做充分的解释。它的一些典型症状包括局部麻痹、失明、失聪及假性痉挛。但当事人不是有意制造或伪装症状。心理因素往往被认为扮演重要角色，这是因为经常有情绪困扰、人际冲突或应激源发生在症状之前，它们可能启动或加剧症状。

二、转换障碍的一些特性

在被转介神经诊所接受治疗的人中，转换障碍占大约50%。它在一般人口中的发病率仍然不详，但即使最高的估计值也只有0.005%。这种下降的趋势，似乎与我们对医学和心理疾病渐增的认识有密切关系：如果我们很快就能看穿它缺乏医学基础，转换障碍显然就失去它的防御功能。

转换障碍较常发生在女性身上，约为男性的2~3倍。它可在任何年龄出现，但最常发生在青少年早期到成年早期之间。转换障碍普遍在面临重大应激源之际快速发作，但随着应激源被排除，它通常在两个星期内消退，但也经常会复发。

三、转换障碍的起因

（一）精神分析论

弗洛伊德称这些失调为"转换性歇斯底里症"，他相信其症状是被压抑的性能量的一种表达。当被压抑的性欲望（及所引发的焦虑）有浮上意识层面之虞时，它被潜意识地"转换"为身体失调，从而使个人不必处理该冲突。例如，个人对于手淫的欲望怀有罪恶感，他可能发生手臂麻痹以解决这个困境。当然，这不是意识上的作为，个人并不知道身体症状的起源及意义。弗洛伊德认为，当事人精神冲突和焦虑的减除是维持该状况的主要原因，但他注意到当事人经常也有许多来源的附带获益，如来自他人的同情及关怀。

（二）当代的观点

弗洛伊德的许多临床观察被纳入转换障碍的当代观点中。在"一战"和"二战"期间，转换障碍相当普遍，它典型发生在高压的战斗情况下，转换障碍（如双腿的瘫痪）使士兵能够逃避引发焦虑的战斗，却不会被贴上懦夫的标签，也不必面对军事法庭。

如今，转换障碍典型发生在个人面临创伤事件时，这些事件让他想要逃避，但逃避实际上是无法实行或不被社会接受的，这时候身体症状被视为充当了很明显的功能，即提供似乎合理的身体"托辞"，使个人逃避无法忍受的压力环境，却不必为之承担责任。但个人意识上不知道症状与压力环境间的关系，只有当压力环境已被移除或解决后，症状才会消失。

当发生可疑的转换障碍时，个人最好接受详细的医学和神经学的检验，但有几项诊断标准也常被用来辨别转换障碍与真正的神经失调。

（一）个人的功能不良不完全符合所模拟疾病的症状表现

1. 个人的肢体发生瘫痪，却没有肌肉消瘦或萎缩的情形。
2. 个人发生痉挛，却没有显现任何EEG异常，事后也未显现混淆和记忆丧失。此外，个人在猝倒时很少伤及自己，也未失去对大小便的控制。

（二）个人的功能不良具有选择性的本质

1. 在转换性失明中，个人表示自己看不见东西，却能在房间中走动而不会碰撞别人或物件。
2. 在转换性失聪中，个人表示听不到声音，但是当"听到"自己的名字时，却能适当地转向。
3. 个人可能无法书写，却能运用同一部位的肌肉搔痒。
4. 在失音症中（aphonia），个人只能悄声说话，却能以正常的方式咳嗽。

（三）在催眠的状态下，治疗师经常能借由暗示作用使得症状被消除、转移或再度发生

当个人从沉睡中骤然清醒时，他也许会突然能够使用"瘫痪"的肢体。

转化障碍的大部分症状可以经由催眠暗示暂时地加以减轻或再现。

+ 知识补充站

转换障碍的治疗

关于如何最有效地治疗转换障碍，我们的认识极为有限。有些住院病人接受行为治疗似乎有良好效果，它主要是强化病人的正常行为，同时排除任何来源的附带获益。至少有一项研究已利用认知行为疗法成功地治疗了心因性痉挛。另外，催眠（或添加催眠到其他治疗技术中）似乎也有不错的效果。

7-5 人格解体／现实解体障碍

分离障碍（dissociative disorders）是指一组病况，涉及个人在正常情况下统合的意识、记忆、知觉或认知等功能发生分裂或瓦解（disruption）。这里呈现的是，整个精神病理领域中一些颇为戏剧性的现象，即当事人不记得自己是谁、自己来自何处，以及个体拥有两个（或两个以上）不同的身份或人格状态，它们交替地支配个体的行为。

就像躯体症状障碍，分离障碍似乎主要是作为逃避焦虑及压力的一种方式；或是用来管理一些生活困扰，否则它们似乎有淹没个人寻常的应对资源之虞。这两类障碍也使得当事人得以否认对自己"不被接受"的愿望或行为的个人责任。换句话说，经由舍弃一部分的自己，个人逃避自己所面临的冲突。

分离作用（dissociation）是指个人把引起心理苦恼的意识活动或记忆，从整体精神活动中切割开来，以使自己的自尊或心理安宁不会受到威胁。DSM-5确定出四种分离障碍，它们是：人格解体／现实解体障碍、分离性遗忘症、分离性漫游症（分离性遗忘症的亚型），以及分离性身份障碍。

一、人格解体／现实解体障碍（depersonalization / derealization disorder）

这是较常见的两种分离障碍。在现实解体障碍中，个人暂时地失去对外在世界的现实感，身边的人或物被体验为不真实、模糊或视觉扭曲。至于在人格解体障碍中，个人暂时地失去对自己的自我感和现实感，像是从自己的心智活动或身体中脱离出来（detached），成为一个旁观者。高达半数的人曾在生活中有过至少一次这样的体验，通常是发生在严重应激、睡眠剥夺（如熬夜）或感官剥夺的期间或之后。但当这样的发作变得持续而重复，而且妨碍正常生活功能时，就会被诊断为正式的精神疾病。

当事人经常报告，他们感觉自己仿佛生活在梦境或电影中，他们似乎难以把片段的记忆组成准确或连贯的一系列事件。因此，时间扭曲是人格解体经验的关键因素。但是在人格解体或失现实感的过程中，当事人的现实测试（reality testing）仍然健全。

二、人格解体障碍的一些特性

研究已发现，这种疾病的平均初发年龄是23岁。此外，在将近80%的个案中，疾病有相当慢的进程。根据估计，人格解体／现实解体障碍的一生患病率是1%～2%，但偶尔的症状也常见于多种其他障碍，如精神分裂症、边缘型人格障碍、惊恐障碍、急性应激障碍及创伤后应激障碍。尽管这样的症状相当令人惊恐，但通常不会导致心理崩溃。当人格解体很清楚地表现为精神病状态进程的早期征候时，专业的援助就应该介入，像是处理诱发症状的应激源和减轻焦虑等。然而，无论是经由药物还是心理治疗，迄今还没有发现对人格解体障碍有效的治疗方法。

DSM-5中对于分离障碍的分类

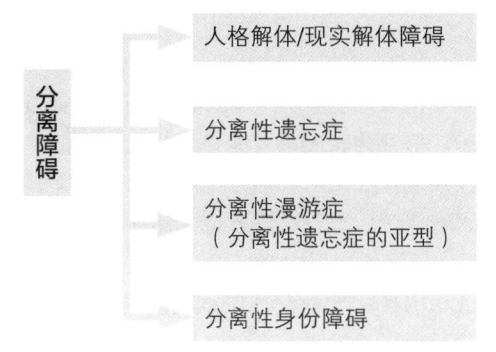

分离障碍
- 人格解体/现实解体障碍
- 分离性遗忘症
- 分离性漫游症（分离性遗忘症的亚型）
- 分离性身份障碍

重复经颅磁刺激的示意图

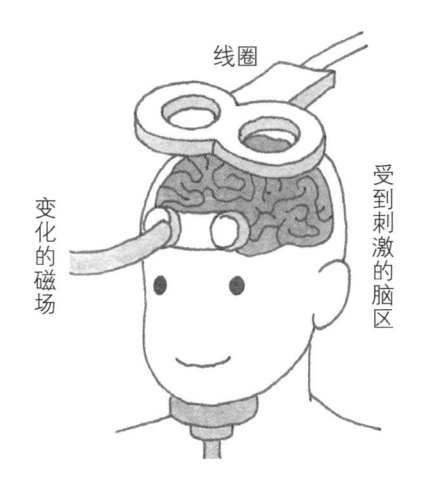

线圈
变化的磁场
受到刺激的脑区

+ 知识补充站

人格解体障碍的治疗

人格解体/现实解体障碍被普遍认为相当难以治疗。催眠（包括自我催眠技术上的训练）可能有所助益，因为病人能够学会解离，然后重新联结，因而获得对解离经验的一些控制感。许多抗抑郁药、抗焦虑药物及抗精神病药物也被派上用场，有时候具一定效果。但也有研究显示，服用百忧解（Prozac）与服用安慰剂的两组间恢复效果没有差异。

最近研究显示，"重复经颅磁刺激"（rTMS）对于治疗分离障碍似乎颇具前景。经过三个星期的治疗后，半数被试的人格解体症状显著减轻。

7-6 分离性遗忘症与分离性漫游症

我们先提两种遗忘情况。在逆行性遗忘中（retrograde amnesia），个人部分或完全不记得事故发生之前的信息及经验。在顺行性遗忘中（anterograde amnesia），个人则是无法保留事故发生之后的新信息及经验。好几种状况都可能导致持续的遗忘，像是分离性遗忘症、创伤性脑损伤或中枢神经系统的疾病。如果遗忘症是"脑部病变"所引起的，那么它通常是属于顺行性遗忘，即新的信息未被登记，也没有进入记忆储存。另外，分离性遗忘通常只限于无法记得先前储存的个人信息，即属于逆行性遗忘。

一、分离性遗忘症（dissociative amnesia）的症状描述

这是指个人无法记起自己经历过的重要事情，但不能用一般的遗忘来解释。这样的记忆空白最常发生在无法忍受的高压境遇之后，像是战斗处境或灾难事件（如重大车祸或自杀企图）。在这种障碍中，表面上被遗忘的个人信息仍然位于意识层面之下，有时候可被催眠诱导出来，或在一些来访者上会自发地出现。

遗忘的发作通常持续几天到几年。许多人只经历一次这样的发作，但有些人在一生中有多次发作。在典型的分离性遗忘反应中，尽管当事人无法记得个人生活史的一些重要事实，但他们的基本习惯模式（如阅读、谈话、执行技巧性工作的能力）仍完好无损。这表示除了记忆缺失外，他们似乎是正常的。以心理学的术语来说，当事人唯一受到影响的是情景（episodic）记忆或自传（autobiographical）记忆，至于语义（semantic）记忆、程序性（procedural）记忆及短期储存（short-term storage），通常似乎维持完整。当事人通常在记忆新信息方面也没有困难。

二、分离性漫游症（dissociative fugue）的症状描述

在很少见的个案中，当事人更进一步从真实生活困扰中撤退，进入一种"分离性漫游"的遗忘状态。当事人不仅对自己过去生活的一些或所有层面失去记忆，而且实际脱离家庭环境，漫游到其他地方。在漫游期间，这些人不知道自己已失去对先前生活阶段的记忆，他们对自己的身份感到困惑，或是采取新的身份。他们在漫游期间的行为通常相当正常，不至于引人怀疑。但几天、几星期，甚至几年后，他们可能突然从漫游状态脱身出来，不知道自己为何置身于陌生地方。在另一些情况下，只有在反复质问及提醒他们身份后，他们才能康复。无论如何，随着从漫游状态恢复过来，他们原先的记忆内容也会恢复，但对漫游期间的生活经验却又遗忘了。

三、综合评论

分离性遗忘症（和漫游症）的模式极为类似于转化障碍，只不过后者是经由身体功能失调以逃避一些不愉快情境，但前者则是个人潜意识地逃避对这样情境的思想，或在极端情况下，逃离现场。因此，分离性遗忘症典型是发生在个人面临极不愉快的情境时，因为压力避无可避而又无法忍受，个人最终只好把自己一大部分人格和所有关于压力情境的记忆压抑下去。

DSM-Ⅳ确定出四种主要的心因性遗忘（psychogenic amnesia）

局部性遗忘（localized）
个人对于在特定期间发生的事情完全记不起来，最常发生在经历创伤事件后，当事人对于接下来几个小时或几天中的事情产生遗忘。

选择性遗忘（selective）
个人忘记在特定期间所发生的一些事情，但不是一切事情都忘记。

心因性遗忘

广泛性遗忘（generalized）
个人忘记整个生活史，包括自己的身份。这较为少见。

连续性遗忘（continuous）
个人记不起过去某个时间点直到现在所发生的事情。这较为少见。

✚ 知识补充站

分离性遗忘症的治疗

分离性遗忘症是指个人记不起重要的生活经验，但这样的过程是由心理因素引起的，个人没有任何器质性的功能不良。心理学家已开始探讨，这种记忆解离在什么程度上可能随着童年性虐待及身体虐待的事件而发生。当然，另一些形式的重度创伤也可能引起分离性遗忘症。

在分离性遗忘症和分离性漫游症的治疗上，最主要的是，让当事人处于安全的环境，只要脱离他觉得有威胁性的情境，有时候就能自发地恢复记忆。除了药物外，催眠经常也被用来促使当事人记起被压抑和被解离的记忆。在记忆恢复后，当事人在治疗师的协助下逐步透析（work through）那些记忆，进而以更具效能的方式重建生活经验。

7-7 分离性身份障碍

一、分离性身份障碍（dissociative identity disorder，DID）的症状描述

DID是指病人会出现至少两种身份，它们以某些方式交替出现而支配个人的行为，这在一些文化中可能被解释为附身（possession）经验。DID原先被称为多重人格障碍（multiple personality），但因为它暗示病人的空间、时间及身体受到一些不同"人格"的多重占据，容易招致误解，因此被舍弃不用。事实上，更替身份还称不上是人格，只是反映个人在整合各种层面的身份、意识及记忆上的失能。因此，DID较良好地捕捉了这方面的意思。

二、DID的一些特性

在大部分情况中，当事人有一种身份最常出现，它占领个人的真正姓名，称为主人身份（host identity）。另一些更替身份（alter identities）则在许多重要层面上有别于原来的身份，如性别、年龄、笔迹、性取向，以及运动或饮食的偏好等。在个性方面，假使有一种更替身份是害羞的（软弱的、热情的、性挑逗的），通常就会有另一种更替身份是外向的（坚强的、冷淡的、拘礼的）。主人身份所压抑的需求和感情，通常会在另一种更替身份中展现出来。

更替身份的转换经常是突如其来的（几秒之内），但渐进的转换也可能发生。DID病人对于更替身份所经历的事情有遗忘情况，另一些常见症状包括抑郁、喜怒无常、头痛、幻觉、自残，以及惯性的自杀意念和自杀企图。DID通常发生于儿童期，但是大部分病人是在二三十岁时才被诊断出来。女性被诊断为DID的人数，约为男性的3~9倍。女性也倾向于有较多的更替身份。

虽然在电影、小说及各式媒体中被大肆宣传及报道，但是DID在临床上极为少见。在1980年之前，整个精神医学文献中只发现大约200例个案。然而，到了1999年，仅北美地区就有超过30000例个案被报告出来（过于泛滥的数值）。显然，如何准确从事诊断是值得考虑的问题。

三、DID的起因及治疗

"创伤理论"是广为接受的观点，大部分（一些估计值高达95%）DID病人报告自己身为儿童时有严重受虐（身体或性方面）的经验。因此，DID可能起始于幼童时受到反复的创伤性虐待，他们试图应对压倒性的绝望感和无力感。在缺乏适当资源和逃避渠道的情况下，儿童只好以解离方式遁入幻想之中，把自己变成另一个人。这样的逃避经由自我催眠（self-hypnosis）的过程而发生，而如果有助于缓解虐待引起的痛苦的话，它就被强化而会在未来再度发生。

在DID的治疗上，通常是采取心理动力和洞察力（insight）取向的疗法，以便揭露及剖析被认为导致DID的童年创伤及其他冲突。治疗师经常会利用催眠以接触来访者的不同身份，设法整合各个身份状态成为单一人格，以便来访者能更具效能地应对生活中的压力。一般而言，为了使治疗能够奏效，它必须是长期的，且经常持续好几年。

关于虐待情况的问卷作答

问卷项目		DID（%）	抑郁症（%）
虐待发生率		98	54
虐待类型	身体虐待	82	24
	性虐待	86	25
	心理虐待	86	42
	父母疏失	54	21

◎ DID个案数=355。
◎ 抑郁症个案数=235。

分离性身份障碍（DID）的示意图

主人身份：适应不良、缺乏果断力的人格

更替身份：攻击而跋扈的人格

更替身份：幼稚而天真的人格

更替身份：好社交而活泼的人格

➕ 知识补充站

DID的社会认知理论（socio-cognitive theory）

除了创伤理论，社会认知理论也提出了对DID成因的解释，它主张DID的发展是易受暗示的当事人习得如何采取及演出多重身份的角色，主要是因为临床人员不经意地建议这些角色、正当化这些角色及强化这些角色，但也是因为这些不同身份符合当事人的个人目标。但需要注意的是，这些身份的出现不是当事人有意的作为，它们是在当事人不自觉的情况下自然地发生的。

这表示当受到情境力量的鼓励时，人们可能出现第二种身份，无论这样的情境力量是来自治疗师的暗示、催眠，对自己过去行为的记忆、对他人行为的观察，或媒体对于DID的描绘。

这不免令人怀疑，DID患病率的上升一部分是属于"人为的"，即过度热心的治疗师在易受暗示而有幻想倾向的当事人身上诱发这种障碍。尽管如此，这种因素不能解释所有的诊断个案，因为DID已在世界大部分地方被观察到，即使那些地方几乎不存在关于DID的个人认识或专业知识。

第八章
进食障碍与肥胖

- 8-1 进食障碍（一）
- 8-2 进食障碍（二）
- 8-3 进食障碍的风险因素和起因
- 8-4 肥胖的问题

8-1 进食障碍（一）

根据DSM-5（APA，2013），进食障碍（eating disorders）的特征是饮食行为持续失调。但更为核心的是，当事人强烈害怕自己体重增加或变胖，而且伴随对苗条身材的追求。这样的追求不但毫不留情，有时候还是致命的。

一、神经性厌食（anorexia nervosa）的症状描述

神经性厌食的核心是对于"体重增加"或"变得肥胖"的强烈恐惧，当事人因此会采取一些行为，造成体重显著偏低。DSM-5已不再把女性的"月经中止"列为诊断标准，因为即使继续月经来潮，当事人的心理困扰也不逊于停经的女性。

即使外貌看起来消瘦而憔悴，但许多神经性厌食患者否认自己有任何困扰，他们实际上对于体重减轻感到得意。尽管如此，他们对自己的体重抱持矛盾的态度，像是故意穿上宽松的衣服以隐瞒自己的瘦削，或是在体检前喝下大量的水。

（一）限制型

神经性厌食被分为两种亚型，主要差异是当事人采取怎样的方式维持他们偏低的体重。在限制型中（restrictive type），当事人致力于限制所摄取食物的数量，甚至费心地计算食物的热量。他们尽量避免在别人面前进食。这种亚型的个体主要是以节食、禁食或过度运动来达成减重目的。

（二）暴食／清除型

在这种亚型中，个体例行地从事暴食或清除的行为。暴食（binge-eating）是指失控地摄取超过正常所需的食物。这样暴食后，病人可能继之以清除（purge）行为，即从他们体内排出已摄取的食物，清除方法包括自我引吐，不当使用泻药、利尿剂或灌肠。

二、神经性贪食（bulimia nervosa）的症状描述

神经性贪食的特征是无法控制地暴饮暴食，为了避免体重增加，患者只好采取一些不适宜的行为，像是引吐和过度运动。神经性贪食相对近期才被认定为一种精神医学疾病，它在1987年才被编入DSM-Ⅲ中。在DSM-5中，神经性贪食和不适当的补偿行为（清除）必须平均达每周一次，且持续三个月以上。

神经性厌食患者和神经性贪食患者的共同之处是害怕变得肥胖。但不像神经性厌食患者，典型的神经性贪食患者体重正常，有时候甚至稍微过重。

神经性贪食通常是起始于节制的饮食，因为个人想要变得苗条些。在这些早期阶段中，个人厉行节食，只摄取低热量的食物。但长期下来，早先的决心被消磨殆尽，个人开始进食"被禁止的食物"，如冰淇淋和巧克力。在暴食过后，为了处理失控的状态，个人就开始引吐、禁食、过度运动或滥用泻药。然后，这样的模式将会持续下去，因为即使厌恶自己的行为，但清除行为减缓了自己对变胖的恐惧。因此，神经性贪食患者的另一点不同之处是他们经常心怀羞愧、罪恶及自我责备。

三、暴食障碍（binge-eating disorder，BED）的症状描述

暴食障碍在DSM-5中被列入正式的诊断，它是指当事人感到对于饮食行为缺乏控制，如进食到过度饱足而已达不舒服的地步，不饿之时也会进食大量食物，以及过度进食之后感到嫌恶、罪疚及沮丧等。

DSM-5中关于进食障碍的分类

喂食及进食障碍
- 异食障碍（pica）
- 反刍障碍（rumination disorder）
- 回避性／限制性摄食障碍（avoidant／restrictive food intake disorder）
- 神经性厌食，注明限制型或暴食／清除型
- 神经性贪食（bulimia nervosa）
- 暴食障碍（binge-eating disorder）

神经性厌食患者经常会有一些扭曲的思考，例如：

扭曲思考
- "不完美的躯体反映了不完美的人。"
- "厌食不是自我施加的疾病，它是自我控制的生活形态。"
- "它不是剥夺，它是解放。"

＋知识补充站

凯伦·卡本特与戴安娜王妃

在整个1970年代，"木匠"（carpenters）合唱团支配了流行／抒情摇滚乐的唱片市场，但在1983年2月，全球乐迷发出一声叹息，因为32岁的主唱兼鼓手凯伦（Karen Carpenter）猝然早逝，所公布的死因是心脏衰竭，但这是长期自我挨饿所造成的。凯伦的代表作，像是*Close to you*、*We've only just begun*及*Yesterday once more*仍然不时可从收音机中听到。她其实是神经性厌食的受害者，在她死亡前将近10年内，她一直私下与这个疾病斗争不停。

英国的戴安娜王妃也曾罹患进食障碍。查尔斯王子曾在他们订婚时，对她的体重提出苛刻评论，而且逐渐地疏远她。从20岁开始，在这种不愉快的婚姻中，戴安娜的暴食和自我引吐就持续不断，只是强度起伏不定，至少持续到这对怨偶正式分手之前。戴安娜起初能够容忍或忽视别人对其困扰的揣测。最后，她决定公开自己的病情，即在她1997年发生死亡车祸前的数年。戴安娜的进食障碍被称为"神经性贪食"。无论如何，她公开讨论病情，已协助许多有同样困扰的人寻求治疗。

8-2 进食障碍（二）

虽然BED的一些临床现象共通于神经性贪食，但BED患者在暴食后不会从事任何形式的不当"补偿"行为，包括引吐、使用泻药或过度运动等。他们也鲜有饮食上的节制。因此，大多数BED患者过重甚至肥胖——虽然体重不是达成诊断的必要因素。

四、进食障碍的一些特性

神经性厌食和神经性贪食很少发生在青少年期之前。神经性厌食好发于15~19岁。至于神经性贪食，最高风险的人群是20~24岁的年轻女性。暴食障碍患者的年纪则更大一些，普遍是30~50岁。

进食障碍长久以来被认为主要发生在女性身上。虽然以往的研究指出，其男女性别比高达1：10，但较近期的估计值是1：3。因此，"进食障碍属于女性疾病"的刻板印象应该稍作修正。研究还发现，同性恋男性比起异性恋男性有较高的发病率。显然，同性恋男性重视他们伴侣的外貌和年轻，为了寻求性方面的魅力，不满意的身材对他们来说是较大问题。

如果只根据传播媒体的大肆报道，你可能会留下这样的印象，即进食障碍简直是一种流行病。但是，情况并非如此，这些障碍的患病率实际上相当低。在美国，暴食障碍的一生患病率，女性大约是3.5%，男性是2%。在神经性贪食方面，女性的一生患病率是1.5%，男性是0.5%。神经性厌食则相对较少发生，它的一生患病率，女性是0.9%，男性是0.3%。

五、进食障碍的医学并发症

神经性厌食在所有精神疾病中，具有最高的致命性，女性患者的死亡率是一般人口中15~24岁女性死亡率的12倍高。整体来说，大约3%神经性厌食患者死于挨饿引起的医学并发症。由于长期的低血压，患者经常感到疲倦、衰弱、头昏眼花及意识模糊。神经性厌食患者会因心律不齐而死亡，这是关键电解质（如钾离子）重大失衡所引起的。长期偏低的钾离子浓度，也会造成肾伤害和肾衰竭，严重时将需要洗肾。

神经性贪食相较之下较不具致命性，但它造成的死亡率仍达一般人口的2倍高。神经性贪食也会引起一些医学并发症，除了电解质失衡和偏低的钾离子浓度外，因为胃液属于酸性，反复引吐经常造成口腔溃疡和牙齿受损。手部的骨痂（callus）是另一项后遗症，它是患者把手指伸入自己喉咙所致。

六、各种文化中的进食障碍

进食障碍不限于美国和欧洲，神经性厌食和神经性贪食在许多国家和地区已成为临床问题，甚至在一些尚未开发的国家中，也有病例被报告出来。

因此，神经性厌食的病例除了在整个历史中已被发现，它们也已被显示发生在世界各地。这表示神经性厌食不是一种文化限定（culture-bound）的障碍。当然，不同文化可能影响这种障碍的临床表现。对照之下，神经性贪食似乎只在适度接触过西方文明（特别是对于理想苗条身材的强调）的人身上才会发生。因此，神经性贪食似乎是一种文化限定的障碍。

进食障碍的患病率

进食障碍	女性（%）	男性（%）
神经性厌食	0.9	0.3
神经性贪食	1.5	0.5
暴食障碍	3.5	2

◎ 在一份包含9282位美国成年人的样本中，他们报告在生活中发生过进食障碍的百分比。

美国少女描述的"梦幻女郎"是5尺7寸高、体重100磅[1]及5号腰围，以此计算出的BMI是15.61，属于重度体重不足。

1960年代的名模　　　　2000年代的名模

＋ 知识补充站

神经性厌食的治疗

　　进食障碍的患者通常对于康复感到矛盾及冲突，大约17%的严重个案需要强迫住院，患者也经常有自杀企图。神经性厌食是一种慢性病，患者在治疗中有很高的退出率。

　　在治疗神经性厌食上，最立即的措施是恢复患者体重，以便不再危及生命。这可能涉及强迫喂食或点滴营养补给。但治疗方案也需要针对心理困扰，否则厌食行为容易复发。

　　抗抑郁药和抗精神病药物有时候会被使用，但是并不特别具有成效。当处理神经性厌食的青少年时，家庭治疗被认为是上选的治疗方式，它也有助于父母跟他们子女发展出较为良性的关系——家庭功能不良原本就是促成进食障碍的重要因素。

　　CBT也经常被用来治疗神经性厌食，它把重点放在矫正患者关于体重和食物的扭曲信念上，以及关于自我的扭曲信念（例如，"除非我瘦下来，否则我不会受到欢迎"）。建议至少接受1~2年的治疗。

---

[1] 约为170cm高，体重45kg。

8-3 进食障碍的风险因素和起因

进食障碍没有单一的起因，它们反映了遗传因素与环境因素之间复杂的交互作用。从素质—压力的模型来看，基因促使某些人较易受环境压力的影响，因此较易发展出不良的饮食观念和习惯。

一、生物因素

（一）遗传研究

发展出进食障碍的倾向会在家族中流传。神经性厌食或神经性贪食患者的亲属也有偏高的发病率，在神经性厌食上高达11.4倍（相较于正常人的亲属），在神经性贪食上达到3.7倍。双胞胎研究也指出，神经性厌食和神经性贪食是可遗传的障碍。

（二）血清素

除了涉及强迫性、冲动性及情感障碍外，血清素也具有调节食欲和进食行为的作用。由于抗抑郁药（主要是影响血清素）对许多罹患进食障碍的患者有良好的治疗效果，进食障碍可能涉及血清素系统的失衡。

二、社会文化因素

你一定看过便利商店的开放架上摆着一些印刷精美的时尚杂志，如*Vogue*或*Cosmopolitan*，你会发现模特的身材正变得越发苗条及瘦削，或成为所谓的纸片人。少女正是这类杂志贪婪的消费者，每个月都受到这种不切实际身体形象的轰炸。因此，媒体和同伴的影响力可能为进食障碍打造了基础。

从1970年到1993年，神经性厌食和神经性贪食的发病率显著上升。虽然我们还不充分理解真正原因，但很可能是关于女性"理想身材"的标准已发生变动。过去被视为有魅力及诱人的身材（如玛丽莲·梦露）已不再受欢迎，而超级名模崔姬（Twiggy，以极为骨感而知名）跃上时尚舞台。最后，"保持苗条"的社会压力可能在较高社会经济水平中特别强势，因为大多数罹患神经性厌食的女性似乎来自这个阶级。

三、个别的风险因素

不是每个面临"保持苗条"社会文化压力的人都会发展出进食障碍。因此，必然有另一些因素提升了个人的易感性。遗传因素可能实际上影响一些人格特质（如完美主义、强迫性、焦虑），这些特质使得一些人较可能以失调的饮食模式来回应文化压力。

（一）完美主义（perfectionism）

完美主义被定义为追求无法达成的高标准，兼具不能容忍错误的特点，它被认为是进食障碍的重要风险因素。这样的人更可能赞同苗条的典范，无悔无怨地追求"完美躯体"。神经性厌食的女性已被发现在完美主义测验上的得分偏高。很大比例的神经性贪食患者也被发现有过度完美主义的倾向。完美主义是一种持久的人格特质，它可能也具有遗传基础。

（二）负面的身体意象（negative body image）

在社会文化的压力下，许多年轻女性在自己的肥胖程度上，产生侵入性及蔓延性的知觉偏差。这样的偏差导致她们相信男性喜欢较为苗条的身材——相较于男性的实际观点。

随着营养的充分供给（高热量食物垂手可得），美国女性的平均体重自1960年代以来持续递增，但文化上美丽偶像（如"美国小姐"的角逐者）的体重却不断下降。因此，女性对于自己的身体普遍不满意，而这是进食障碍的重要风险因素。

许多因素使个人有患进食障碍的重大风险，有一些是生物因素，另一些则是心理因素。

进食障碍的个别风险因素
1. 性别
女性、青少年，以及同性恋和双性恋男性相对有较大风险。

2. 完美主义
完美主义的特质，长久以来被视为重大风险因素。

3. 内化苗条的典范
这种观念是早期的促因，最后形成失调的饮食。

4. 负面身体意象
对身体不满意是进食障碍的重要风险因素。

5. 节食
大多数进食障碍患者都是起始于"正常"的节食。

6. 负面情绪性
当个人承受压力或感觉恶劣时，往往会产生暴食行为。

➕ 知识补充站

神经性贪食的治疗

首先，抗抑郁药似乎降低了暴食的频率，也有助于改善患者的心境和他们对于身材及体重的过度关注。

其次，神经性贪食首选的疗法是CBT，它的疗效胜过药物治疗和人际心理治疗（IPT）。CBT的行为成分是使饮食模式正常化，包括进餐规划及营养教育等。它的认知成分则在于改变那些启动或维持"暴食—清除"循环的认知及行为，也就是挑战患者典型的功能不良的思考模式，如二分法的思想。CBT已显著降低患者症状的严重性。

最后，在暴食障碍方面，因为它与抑郁症有高度的共病（comorbidity），抗抑郁药有时被派上用场。另一些药物也被用来减轻症状，如食欲抑制剂和抗痉挛剂。在心理治疗方面，IPT和指导式CBT在追踪期间显现出不错的效果。

8-4 肥胖的问题

在DSM中，肥胖（obesity）不被视为一种进食障碍或精神病。但是，它的患病率以惊人的速度上升，它已快成为一种世界性的流行病。

一、肥胖的定义

肥胖是根据身体质量指数（body mass index，BMI）的统计值而被界定的（参考右页图）。一般而言，当个人的BMI超过30就被界定为肥胖，超过40则是病态肥胖。从1980年到2002年，英国成年人肥胖的患病率上升3倍之多。在中国，学龄前儿童的肥胖率在1989年是1.5%，但只不过9年后就达到12.6%。在美国，最新的估计值指出，1/3的成年人属于肥胖。

肥胖是许多健康问题的重大风险因素，包括高胆固醇、高血压、心脏病、关节疾病、糖尿病及癌症。此外，肥胖使人的平均寿命减少5~20年。这就难怪WHO早已认定肥胖为全球前十大健康问题之一。

二、肥胖的风险因素和起因

（一）基因的角色

有些人对肥胖颇不以为然，他们语带讽刺地表示，"只要少吃一点，多运动一些，控制体重有那么困难吗？"但这种说法不一定符合科学事实。

苗条似乎会在家族中流传。在动物研究上，特殊品种的老鼠已被培育出来，它们即使被喂养高脂肪食物也不会变胖。双胞胎研究也显示，他们在综合体重上有较高的相似性。因此，基因在肥胖的形成和暴食倾向上扮演一定角色。

研究还发现，个人身体消耗热量以维持基本功能的速率（称为个人的静止代谢率）有很高的可遗传性。因此，有些人先天仅通过一般日常活动就能消耗大量热量，有些人则不能，这使后者有较大的发胖风险。

（二）激素失衡

研究已发现，瘦素（leptin）是由脂肪细胞所制造的一种激素，它在血液中的浓度将会影响我们的食物摄取。在食欲方面，胃部会制造一种称为胃促生长素（ghrelin）的激素，它的浓度在进餐之前上升，在进食之后下降。这些激素所产生的生物驱力（drive）相当强而有力，我们的意志力往往很难与之匹敌。

（三）家庭影响

家庭行为模式也在过度饮食和肥胖的发展上扮演一定角色。有些家庭倾向于提供高脂肪、高热量的食物，导致了包括宠物在内所有家庭成员的肥胖。有些家庭则以饮食作为减缓苦恼或表示关爱的一种手段，这也会带来相似的后果。

研究已发现，肥胖跟体内脂肪细胞的数量和大小有关。肥胖的人有显著较多的脂肪细胞，当他们减重时，细胞将会缩小，但数量还是维持不变，即脂肪细胞的总数从儿童期就保持固定。因此，如果过度喂食婴幼儿，他们可能会发育出较多脂肪细胞，使他们在成年期容易有体重困扰。

（四）肥胖的路线

在走向肥胖的路途中，很重要的一步是暴食行为。因此，我们有必要注意暴食的起因。个人所继承的生物风险因素，通常在青少年期变得更为重要，但社会文化压力也是在这个发育时期最为剧烈。青少年过重经常导致节食，而当意志力减退时，将会产生暴食行为。另一种暴食的路线，则是经由抑郁和低自尊发挥作用（见右页图）。

计算身体质量指数（BMI）的方法

如何计算身体质量指数
- 方法1： $\dfrac{体重（千克）}{身高（米）^2} = BMI$
- 方法2： $\dfrac{体重（磅）}{身高（英寸）^2} \times 703 = BMI$
- 肥胖的标准：BMI
  - 18.5→24.9　　健康
  - 25.0→29.9　　过重
  - 30.0→39.9　　肥胖
  - 40.0→　　　　病态肥胖

肥胖的恶性循环——经由保持苗条的社会压力

保持苗条的社会压力 → 对身材不满意 → 节食 → 节食失败 → 暴食行为 →（循环）

肥胖的恶性循环——经由抑郁和低自尊而发挥作用

负面情绪（抑郁、低自尊）→ 暴食行为 → 体重增加 → 疏远于同伴受到排斥 →（循环）

✚ 知识补充站

肥胖的治疗

　　在美国，减肥已是一项庞大的产业，各种新的减肥书籍、节食辅助器材、减肥药及瘦身方案等，一直是重大商机所在。在心理治疗方面，行为管理法采取正强化、自我监控及自我奖励的手段，长期下来有适度成效。在调整生活形式上，主要涉及低热量饮食、运动及一些行为技术，这种渐进措施也带来一些良好效果。极端的节食方法带来戏剧化的体重减轻，但这是无效的，不能长久维持，在追踪期间，还超越了原先的体重。

　　减肥药物主要分成两个范畴，第一类是经由压抑食欲以减少食物摄取，像sibutramine（Meridia）。第二类是使得食物中的一些营养素（如脂肪）不会被完全吸收，如Orlistat（Xenical）。

　　最后，"胃绕道手术"则是针对病态肥胖最有效的医学手术。它包括几种不同技术，像是减少胃部的贮存容量，或缩短小肠的长度。在手术之前，胃部能够容纳大约一升的食物及饮料。在手术之后，胃部只能容纳一只玻璃杯的食物量，暴食变得几乎不可能。

第九章
心境障碍与自杀

- 9-1　心境障碍概论
- 9-2　抑郁障碍
- 9-3　单相障碍的起因（一）
- 9-4　单相障碍的起因（二）
- 9-5　单相障碍的起因（三）
- 9-6　双相及相关障碍
- 9-7　双相障碍的起因
- 9-8　单相和双相障碍的社会文化因素
- 9-9　心境障碍的治疗（一）
- 9-10　心境障碍的治疗（二）
- 9-11　自杀（一）
- 9-12　自杀（二）

9-1　心境障碍概论

大部分人偶尔会感到情绪低落，但在心境障碍（mood disorders）中，个人情绪失常的严重性和持续性很明显是适应不良的，经常会导致社交、工作及另一些生活领域的重大困扰。

一、心境障碍的类型

心境障碍主要涉及两种心境。躁狂（mania）是个人强烈且不切合实际的激动而欣快的感受。抑郁（depression）则是个人极度哀伤而消沉的感受。躁狂和抑郁的心境通常被视为位于"心境频谱"的对立两端，正常的心境则位于中间地带。

当个人只经历抑郁发作时，这称为单相抑郁障碍（unipolar depressive disorders）。如果个人经历了躁狂发作和抑郁发作两者，就称为双相及相关障碍（bipolar and related disorders）。

（一）重性抑郁发作（major depressive episode）的诊断

该诊断标准为，个人必须有显著的抑郁情绪或失去对愉悦活动的兴趣（或两者皆有），持续至少两个星期。此外，当事人还必须出现另几项症状，从认知症状（如感到没有价值、过度的罪恶感）到行为症状（如疲倦或无精打采），以迄于身体症状（如食欲或睡眠模式的改变）。

（二）躁狂发作（manic episode）的诊断

在这项疾病的诊断中，以个人显现极为高昂、奔放或易怒的心情，持续至少一个星期为标准。此外，当事人在这期间还需要出现另几项症状，从行为症状（如大肆采购或轻率的性行为）到心理症状（如思维奔逸或注意力易被无关的外界刺激所吸引），以迄于身体症状（如睡眠需求降低或激动的心理动作）。

但如果这些症状的程度较为轻微，为期至少4天的话，就被诊断为轻躁狂发作（hypomanic episode）。轻躁狂尚未重大影响社交和工作的功能，也不需要住院。

二、心境障碍的患病率

心境障碍发生的频率很高，它是精神分裂症发病率的15~20倍高，也几乎接近所有焦虑症发病率的总和。重性抑郁障碍（major depressive disorder）曾被描述为"心理疾病上的普通感冒"，一是因为它的发生相当频繁，二是因为几乎每个人都曾在他们生活中经历过重性抑郁障碍的一些成分。

对重性抑郁障碍患者来说，他们症状的严重性和持续时间各自不同，有些人发病只有几个星期，且在他们生活史中只是单次发作。有些人则有间歇或慢性的重性抑郁发作，为期许多年。根据流行病学的估计，大约21%的女性和13%的男性在他们生活中发生过可被正式诊断的重性抑郁障碍。女性的发病率约为男性的2倍，这近似于大部分焦虑症的性别差异。这样的差异出现在全球大部分国家中，少数例外是发展中和农业国家，如尼日利亚和伊朗。

另一类心境障碍是双相障碍（bipolar disorder，出现躁狂发作和重性抑郁发作两者），它较少发生，一生患病率大约是1%，似乎没有性别差异。

在DSM-5中，心境障碍被概分为"双相及相关障碍"和"抑郁障碍"两大类，它们各自又有许多分类。

双相及相关障碍：
- 双相Ⅰ型障碍（bipolar Ⅰ disorder）
- 双相Ⅱ型障碍（bipolar Ⅱ disorder）
- 环性心境障碍（cyclothymic disorder）

抑郁障碍：
- 破坏性心境失调障碍（disruptive mood dysregulation disorder）
- 重性抑郁障碍（major depressive disorder）
- 持续性抑郁障碍（persistent depressive disorder），即心境恶劣
- 经前期烦躁障碍（premenstrual dysphoric disorder）

重性抑郁障碍的一些特征

特征	实例
心境	哀伤、消沉、绝望，几乎对所有日常活动都失去兴趣和愉悦
食欲	食欲降低或增加；体重显著减轻或增加
睡眠	几乎每天都失眠或嗜眠
活动力	行动迟缓，常常坐着发呆，有时候显得激动
专注力	注意力降低，思考能力减退，容易忘记事情
罪恶感	觉得自己没有价值，自我责备
自杀	经常有死亡想法，有自杀的意念或企图

9-2 抑郁障碍

一、另一些形式的抑郁

抑郁几乎都是近期生活中的压力所造成的，但不是所有抑郁状态都会严重到被视为心境障碍。

（一）重大失落和哀悼过程

在经历重大失落后（如丧亲、破产、天灾、重病或残障），个人可能会有强烈哀伤、失眠、食欲不振和体重减轻等反应。在某些来访者身上，这类应激源可能导致重度抑郁。但是对丧亲来说，哀恸是一种自然的过程，属于哀悼逝者的"正常反应"。因此，DSM-IV提议，在丧亲（死别）后的前2个月，不适宜进行重性抑郁障碍的诊断，即使个体符合所有症状标准。然而，这个"排除条款"却在DSM-5中被完全删掉，引起颇大争议。

（二）产后心情低落（postpartum blues）

新生儿的诞生是令人高兴的事情，但有些母亲（偶尔是父亲）却会出现产后抑郁。然而，新近证据指出，这种状态还称不上抑郁，只能说是"产后心情低落"。它的症状包括多变的心境、容易哭泣、悲哀及易怒，经常夹杂一些快乐的感受，发生在高达50%~70%的女性身上，在她们产后10天之内，通常会自行平息下来。

为什么会出现产后心情低落？产后激素的重新调整，以及血清素和去甲肾上腺素功能的变动，可能是其原因。当然，心理成分也涉及在内，如果初为人母者缺乏社会支持，或不能适应其新的身份和责任的话，特别可能产生产后心情低落或抑郁。

二、持续性抑郁障碍（persistent depressive disorder）

DSM-5引入新的一类疾病，称为持续性抑郁障碍，它是DSM-IV中定义的慢性抑郁障碍和轻度抑郁（dysthymic disorder）两者的合并。持续性抑郁障碍的强度是轻度到中度，主要的标志是它的持续性。其诊断标准为，个人必须在一天的大部分时间中都觉得心情抑郁，为期至少2年（儿童和青少年则为1年）。此外，个人在抑郁时还要出现6项症状（如失眠或嗜眠、自卑及专注力减退等）中的至少2项。当事人可能有短暂心境正常的时期，但通常只持续几天到几个星期，最长不超过2个月。这些间歇的心境正常是辨别轻度抑郁与重性抑郁障碍的最重要特征之一。

轻度抑郁颇常发生，它的一生患病率是2.5%~6%，平均存续期是4~5年，但也可能达20年之久。轻度抑郁通常好发于青少年期，超过50%是在21岁之前初发。它的复发率也很高。

三、重性抑郁障碍（major depressive disorder）

重性抑郁障碍的诊断则需要个人展现更多的症状，而且症状更为持续，不能夹杂正常的心境——相较于轻度抑郁。重性抑郁障碍的诊断标准具体为，个人必须处于抑郁发作，不曾有过躁狂发作、轻躁狂发作或混合发作。当事人必须感到显著的抑郁，或显著失去对愉悦活动的兴趣，在每天的大部分时间，几乎每一天，为期至少连续2个星期。此外，当事人还必须在同一期间出现另一些症状（如我们在前一单元的重性抑郁发作中所描述的），总计达到5项症状以上。

产后抑郁障碍较为少见，普遍出现的是产后心情低落，它可能由以下一些因素造成：

心理因素
1. 新手母亲缺乏家庭和社会的支持
2. 在适应她的新身份和责任上发生困难
3. 女性有抑郁的个人史或家族史，导致对分娩压力的过度敏感

生理因素
1. 产后内分泌激素的重新调整
2. 血清素和去甲肾上腺素的活动发生变化

新手母亲的心情极为多变而容易哭泣，但还称不上是抑郁障碍，她是受扰于产后心情低落。

➕ 知识补充站

抑郁发生在人一生之中

单相抑郁障碍最常出现在青少年后期到成年中期，但它实际上可在任何时间开始，从儿童早期直至老年期。据估计，1%～3%的学龄儿童符合诊断标准，另有2%则表现为轻度抑郁。即使幼儿也会感受到某种抑郁（原称为依恋性抑郁），如果他们长期分离于所依恋对象的话，但在至少18个月大后才会出现。

青春期是人生中一个动荡的时期，抑郁障碍的发病率骤然升高，15%～20%的青少年在一些时候受扰于重性抑郁障碍，而且很可能在成年期再度发生。最后，重性抑郁障碍和轻度抑郁继续出现在65岁之后的生活中，虽然发病率已显著降低，但对较年长的成年人仍带来很大困扰。

9-3 单相障碍的起因（一）

个人如何发展出单相障碍？我们将考虑生物、心理及社会文化因素的可能作用。

一、生物因素

（一）遗传影响力。家族研究已发现，当个人有临床上诊断的抑郁障碍时，他的血亲在抑郁障碍上的患病率大约是一般人口的2~3倍高。双胞胎研究显示，当同卵双胞胎之一罹患抑郁障碍时，另一位有67%的概率也将会患抑郁障碍。但对异卵双胞胎来说，这个数值只有20%。综合来说，在抑郁障碍的易患性上，31%~42%的变异可归于遗传影响力。但对于更为严重、早年初发或重复发作的抑郁障碍而言，这个估计值实质上更高（达到70%~80%）。

（二）神经化学的因素。自1960年代以来就有学者指出，抑郁障碍可能是脑部神经递质的微妙平衡受到破坏所致。事实上，各种生物疗法（如电痉挛治疗和抗抑郁药）之所以发挥作用就是影响了神经递质的浓度或活动。在"单胺假说"中（monoamine hypothesis），抑郁障碍被认为是由于去甲肾上腺素和血清素在一些脑区的绝对或相对枯竭所致。在"多巴胺假说"中，多巴胺功能失调被认为是抑郁障碍发作的重要原因之一。但这些理论都还不够令人信服，各种神经递质间显然还存在复杂的交互作用。

（三）免疫系统的失常。在激素的角色上，最广泛受到探讨的是"下丘脑—垂体—肾上腺"（HPA）的轴线，特别是压力激素皮质醇（cortisol）。研究已发现，因重度抑郁而住院的患者中，60%~80%患者血浆中的皮质醇浓度偏高。

另一个与抑郁有关的内分泌轴线是"下丘脑—垂体—甲状腺"，因为这个轴线的失调也涉及情感障碍。当甲状腺机能减退时，个人经常变得抑郁。

（四）睡眠障碍。每晚的睡眠历经4~6次的周期，每次周期以一定顺序通过5个阶段，阶段1~4是NREM睡眠，阶段5则为REM睡眠。REM睡眠的特色是快速眼动（rapid eye movements）和做梦。抑郁障碍患者经常表现出多种睡眠困扰，从过早清醒、夜间断续醒过来，以迄于难以入睡。这种情况发生在80%的住院患者和50%的门诊患者中。

通常，进入第一个REM阶段是在入睡后的75~85分钟，但许多抑郁障碍患者在入睡后不到60分钟就进入REM阶段，而且在前半夜也显现较大量的REM睡眠。因为被缩减的是深度睡眠（阶段3和4）通常发生的时期，所以患者深度睡眠的时间也远低于正常情况。因此，一是进入REM睡眠较短的潜伏期，二是较少量的深度睡眠，这两个现象通常可以预测抑郁障碍的发作，而且延续到复原之后。

（五）昼夜节律。人类（及许多动物）在生理或行为上多以24小时为一个周期，呈现规律性变化，称为昼夜节律（circadian rhythm）。抑郁障碍患者在多种昼夜节律上有失常现象。虽然我们还不清楚真正原因，但这种内在生物钟（biological clocks）的失调可能会引起抑郁障碍的一些临床现象。这可能是起因于：昼夜节律的大小或幅度变得迟钝；各种昼夜节律之间原本同步，现在却变得失同步。

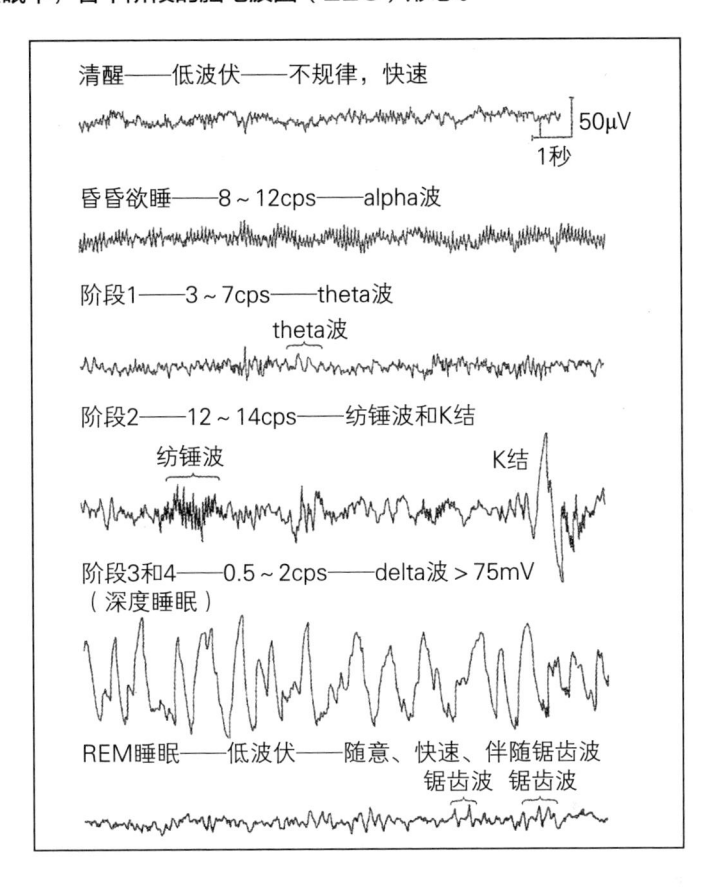

在正常夜晚睡眠中，各个阶段的脑电波图（EEG）形态。

```
清醒——低波伏——不规律，快速
                                    ┤50μV
                                    ├─┤1秒

昏昏欲睡——8~12cps——alpha波

阶段1——3~7cps——theta波
            theta波

阶段2——12~14cps——纺锤波和K结
  纺锤波              K结

阶段3和4——0.5~2cps——delta波>75mV
（深度睡眠）

REM睡眠——低波伏——随意、快速、伴随锯齿波
              锯齿波  锯齿波
```

➕ 知识补充站

重性抑郁障碍诊断上的一些特性

当进行重性抑郁障碍的诊断时，通常需要注明这是单次发作（single）还是多次发作（recurrent）。这表示抑郁发作经常是有时限的，如果不接受治疗，它平均的持续期间是6~9个月，随后就自发缓解。10%~20%患者的症状超过2年仍未缓解，这时候就要做持续性抑郁障碍的诊断。

虽然大部分抑郁发作会缓解下来，但它们通常也会在未来再度发作。据估计有40%~50%的重性抑郁障碍患者会再度发作，虽然再次发生前的间隔有很大变动。

有些人符合抑郁发作的基本诊断标准，但也附带一些症状形式或特征，这在诊断时需要加以注明。例如，当个人经历多次抑郁发作而显现季节形式时，就需要特别注明为季节型（seasonal pattern）。为了符合DSM-5的诊断标准，个人必须在过去2年中至少出现过2次抑郁发作，而且发生在每年的同一时期（最常见是秋季或冬季）。此外，每年的同一时期（最常见是春季）也必须发生症状的完全缓解。冬季发作型较常见于住在高纬度（北半球的气候）地方的人群，年轻人有较高的风险。

9-4 单相障碍的起因（二）

（六）阳光与季节。对于季节型抑郁障碍患者来说，他们对于环境所供应光线的总量易起反应，大多数患者在秋季和冬季变得抑郁，但在春季和夏季就恢复正常。他们重性抑郁发作的特征是：缺乏活力、嗜睡、过度进食、体重增加和偏好碳水化合物。他们的昼夜节律也出现明显的失调，呈现稍短于24小时的模式。研究已发现，光线治疗（light therapy，即使是人工光线）对这类患者有良好效果，可能是因为其帮助重建了正常的生物节律。

二、心理因素

心理因素（如压力性生活事件）如何引起抑郁障碍？应激源发挥作用的方式之一，是经由它们对生化平衡、激素平衡及生物节律的影响。

（一）压力生活事件

重度压力性生活事件经常是抑郁障碍的催化因素，特别是对年轻的女性来说。这些压力事件中，最主要的包括：失去所爱的人、对重要亲密关系的重大威胁（如分居或离婚）、失业、严重经济困境（如破产），以及重大疾病。例如，生离死别、蒙受羞辱及照顾失智亲人等，都已被发现跟抑郁发作有强相关。许多研究也指出，慢性压力与抑郁障碍初次发作、维持及重复发作上的偏高风险有关联。所谓慢性是指已至少持续好几个月的压力，如贫穷、持久的婚姻不睦、医疗困扰，以及有失能的子女等。

（二）抑郁障碍的易患因素

个人的一些心理脆弱性容易导致抑郁障碍，包括人格特质、对世界和对个人经验的负面思考风格、童年生活逆境，以及缺乏社会支持。

1.神经质（neuroticism）：性格中的神经质若强，则易于陷入抑郁状态。当人们拥有高度的这种特质时，他们易于感受到广泛的负面情绪，从哀伤、焦虑、罪疚以迄于敌意。神经质能预测较多压力生活事件的发生，这就经常导致抑郁。

2.认知素质（cognitive diathesis）：有些人抱持着负面的思考模式，他们倾向于把负面事件归于内在、稳定及全面的原因，他们将较易于变得抑郁——相较于把同一事件归于外在、不稳定及特定原因的人。

3.童年逆境：早年环境中的一系列逆境可能造成抑郁障碍的易患性，如失去父母、家庭动荡不安、父母心理障碍、身体虐待或性虐待，以及侵入、严厉及专制的父母管教。这些因素之所以发挥作用，可能是因为造成了个人在成年期对压力生活事件的过敏反应。当然，它们也经常导致个人低自尊、不安全的依恋关系、不良的同伴关系及悲观的归因方式。

（三）行为主义的观点

行为主义强调个人受到正强化和惩罚产生的效应。当个人在重大失落后，没有得到充分的正强化，甚至还受到许多惩罚时，就容易产生抑郁情绪。随着人们开始感到抑郁，他们将经常从自认为有压力的情境中退缩下来。这样的逃避策略显然也降低了他们获得正强化的机会。因此，随着抑郁导致逃避，抑郁通常将变得更为稳定。此外，抑郁的人倾向于低估正面反馈，且高估负面反馈的重要性。

根据贝克的认知模式,早期的不愉快经验,可能导致功能不良信念的形成,它们可能蛰伏多年,但如果在后来生活中被一些应激源激活的话,这些信念将会引发自动化思维,接着就导致各种抑郁症状,这将更进一步引发抑郁的自动化思想。

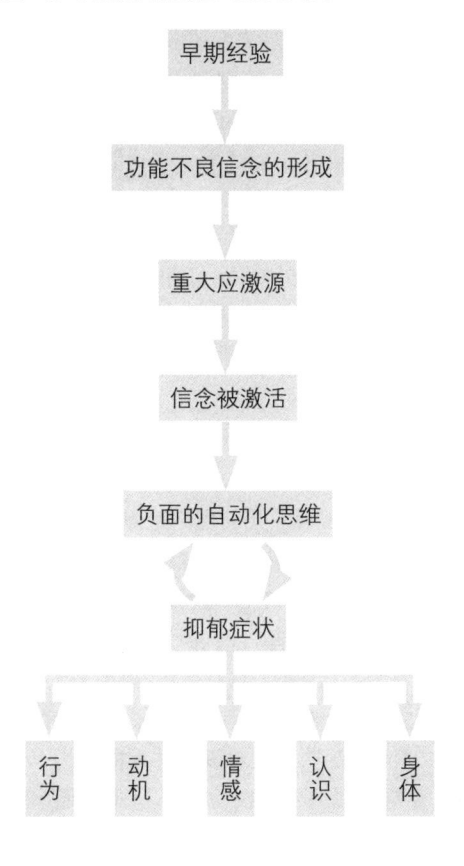

```
早期经验
   ↓
功能不良信念的形成
   ↓
重大应激源
   ↓
信念被激活
   ↓
负面的自动化思维 ⇄ 抑郁症状
   ↓
行为  动机  情感  认识  身体
```

> **➕ 知识补充站**
>
> **经前期烦躁障碍**(premenstrual dysphoric disorder)
>
> 经过多年的探讨,附带多方的争议,DSM-5终于在"抑郁障碍"的范畴中增加一个分类,称为"经前期烦躁障碍"。如果女性在过去一年的大部分经期中都出现了一组症状,就符合该障碍的诊断。更具体而言,女性必须在月经开始的前一个星期中,出现4项症状中的至少1项,然后在月经开始后的几天内,这些症状逐渐改善,而且在经期结束的那个星期中,症状变得极轻微或消失。这4项症状是:明显的情绪波动,明显的易怒或人际冲突增多,明显的抑郁心境或自我贬抑的思想,明显的焦虑、紧张或激动的感受。
>
> 此外,女性还必须有下列7项症状中的一些,再加上前述症状,总计达到5项。这7项症状是:对平常活动的兴趣降低、感到难以专注、缺乏活力或容易疲倦、明显的食欲变化或过度进食、嗜睡或失眠、失控的感觉,以及身体症状,如乳房触痛或肿胀、关节或肌肉疼痛等。在这种抑郁障碍中,激素显然扮演着重要角色。

9-5 单相障碍的起因（三）

（四）贝克的认知理论

贝克（Aaron Beck）是抑郁障碍研究上的一位先驱，他认为在抑郁状态的发展上，认知症状通常先于心境症状出现，而且引起了心境症状。首先，个人从早期经验中发展出对自己和所处世界的基本信念，称为认知图式（cognitive schemas）。但如果个人面临一些负面经验（如同伴的讪笑或老师的责备），他可能会产生一些功能不良的信念，如"我是不可爱的"及"我表现不恰当"等。

这些功能不良的信念（dysfunctional beliefs）可能潜伏多年，直到它们被当前的应激源所激活，就制造了负性自动化思维（negative automatic thoughts）的模式。这样的思维自然浮现，不为个人所觉察。在心理失常上，自动化思维通常是僵化、偏激或不具建设性的。例如，贝克认为，抑郁患者拥有三种负面认知，称为抑郁的"认知三部曲"（cognitive triad），它们是：将自己评价为无价值；对世界感到无助；对未来感到无望。随着个人以这种偏差方式处理跟自己有关的负面信息，长期下来自然导致抑郁障碍的各种症状产生。

（五）习得性无助理论

塞利格曼（Martin Seligman）的习得性无助理论是源自在实验室中对动物的观察。他首先强迫狗接受疼痛却无法逃避的电击，即无论狗做些什么，始终被施加电击。然后，当这些狗被安置在它们能够控制电击的情境中时，它们显得消极、无精打采、食欲渐失、不作抵抗，似乎已放弃努力，学不会采取行动以改善自己的处境。塞利格曼称这种现象为"习得性无助"（learned helplessness）。

塞利格曼认为，这就类似于在人类抑郁障碍上所看到的负面认知定式（cognitive set）。当人们面临压力生活事件，但他们发觉自己对该事件无能为力，预期自己做什么都无济于事时，他们就会停止抗争，放弃努力——就像在动物身上所看到的无助状态。

习得性无助理论也被用来解释抑郁障碍的性别差异。因为女性在社会中的角色（相对的权力不平衡），她们较易于体验到对负面生活事件缺乏控制的感受。因此，考虑到女性有较高的神经质，再加上会经历较多不可控制的压力，这就难怪她们在抑郁障碍上有较高的患病率。当然，女性"倾向于反刍负面思想和负面情绪"也是一项重大风险因素。对照之下，当男性情绪低落时，较可能从事一些分心的活动，如看电影、打篮球或喝酒。上述女性的这些反应风格被称为抑郁障碍的反刍理论（ruminative theory）。

（六）抑郁障碍的人际效应

研究已发现，当人们社交孤立或缺乏社会支持时，他们较容易变得抑郁。但是当至少拥有一位密友或心腹之交时，他们较能抵抗重大压力带来的不良效应。此外，有些抑郁障碍患者表现出社交技巧的缺损，他们似乎说话较为缓慢而单调，眼神接触较少，解决人际困扰的技巧也较差。

个人重要的信念或图式可能受制于认知扭曲，使得个人以偏差方式处理跟自己有关的信息——负面的认知三部曲就这样被维持下去。

二分法的思考（dichotomous thinking）

个人认定某些事物一定要按照自己所想的那般发生，不然就代表失败。例如，一位学生说："除非我在考试上拿到A，否则就完全没有意义。"这也称为全或无（all-or-none）的推理。

选择性摘要（selective abstraction）

个人从一系列事件中，只挑出某个观念或事实，以支持自己的负面思考。例如，一位棒球选手有好几次优异的打击和内野守备，他却把焦点放在一次失误上，耿耿于怀，进而得出负面的结论，消沉不振。

几种常见的认知扭曲

武断的推论（arbitrary inference）

这是指所获得的结论违反了证据或事实，它具有两种类型。在"读心术"中（mind-reading），个人认定自己知道别人正如何看待他。例如，Sonia因为她的朋友Kay没有陪她逛街购物，她就归结于Kay已不再喜欢她。在"负面预测"中，个人相信某些不好的事情将要发生，虽然没有证据支持这点。

过度类推（overgeneralization）

个人只根据一些负面事件就做出概括性的推论，经由过度类推而扭曲了他的思考。例如，一位刚上高中的学生这么想："因为我第一次月考的数学成绩很差，我看我的数学是完蛋了。"另一个例子是："因为Alex和Thomas对我发脾气，我的朋友们显然不喜欢我，他们将不愿意在任何事情上跟我合作了。"因此，个人在一些事件上的负面经验被类推为普遍情况，进而影响了未来的行为。

✚ 知识补充站

心理动力学的观点

根据心理动力的模式，源自童年的潜意识冲突和敌对感受在抑郁障碍的发展上扮演关键角色。抑郁患者所展现强烈的自我批评和罪恶感，给弗洛伊德留下深刻印象。他相信这种自我谴责的来源是愤怒，原先是指向另一个人，后来则转而向内针对自己。这种愤怒涉及童年一些特别强烈而依赖的关系，如父母—子女关系，但是个人的需求或期待在这种关系中没有得到满足。成年期的重大失落（无论是真正、想象或象征的）重新活化了敌对的感受，但现在是针对个人自我（ego）的敌对，进而制造了抑郁障碍标志性的自我谴责。

9-6 双相及相关障碍

双相障碍（bipolar disorder）不同于单相障碍之处，在于它们出现躁狂发作或轻躁狂发作，几乎总是先于或跟随于抑郁发作。躁狂发作的特点是个体极为高昂、欣快而奔放的心境，但有时候的主要心境是暴躁易怒，特别是当事人在某些方面感到挫败时。

一、环性心境障碍

根据DSM-5，如果个人在2年中有多次轻躁狂的症状，却不符合轻躁狂发作的诊断标准，有过多次抑郁症状，却不符合重性抑郁发作的诊断标准，就可以被诊断为环性心境障碍。因此，它是双相障碍较不严重的版本，缺乏一些极端的症状。

在环性心境障碍的抑郁期（depressed phase），个人的表现就类似于轻度抑郁（dysthymia）的那些症状。至于躁狂期（manic phase）则表现轻躁狂的一些症状。在这两个时期之间，当事人会以相对适应的方式发挥功能，但不曾超过2个月没有症状。当个人发生这种障碍时，他们有很高的风险在后来发展出正式的Ⅰ型或Ⅱ型双相障碍。

二、双相Ⅰ型和双相Ⅱ型障碍

双相障碍是DSM-5上的正式诊断名称，它通常被称为躁郁症（manic-depressive illness）。双相Ⅰ型障碍（bipolar Ⅰ disorder）不同于重性抑郁障碍之处，在于它呈现躁狂期。在这样的混合发作中（mixed episode），正式的躁狂发作和重性抑郁发作持续至少一个星期，无论这些症状是混合出现，或是每隔几天就快速交替出现。

如果患者只展现躁狂症状，仍能假定双相障碍的存在，而重性抑郁发作最终将会出现。虽然有些学者指出"单相躁狂"可能存在，但批评者认为，这样的患者很可能有轻度抑郁但未被发现。

DSM-5也检定出另一种双相障碍，称为双相Ⅱ型障碍（bipolar Ⅱ disorder），即患者并未经历正式的躁狂（或混合）发作，但发生过清楚的轻躁狂发作和重性抑郁发作。Ⅱ型比起Ⅰ型稍微更常发生，两者总和的一生患病率是2%～3%。

双相障碍平均发生在男性和女性身上，通常好发于青少年期和成年早期，初发的平均年龄是18～22岁。Ⅰ型和Ⅱ型通常是多次发作的障碍，极少有人只经历单次发作。在75%的个案中，要么重性抑郁发作后紧跟着躁狂发作，要么躁狂发作后紧跟着重性抑郁发作。在其他个案中，躁狂发作和重性抑郁发作是被隔开的，个人在间隔期间有相对正常的功能。

三、双相障碍的一些特性

在双相障碍患者中，有5%～10%每年至少有4次发作（无论是躁狂期或抑郁期），这被称为快速循环型（rapid cycling）。这类病人较可能是女性，有较早的平均初发年龄及较多次的自杀企图。幸好，对大约50%的个案来说，快速循环是一种短暂的现象，在大约2年内就会逐渐消退。

综合来说，双相障碍"完全复原"的概率是很小的，即使有多种稳定心境的药物可被使用，如锂盐。这也就是说，双相障碍在接受治疗后，仍有很高的复发率。

如何辨别 I 型和 II 型双相障碍?

双相 I 型障碍	双相 II 型障碍
1. 双相 I 型障碍的最重要诊断标准是躁狂发作。 2. 患者有躁狂发作和重性抑郁发作，即使抑郁并未达到重性抑郁障碍的门槛，仍然给予该诊断。	1. 患者有轻躁狂发作，但症状轻于躁狂发作。 2. 患者也有重性抑郁发作，而且符合重性抑郁障碍的诊断标准。

当发生重性抑郁发作时，个人可能每天疲倦而无精打采，几乎每天失眠或嗜睡，食欲不振而体重减轻，几乎对所有活动失去兴趣，专注力降低，有不恰当的罪恶感，以及反复想到死亡或自杀。

✚ 知识补充站

躁狂发作的一些后遗症

在躁狂发作期间，当事人通常产生一种夸大的自尊感，或不切实际地相信自己拥有特殊的能力或权力。他们展现过度的乐观，冒一些没必要的风险，承诺一大堆事情，着手一大堆计划，但最终又全部放弃。当躁狂心境消退后，当事人会试图处理他们在心境激昂期间所造成的伤害和困境。因此，躁狂发作几乎总是让位于重性抑郁发作。

在双相障碍中，心境失调的持续时间和频率因人而异。有些人在长期内有正常的生活功能，只被偶发而短暂的躁狂发作或重性抑郁发作打断。但少数人毫不间断地在"躁狂—重性抑郁"中循环下去。在躁狂期间，他们可能赌掉一生的积蓄，或赠送昂贵的礼物给陌生人，这样的举动在他们随后进入抑郁期时将会增添罪恶感。

9-7 双相障碍的起因

在双相障碍的起因上，生物因素为主要研究对象，心理因素则较少受到关注。

一、生物因素

（一）遗传的影响

当个人有双相障碍时，他的直系亲人中有8%～10%也会有该疾病，而一般人口中只有1%。双胞胎研究指出，同卵双胞胎在双相障碍上的一致率大约是60%，异卵双胞胎则只有12%。综合来说，在发展出双相障碍的倾向上，基因占80%～90%的原因。

（二）神经化学因素

抑郁障碍的"单胺假说"被引用来解释双相障碍，即如果抑郁障碍是去甲肾上腺素或血清素的不足所引起的，那么躁狂或许是这些神经递质过量所引起的，但这方面仍缺乏决定性的证据。个人在躁狂期会有过动、浮夸及欣快的症状，这可能与大脑几个部位偏高的多巴胺活动有关。例如，可卡因和苯丙胺（一译为安非他命）有激发多巴胺的作用，它们也会引起类似躁狂的行为，锂盐降低多巴胺的活动，所以具有抗躁的效果。因此，这些神经递质的失衡是理解这种疾病的关键之一。

（三）激素的失调

在HPA轴线上，皮质醇浓度在双相障碍的抑郁期有升高情况，但在躁狂发作期间并未升高。在下丘脑—垂体—甲状腺的轴线上，注射甲状腺激素通常使得抗抑郁药物有更好效果，但却可能诱发（或恶化）双相障碍患者躁狂发作。

（四）神经生理学的研究

PET扫描显示，在抑郁期间，流向左前额叶皮质的血液减少；在躁狂期间，血流在前额叶皮质的另一些部位增多。因此，脑活动形态在不同心境中发生转移。

（五）睡眠与其他生物节律

在躁狂发作期间，双相障碍患者倾向于睡得很少（似乎是自主的，不是因为失眠），而这是在躁狂发作之前最常出现的症状。在重性抑郁发作期间，患者则倾向于嗜睡。即使在两次发作之间，患者也有实质的睡眠困扰，包括很频繁的失眠。双相障碍有时候也显现季节形态，就如抑郁障碍那般，这说明季节性生物节律失调显然涉及在内。因为双相障碍患者似乎特别敏感于他们日常周期的任何变动，他们的生物钟需要重新设定。

二、心理因素

许多心理因素也被发现可能是双相障碍的病因，需要被特别重视的是压力生活事件、贫乏的社会支持，以及一些人格特质和认知风格。

（一）压力生活事件

不但在促发双相的重性抑郁发作上，压力生活事件也在诱发躁狂发作上扮演着一定角色。它们是如何提升发作或复发概率的呢？一种可能的机制是：它们造成一些重要生物节律的失衡，特别是对躁狂发作而言。

（二）另一些心理因素

低度的社会支持会影响双相障碍的发病进程，像是较多的重性抑郁发作。另有些研究指出，人格变量和认知变量在与压力生活事件交互作用下，决定了复发的可能性。人格变量中最主要的当然是"神经质"维度。

双相障碍起因一览表

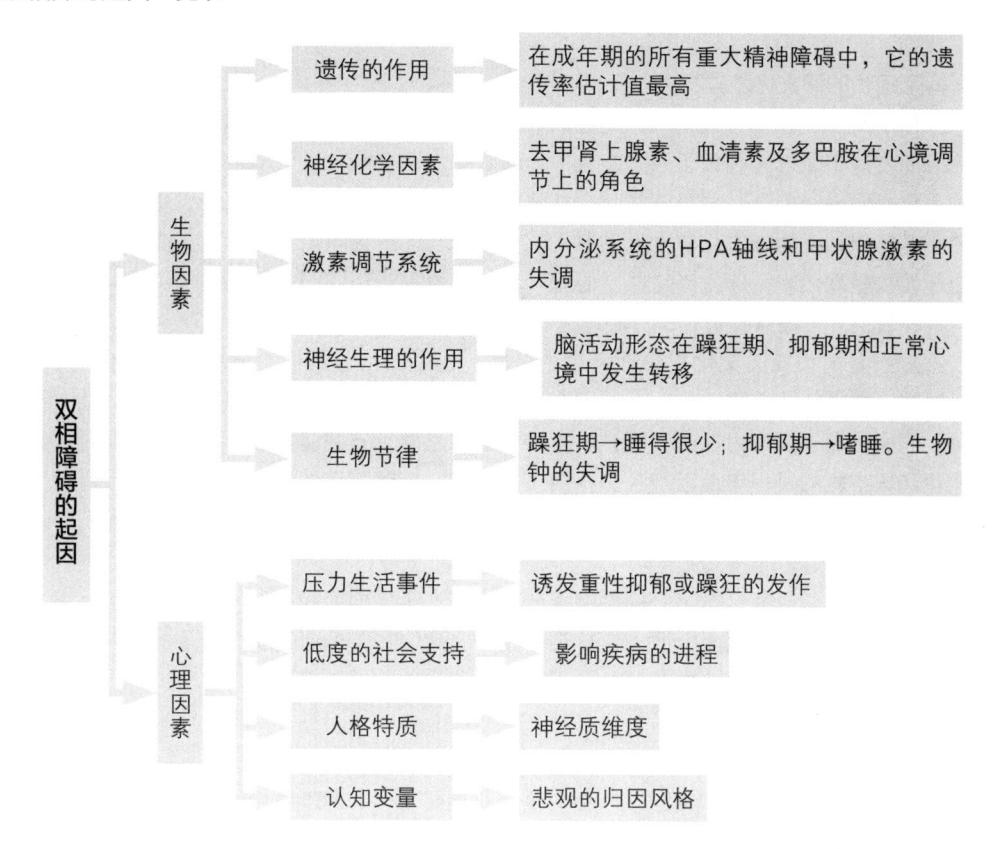

生物因素	遗传的作用	在成年期的所有重大精神障碍中，它的遗传率估计值最高
	神经化学因素	去甲肾上腺素、血清素及多巴胺在心境调节上的角色
	激素调节系统	内分泌系统的HPA轴线和甲状腺激素的失调
	神经生理的作用	脑活动形态在躁狂期、抑郁期和正常心境中发生转移
	生物节律	躁狂期→睡得很少；抑郁期→嗜睡。生物钟的失调
心理因素	压力生活事件	诱发重性抑郁或躁狂的发作
	低度的社会支持	影响疾病的进程
	人格特质	神经质维度
	认知变量	悲观的归因风格

（以上为"双相障碍的起因"）

✚ 知识补充站

舒曼与他的双相障碍

　　无疑地，艺术界和文化界的许多杰出人物曾经受扰于双相障碍。但是，这些人物的思考（创作）历程是否受到他们的精神障碍的影响？

　　德国知名作曲家舒曼（Robert Schumann，1810～1856）曾被诊断为双相障碍，他的余生是在精神病院度过的，曾经企图自杀，最后绝食而死。研究学者检视他的一生创作，发现他在躁狂发作的那些年中，明显创作了更多的作品（平均12.3件），在重性抑郁发作的年份中产量很少（平均2.7件）。这似乎支持躁狂与创造力之间的联结。但是，当同时也考虑作品的"质量"时，这样的联结就瓦解了，即躁狂期作品的质量并没有高于抑郁期。总之，在审慎检视历史上的许多个案后，研究者们发现创造力与躁狂之间没有太大联结。

9-8 单相和双相障碍的社会文化因素

一、抑郁症状的跨文化差异

抑郁障碍发生在所有文化中，但它的形式和发病率存在差异。例如，在中国和日本，抑郁障碍的发病率偏低（相较于西方文化），而且患者的症状缺少许多抑郁障碍的心理成分。这些人反而倾向于展现一些身体症状，如睡眠困扰、食欲不振、体重减轻，以及失去对性活动的兴趣。但是，西方文化中常见的罪恶感、自杀意念、无价值感及自我谴责等心理成分，他们却较少呈现出来。即使当这些"心理"症状实际呈现时，当事人仍然认为身体症状较具正当性，较适宜于揭露及讨论，对心理症状则秘而不宣。

这可能是因为亚洲文化视心理疾病为耻辱；也是因为他们视心灵和身体为统一体，而缺乏对较一般情绪的表露。另一个原因是，西方文化视个体为独立而自主的，所以当挫败发生时，它们倾向于采取内在的归因，就容易导致罪恶感和自我谴责。尽管如此，随着中国在工业化和城市化的过程中逐渐纳入一些西方价值观，抑郁障碍的发病率在过去几十年已大幅提升。

二、抑郁障碍患病率的跨文化差异

几项流行病学研究已指出，抑郁障碍的患病率在不同国家和地区间有很大变动（参考右图）。在重复的自杀企图上，西方文化高于东方文化。初步的研究认为，不同文化可能涉及不同的重大心理风险变量（像是反刍、无助感及悲观的归因风格等），也可能涉及不同水平的压力。

三、美国的人口统计差异

即使在同一国家中，如美国，社会文化因素也显著影响抑郁障碍的患病率。近期研究指出，欧洲裔有最高的患病率，拉丁裔次之，非洲裔美国人最低。但这些族裔在双相障碍患病率上没有显著差异。

另一些研究则发现，抑郁障碍的患病率跟社会经济地位（SES）呈现负相关，即较低社会经济地位有较高的患病率。这很可能是因为低社会经济地位导致较多逆境和生活压力。至于在双相障碍上，近期审慎控制的研究并未发现它跟SES有所关联。

另一组人在心境障碍上也有偏高的发病率，他们是一些在艺术方面有高度成就的人。许多证据已显示，单相和双相障碍两者（特别是双相），以惊人的频率发生在诗人、作家、作曲家及艺术家（特别是画家）身上。研究者也援引一些资料，以说明这些人士的创作阶段如何随着他们的躁狂期、轻躁狂期及抑郁期而发生变动（参考右图）。如何解释这样的关系？一种可能的假设是：躁狂或轻躁狂实际上促进了创作过程（即躁狂期为奔放不羁的思考过程提供了背景），至于重性抑郁发作的强烈负面情绪体验则为创作活动提供了素材。但另有研究指出，躁狂期或轻躁狂期的症状，提升的只是当事人创作的动机和产量，而不是创造力。

抑郁障碍在许多国家中的患病率

国家	一生患病率（%）
日本	2.8
韩国	3.1
冰岛	5.0
德国	8.4
加拿大	9.3
新西兰	11.2
意大利	12.5
匈牙利	15.1
瑞士	16.2
法国	16.4
美国	17.1
黎巴嫩	19.3

低 ↑ ↓ 高

虽然许多知名的作家、诗人及艺术家早已溘然长逝，很难取得正确的诊断，但几项研究仍然设法搜集了这方面的资料和数据，它们清楚指出，这些人更可能（相较于一般人口）发生过单相或双相障碍。

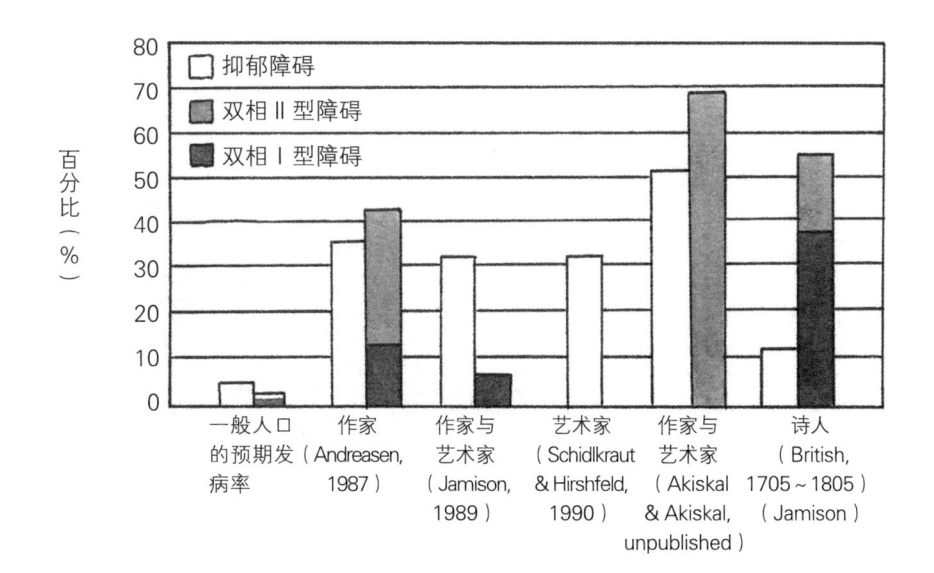

9-9 心境障碍的治疗（一）

即使没有接受正规的治疗，大部分躁狂和重性抑郁的患者也会在一年之内康复，但通常只是短暂的。在美国各地，所有精神医院的住院患者中，抑郁障碍患者占比最大。在重性抑郁发作后的第一年内，只有40%的人寻求最起码的治疗，另60%则没有寻求治疗或受到了不适当的治疗。

一、药物治疗（pharmacotherapy）

（一）抗抑郁药的发展

第一类抗抑郁药在1950年代开发出来，称为单胺氧化酶抑制剂（MAOIs），但因为有潜在的危险副作用，如今已很少被使用，除非其他类的抗抑郁药都已失效。

随后被开发出来的药物，称为三环抗抑郁剂（tricyclic antidepressants），它们有促进去甲肾上腺素和血清素神经传递的作用，但只有大约50%的患者表现出临床上显著改善，再加上它有一些令人不舒服的副作用（口干舌燥、便秘、性功能障碍及体重增加），导致许多患者过早停止服药。

因此，医师现在已选择开立另一种处方，称为"5-羟色胺再摄取抑制剂"（SSRI）。这类药物的效果通常稍逊于三环类（特别是在重度抑郁上）。但因SSRIs的副作用较少（仍有性高潮困难、对性活动的兴趣降低及失眠等不良作用），较能为患者忍受，以及高剂量服用时较不具毒性，现今使用的抗抑郁药约80%都属于SSRI。例如，氟西汀（Prozac）便是这类药物。

（二）疗程

抗抑郁药通常需要至少3~5个星期才能产生效果，如果超过6个星期症状仍然没有改善的话，医师就应该改用新的药物。再者，如果没有接受治疗，重性抑郁发作的自然进程通常是6~9个月。因此，许多患者服药3~4个月后，发现症状已有所好转，就停止服药。他们很可能会复发，这是因为内在的基础病理实际上仍然存在，只是外显症状被压制下来。因此，对于重复发作的患者来说，他们应该长期服药，因为这些药物除了治疗外，也有预防的效果。

（三）锂盐（lithium）

锂盐和另一些相关药物被称为心境稳定剂（mood stabilizer），因为它们具有抗躁和抗郁的双重效果。锂盐现在被广泛使用来治疗躁狂发作，大约3／4的患者表现出至少局部的改善。但在治疗双相障碍的重性抑郁发作上，锂盐并不比传统抗抑郁药更有效果。锂盐也有助于预防躁狂与重性抑郁之间的循环，双相障碍患者会被建议长期维持锂盐治疗。

锂盐治疗有一些不良副作用，如昏昏欲睡、认知减缓、体重增加、运动协调不良及胃肠不适。长期服用有时候会造成肾功能失常，偶尔导致永久的伤害。

二、生物疗法

（一）电痉挛治疗（electroconvulsive therapy，ECT）

因为抗抑郁药通常缓不济急，当面对重度抑郁障碍的患者，而且患者有急性和严重自杀风险时，ECT经常被派上用场。大部分患者需要6~12次疗程（每隔一天施行一次），才能获得症状的完全缓解。

这种治疗会引起痉挛，通常是在全身麻醉或服用肌肉松弛剂的情况下施加。它造成的副作用是意识混淆，虽然对认知也会有一些较持久的不良效应，如失忆和反应减慢。当ECT初步奏效后，通常会施加适量的抗抑郁药和心境稳定剂，以维持所达成的疗效，直到抑郁过程结束。此外，ECT在治疗躁狂发作上也很有效果。

心境障碍的治疗一览表

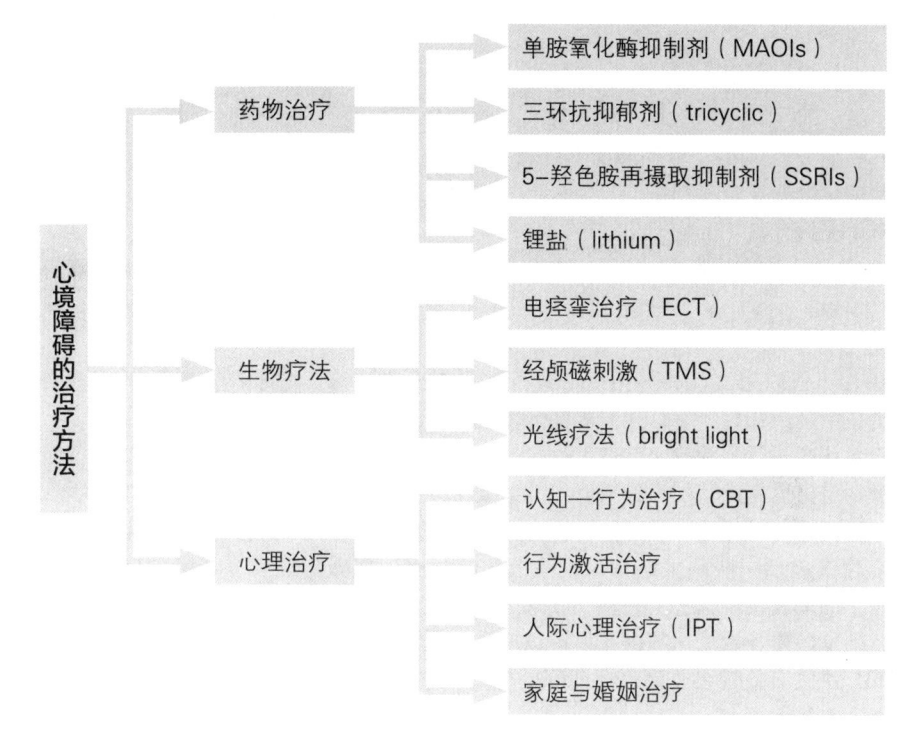

心境障碍的治疗方法
- 药物治疗
  - 单胺氧化酶抑制剂（MAOIs）
  - 三环抗抑郁剂（tricyclic）
  - 5-羟色胺再摄取抑制剂（SSRIs）
  - 锂盐（lithium）
- 生物疗法
  - 电痉挛治疗（ECT）
  - 经颅磁刺激（TMS）
  - 光线疗法（bright light）
- 心理治疗
  - 认知—行为治疗（CBT）
  - 行为激活治疗
  - 人际心理治疗（IPT）
  - 家庭与婚姻治疗

如何解释单相抑郁障碍的性别差异（女性的发病率约为男性的2倍）？

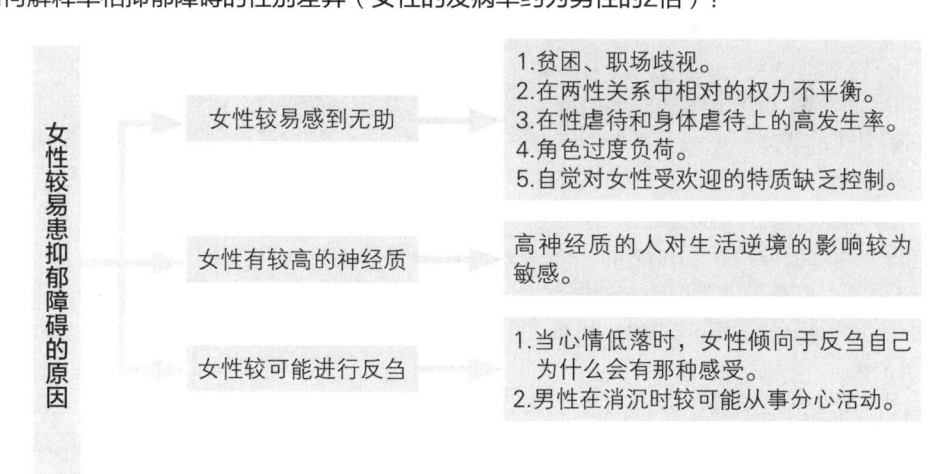

女性较易患抑郁障碍的原因
- 女性较易感到无助
  1. 贫困、职场歧视。
  2. 在两性关系中相对的权力不平衡。
  3. 在性虐待和身体虐待上的高发生率。
  4. 角色过度负荷。
  5. 自觉对女性受欢迎的特质缺乏控制。
- 女性有较高的神经质 → 高神经质的人对生活逆境的影响较为敏感。
- 女性较可能进行反刍
  1. 当心情低落时，女性倾向于反刍自己为什么会有那种感受。
  2. 男性在消沉时较可能从事分心活动。

9-10 心境障碍的治疗（二）

（二）经颅磁刺激（TMS）

TMS是一种非侵入性的技术，它能对清醒个体的脑部施加集中的刺激，不会引起个体的疼痛。几项研究已显示，重度抑郁障碍患者在接受TMS治疗几星期后，病情出现明显好转，而认知和记忆没有受到不利影响。

（三）光线疗法（bright light therapy）

这种疗法原先仅用来治疗季节型心境障碍，但它现在被发现在非季节型抑郁障碍的治疗上也颇具效果。

三、心理治疗

自1970年代以来，几种专门的心理疗法已被开发出来，它们的疗效几乎不逊于药物治疗。特别在结合药物后，它们能显著降低复发的可能性。

（一）认知—行为治疗（CBT）

它最初是由贝克及其同事们所开发的，属于一种短期的疗法，只需10~20次疗程。它在治疗取向上强调"此时此地"（here-and-now），童年经验对CBT影响较小。

认知疗法包括一些高度结构化、系统化的步骤，以教导患者系统地评估他们功能不良的信念和负面的自动化思想。然后，患者也被教导鉴定及纠正他们在信息处理上的偏差或扭曲。最后则是揭露及挑战这些内在易招致抑郁的假设和信念。

认知疗法的有效性已受到许多研究的支持，它的效果至少等同于药物治疗，而且在预防复发上似乎更具优势。

（二）行为激活治疗（behavioral activation treatment）

这种技术把焦点放在使抑郁障碍患者更为积极主动，更积极地参与到他们周围的环境和人际关系中。它包括为患者规划日常活动、探索达到目标的一些替代行为，以及针对一些议题从事角色扮演。行为激活治疗不侧重于改变患者的认知，而是放在改变行为上。它的目标是提高正强化的程度，以减少患者的回避行为和退缩行为。研究已发现，在中度到重度抑郁患者的治疗上，行为激活治疗的效果等同于药物治疗，甚至还稍优于认知治疗。但是，认知治疗在追踪期间有更好的效果。

（三）人际心理治疗（interpersonal therapy，IPT）

IPT把焦点放在患者当前的人际困扰上，协助患者理解及改变不适应的互动模式。在3年的追踪期间，每个月实施一次IPT，已被发现能大为降低重性抑郁障碍的复发，其效果就跟维持服药一样。

此外，IPT也已被修改后用来治疗双相障碍。它新添的技术称为"人际与社会节奏疗法"，也就是教导病人认识人际事件如何影响他们的社交节奏和昼夜节律，然后使得这些节奏规则化。这种治疗似乎颇具前景，可用来辅助药物治疗。

（四）家庭与婚姻治疗

因为不利的生活处境可能导致抑郁障碍复发，或造成更长久的治疗需求。因此，任何治疗方案都应该把家庭成员或婚姻配偶也囊括进来。这样的介入是在降低家人的情绪表露和敌意，也是在提供关于如何应对躁狂或重性抑郁发作的信息。

在贝克的认知疗法中,它要求来访者注意自己的恶劣心境,问问自己:"我的脑袋中现在正在想些什么?"然后尽快记录下自己的负面自动化思想。随后,来访者可以通过一系列提问来挑战这些思想。

如何质疑负面自动化思想

1. 有什么证据指出它是真实的?或虚构的?

2. 是否存在另一些合理解释?

3. 最坏情况会是什么?我能否捱过?最好情况会是什么?最为切合实际的结果是什么?

4. 我能够为其做些什么?

5. 如果我相信该自动化思想,这会造成什么影响?如果我改变思想,又会有什么效应?

6. 如果_____(好朋友的姓名)处于这样处境,也有这样的思想,我会告诉他/她什么?

✛ 知识补充站

心灵关照的观点

我们提过,即使没有接受治疗,大部分抑郁障碍患者也会从发作中复原过来。因此,也有一些当代学者提出心灵关照(care of the soul)的观点,他们认为像抑郁和焦虑等心境不需要(也不应该)被消除或"治愈"。这些心境是人性的一部分,它们需要被保存、关怀及照顾,就像好朋友那般,跟它们和平共处。我们不应该视之为一种疾病而加以排除,这只会导致它们因更为抗拒而壮大。相反,我们应该停下来,细心陪伴这样的心境,聆听它们的心声。它们往往会告诉我们潜意识中更深的智慧,让我们了解生命是否已到转弯之处,自己应该何去何从。

9-11 自杀（一）

虽然很多人不是因为抑郁而企图自杀，但40%～60%的自杀举动是发生在抑郁发作期间或复原阶段。并且这种行为经常发生在当个人即将从重性抑郁发作的谷底走出来之际，即所谓的"黎明前的一刻最为黑暗"。

在大部分西方国家中，自杀都已跻身死亡的十大原因之列。但因许多自杀被归于意外事件或其他较"体面"的原因，实际发生率可能更高一些。自杀不但对当事人是一种悲剧，对于还存活的家人、朋友及同学来说，它也是生命中难以承受的重荷。

一、自杀的一些人口统计特征

就美国来说，在自杀企图（suicide attempts）方面，女性约为男性的3倍多。大部分自杀企图产生于人际关系恶化或另一些重大生活压力中。但是在完成自杀（completed suicide）方面，男性约为女性的4倍多。这样的差异，大致上是因女性通常采取过量服药（如安眠药）的方式，而男性的手段则更具致命性，尤其是举枪自尽。

自杀身亡的最高发病率出现在老年人（65岁以上）身上，这个年龄层的重大风险因素是离婚、丧偶或罹患慢性身体疾病，导致当事人心境抑郁。

在所有精神疾病中，重度和重复的心境障碍有最高的一生自杀风险，大约为15%；精神分裂症患者有10%～13%的风险；重度酒精依赖患者有3%～4%的风险。对照之下，一般人口的平均风险是1.4%。此外，边缘型和反社会型人格障碍的患者在企图和完成自杀上，也有偏高的发病率。

长期以来，某些职业的从业人员被认为有偏高的自杀率，包括拥有高度创造力或成就的科学家、健康专业人士（如医生和心理咨询师）、企业家、律师、作家、作曲家及艺术家。

二、年轻人的自杀

近几十年来，很令人担忧的一个社会问题是年轻人自杀率的持续升高。对于15~24岁的人来说，自杀是死亡的第三大原因（仅次于意外死亡和凶杀），占死亡总数的大约11%。每有一个人完成自杀，就有高达8~20个人自杀未遂。一项大型调查指出，高中生自我报告的自杀企图发生率（在过去一年内）高达8.5%，大约还有2倍的学生报告自己至少认真考虑过这件事情。虽然大部分的这些企图不太具致命性，也不需要就医，但我们有必要严肃对待，因为在完成自杀的人中，25%～33%先前有过自杀企图。在青少年期，女孩自杀企图的发生率大约是男孩的2倍。

大学生的自杀率也很高，自杀是这个年龄层的第二大死亡原因，大约10%的大学生在过去一年中认真考虑过自杀。

为什么自杀企图和完成自杀的案例在青少年期突然涌现？很明显的一个原因是，许多精神障碍的患病率也在这个时期增长，包括抑郁、焦虑、酒精与药物滥用，以及品行问题。另一个重大因素是，青少年通过媒体接触到了自杀（特别是许多名人的自杀），或许是因为青少年易被诱惑及挑动，所以他们产生了模仿行为——被称为自杀的传染因素（contagion factor）。

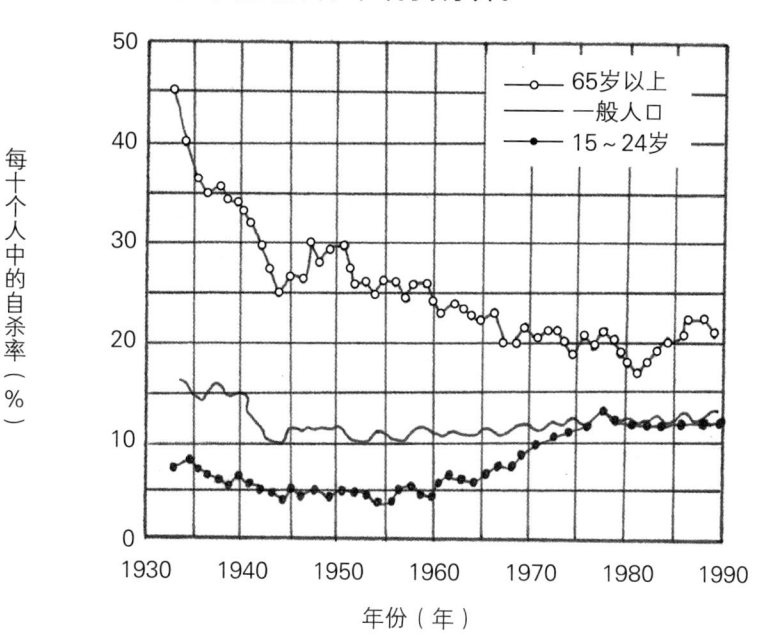

下图是1930~1990年，自杀率的变动情况。老年人的自杀率在60年间呈现下降趋势，特别是老年男性。另外，15~24岁年龄层的自杀率却持续攀升。

✚ 知识补充站

学生自杀的征兆

当学生的心境和行为发生重大变化时，这可能是自杀的重要征兆。更具体而言，这种学生变得消沉而退缩、自尊明显降低，而且不在乎个人卫生。他们可能也会出现冲动或鲁莽的行为，包括自残行为。他们往往对学业失去兴趣、经常逃课，整天都待在家里或宿舍中。他们通常会对至少一个人表达自己的苦恼，其中隐含着自杀警讯。

对大部分自杀学生来说（无论男生或女生），主要的促发应激源显然是无法建立亲密的人际关系或失去这样的关系，失恋是特别关键的诱因。

虽然大部分学校都有心理辅导中心，但自杀的学生很少寻求专业援助。青年学生的自杀不是突然爆发的冲动行为，他们通常已经历一段时期的内心煎熬和外显苦恼，自杀只是最后的阶段。大多数人曾经跟他人谈及自己的企图，或曾经写下自杀的企图。因此，青年男女关于自杀的谈话不能被等闲视。自杀是一种偏激反应，特别发生在当青少年感到孤立无援时。我们应该对自杀企图的任何征兆保持敏感，以便提供及时的关怀和援助。

9-12 自杀（二）

三、自杀的心理社会因素

一些人格特质如冲动性、攻击性、悲观及负面情感，都增加了自杀的风险。再者，自杀经常涉及一些负面事件，像是破产、入狱及各种人际危机。例如，2007年的金融危机爆发后，美国、英国和中国香港的自杀率于2008～2010年间急剧升高。这些事件的共同性质是：导致个人失去了对生命的意义感，或导致其对未来的绝望感。这两者可能导致一种心理状态，即视自杀为唯一可能的出路。

自杀通常是起始于儿童期的一连串事件的终端产物。儿童期的不良成长背景包括：家人的心理障碍、童年的虐待及家庭不稳定。这些早期经验接着造成儿童（及日后成年人）较低的自尊、绝望感及拙劣的问题解决技巧。这方面经验可能会以非常负面的方式影响个人的认知功能，这些认知缺损可能接着就促成了自杀行为。

四、生物因素

自杀有时候会在家族中流传，这指出遗传因素可能在自杀风险上扮演一定角色。例如，诺贝尔文学奖得主海明威（Ernest Hemingway，1899～1961）是自杀死亡，他的孙女（一位知名模特和演员）在35年后的同一天，也夺走了自己的性命。海明威家族在4代之中发生了5起自杀事件。

双胞胎研究指出，同卵双胞胎的自杀一致率大约是异卵双胞胎的3倍高。这种遗传脆弱性可能与神经化学因素有关，即自杀受害人，特别是暴力自杀的受害人，经常有偏低的血清素活动水平。不仅是在自杀受害人的验尸研究中，而且在自杀幸存者的血液检验中，这些研究都发现，自杀者的血清素水平偏低。

五、社会文化的因素

自杀率在不同社会中有很大波动。美国的发生率是每十万人中大约11人。匈牙利是全世界自杀率最高的国家，达到每十万人中的40多人，但随着匈牙利的民主化，其自杀率有下降趋势。另一些高自杀率（超过每十万人中20人）西方国家，包括瑞士、芬兰、奥地利、瑞典、丹麦及德国。至于低自杀率（低于每十万人中9人）国家，包括希腊、意大利、西班牙及英国。

据估计，自杀造成的全球死亡率是每十万人中16~18人（WHO，2009）。日本和中国也有偏高的自杀率。然而，在看待这些估计值上，我们应该考虑一项事实：各个国家在决定"死亡是否由自杀所致"上，采取不一致的标准，这种差异可能造成了自杀率的表面差异。

关于自杀与死亡的宗教禁忌和社会态度，也是自杀率的重要决定因素。例如，天主教和伊斯兰教都强烈谴责自杀行为，也不容许自杀者在教堂举行葬礼。因此，这两种信仰的国家自杀率都偏低。事实上，大部分社会都已发展出对自杀的一些制裁手段，许多社会仍然视自杀为一种罪行（crime）或罪恶（sin）。

自杀的预防与介入

```
                    ┌── 心理障碍的治疗 ──→ 1.以抑郁障碍为例，通常是施以抗抑郁药或锂盐。
                    │                        长期来说，锂盐是特别有效的抗自杀药剂，虽然
                    │                        不适用于急性情境。
                    │                      2.针对自杀预防的认知疗法。
                    │
                    │                      当个体打算自杀时，防范措施主要放在：
                    │                      1.跟当事人在短期内维持高指导性和支持性的
                    │                        接触。
自杀的防治 ─────────┼── 危机介入 ────────→ 2.协助当事人了解急性苦恼正损害他准确评估处
                    │                        境的能力，使得他看不清楚有处理问题的更好
                    │                        方式。
                    │                      3.协助当事人了解当前的苦恼和情绪动荡终究会成
                    │                        为过眼云烟。
                    │
                    │                      针对老年人、青少年及自杀未遂者规划预防方案。
                    │                      1.让老年人参与到协助他人的社交活动和人际关
                    └── 针对高风险人群 ──→   系中。
                                           2.扮演这样的角色有助于减轻老年人的孤立感和无
                                             意义感——源自被迫退休、经济困境、丧偶、慢
                                             性疾病，以及感到不被需要。
```

➕ 知识补充站

自杀的矛盾心理

自杀的思路经常是矛盾的，它们可被分为三大类。首先，有些人（大部分是女性）不是真正想死，只想要借由自杀对别人传递他感到苦恼这样的信息。他们的自杀企图更可能是一些非致命性的手段，像是服用低剂量的安眠药或轻度割腕。他们也会安排一些事情，使得他人总是会及时介入。

其次，少数人似乎一心寻死，他们的自杀很少有征兆，通常采取较暴力的手段，像是举枪自杀或从高楼跃下。

最后，还有些人对于死亡感到犹疑不决，他们倾向于将之交付于命运。他们通常采取有危险性但较为缓和的手段，像是服用高剂量药物。他们的思路是这样的："如果我死了，一切纷争都会偃旗下来。但如果我被救活，那就是天意如此了。"

第十章
人格障碍

- 10-1　人格障碍概论
- 10-2　A 类人格障碍
- 10-3　B 类人格障碍
- 10-4　C 类人格障碍
- 10-5　反社会型人格障碍

10-1 人格障碍概论

什么是人格（personality）？人格也称个性。但一般认为，人格在定义上有更多的内涵和外延。人格包括个人的一些先天素质，在受到家庭、学校教育及社会环境等影响下，个人逐步形成的一种特有身心组织，它是对个人气质、思想、态度、兴趣、价值、倾向、体格及生理等多方面特征的统称。

一、人格五因素模型（five-factor model）

如今，人格研究者一致认同有五个基本维度可作为描述人格特质的基础（参考右图）。这个模型提供了一套分类系统的轮廓，使你能够具体描述你所认识的人，捕捉他们在几个重要维度上的差异。

二、人格障碍的临床特征

根据DSM-5，为了符合人格障碍（personality disorders）的诊断标准，个人的行为模式必须是广泛的（pervasive）和缺乏弹性的（inflexible），它也是稳定（stable）和持久的（long duration）。此外，这些模式也必须至少表现在4种领域的2种中，它们是认知、情感、人际功能或冲动控制。下面是人格障碍的一般性定义，适用于所有十种人格障碍。

通常，人格障碍患者对他人生活引起的困扰，绝不亚于他们为自己生活制造的困扰。无论所发展的是怎样的行为模式，这种模式预先决定了他们对每个新情境的反应，导致同样的不适应行为反复上演，这是因为他们无法从先前的错误中学到教训。

人格障碍不是源自对新近应激源的不良反应，如在PTSD或重性抑郁障碍中的情形。它们主要是源自个人逐渐养成的僵化及扭曲的人格形态（行为模式），造成个人持续地以不适应的方式知觉世界、思考世界及建立与世界的关系。

根据流行病学研究，发展出一种或多种人格障碍的患病率是4.4%~14.8%。据估计，大约13%的人在他们生活的某些时候，符合至少一种人格障碍的诊断。

三、人格障碍的类型

人格障碍的种类相当广泛，所涉行为问题在形式和严重性上有很大差异。DSM-5继续沿用DSM-Ⅳ的模式，它根据各种人格障碍在特征上的相似性，将之组合为三大类。

A类：包括偏执型、分裂样和分裂型。这些障碍患者通常显得奇特或怪异，他们的不寻常行为表现为从不信任、多疑到社交疏离。

B类：包括表演型、自恋型、边缘型及反社会型。这类患者的共同倾向是戏剧化、情绪化或脱离常轨。

C类：包括回避型、依赖型及强迫型。这类患者通常显得焦虑或畏惧。

人格障碍1980年于DSM-Ⅲ中首度出现，沿用至今，但关于它们的正当性已引起许多争议。主要问题之一是，各种障碍在分类和组群上有太多重叠的特征。另一个问题是，它们的诊断标准没有被清楚地界定，导致无法遵循。即使已开发多种半结构式访谈表和自陈问卷用于辅助诊断，这还是造成诊断的信度和效度相当低。

近年来，无论是经由语义研究或因素分析，一种共识逐渐浮现，即似乎有五个因素最能良好描述人格结构的特征，称为"人格五因素模型"。

因素	每一维度的两端
外倾性（extraversion）	爱交谈、充满活力、果断←→安静、保守、羞怯
神经质（neuroticism）	稳定、沉着、满足←→焦虑、不稳定、心情易变
开放性（openness to experience）	有创造力、理智、心胸开放←→纯真、浅薄、无知
宜人性（agreeableness）	同情心、亲切、友爱←→冷淡、好争吵、残忍
严谨性（conscientiousness）	自律、负责、谨慎←→漫不经心、轻率、不负责

自1980年登录DSM以来，人格障碍就一直被放在另一个轴向（axis），即第二轴向。这是因为它们被视为不同于标准的精神综合征（放在第一轴向），有各自的分类。但是在DSM-5中，多轴向系统已被舍弃。人格障碍现在被同列在精神障碍之下。

一般人格障碍

诊断标准1：这种行为模式表现于认知、情感、人际功能或冲动控制等领域中（至少两种）。

诊断标准2：这种模式在个人和社会情境中是广泛而缺乏弹性的。

诊断标准3：这种模式引起临床上的显著苦恼，或造成社交、工作、其他重要领域的功能损伤。

诊断标准4：这种模式是稳定而持久的，其发作至少可追溯到青春期或成年早期。

偏执型人格障碍属于A类障碍，当事人在下列描述中至少呈现4项：

1.对他人的普遍不信任，怀疑自己被欺骗、利用或伤害。

2.没有正当理由就怀疑朋友的忠诚和可信度。

3.不愿意对他人吐露心事，因为害怕别人会拿来对付自己。

4.从他人善意的谈论中，解读出贬抑或威胁。

5.持久地怀恨在心，不能宽恕他人。

6.当自觉受到侮辱时，很容易恼怒及反击。

7.无凭据地屡次怀疑配偶或性伴侣的忠贞。

10-2　A类人格障碍

一、偏执型人格障碍（paranoid personality disorder）

（一）症状描述。这类人对别人抱持普遍怀疑和不信任态度，造成许多人际障碍。对于自己的过错或失败，他们倾向于怪罪别人。他们长期地绷紧神经和保持警戒，以预防他人的诡计和欺骗。他们经常无故地怀疑朋友的忠诚，不愿意对别人推心置腹。当别人有善意的举动或评论时，他们却往往解读为贬抑或威胁。他们经常心怀怨恨，无法宽恕自认为受到的侮辱、轻蔑或怠慢。最后，他们无凭无据地屡次怀疑配偶或性伴侣的忠贞。总之，偏执型人格可视为由"猜疑"和"敌意"两种成分所组成。

但是，偏执型人格者通常不是精神病患者（psychotic），即他们在大部分时间仍与现实有清楚的接触，虽然在应激期间可能产生短暂的精神病症状。

（二）障碍的起因。偏执型人格有一定的遗传倾向，可能是经由继承高度的对抗（低亲和力）和高度的神经质（愤怒—敌意）而诱发。父母的疏失或虐待可能是一部分的心理因素。

二、分裂样人格障碍（schizoid personality disorder）

（一）症状描述。这类人通常不能建立社交关系，也对社交活动不感兴趣。因此，他们倾向于没有亲近的朋友或知己。他们无法表达自己的感受，经常被他人视为冷淡而疏远，但他们也对他人的赞美或批评显得漠不关心。他们总像是独行侠，偏好独居并独自工作。很少有活动让他们感到快乐，包括性活动，所以他们很少结婚。

总之，他们就是缺少情绪感应，很少感受强烈的情绪（无论正面或负面），总是显得冷漠。从人格五因素模型来看，他们表现出极高水平的内向（特别是在温暖和合群性上偏低），在开放性和成就争取上也极低。

（二）障碍的起因。就像偏执型人格，分裂样人格也甚少受到研究注意。认知理论家指出，分裂样人格者的行为源自不适应的内在图式，导致他们视自己为自给自足的独行侠，且视他人为干扰。他们的核心信念是："我基本上是孤单的"或"人际关系是紊乱的"。然而，我们不知道这种功能不良的信念为什么会（及如何）发展出来。

三、分裂型人格障碍（schizotypal personality disorder）

（一）症状描述。这类人也极为内向，有广泛的社交及人际的困扰。但除此之外，他们还有认知及知觉的扭曲，并且在思想传达和行为上显得乖僻（eccentric）。虽然仍维持与现实的接触，但他们通常有怪异的信念或神奇的思想。实际上，他们经常相信自己拥有魔幻的力量，也能施行一些神奇的仪式。另一些偏常行为包括牵连观念、古怪的思维和言语、不合宜的情感及妄想的信念。

（二）障碍的起因。这种障碍在一般人群中的患病率是2%～3%，它具有中度的可继承性，而且跟精神分裂症有值得注意的生物关联。事实上，这种障碍似乎是精神分裂症频谱的一部分，它经常发生在精神分裂症患者的近亲身上。再者，如果青少年有分裂型人格障碍（经常与偏高的压力生活事件和偏低的家庭社会经济地位有关），他们有很高的风险会在成年期发展出正式的精神分裂症。

各种人格障碍摘述

人格障碍	特征	患病率	性别差异
A类：当事人的行为显得奇特或怪异			
偏执型（paranoid）	对他人的普遍猜疑及不信任；把自己的过错和失败怪罪于他人	0.5%～2.5%	男>女
分裂样（schizoid）	缺损的社交关系；不盼望、也不享受亲密关系	<1%	男>女
分裂型（schizotypal）	古怪的思维和言语；认知或知觉的扭曲；广泛的社交和人际障碍	3%	男>女
B类：当事人的行为显得戏剧化或脱离常轨			
表演型（histrionic）	过度情绪化；寻求他人的注意；不合宜的性行为或诱惑行为	2%～3%	男=女
自恋型（narcissistic）	夸大自己的重要性；过度需要被赞美；缺乏对他人的同理心	<1%	男>女
边缘型（borderline）	人际关系不稳定；冲动、急剧的心情转换；自残或自杀的企图	2%	男=女
反社会型（antisocial）	不知尊重他人的权益；违反社会规范；欺骗成性；缺乏良心谴责	1%（女性）3%（男性）	男>女
C类：当事人的行为显得焦虑或畏惧			
回避型（avoidant）	因为害怕被拒绝而回避人际接触；害羞；看待自己为社交笨拙的	0.5%～1%	男=女
依赖型（dependent）	害怕分离，独处时感到不舒服；为了维持关系而愿意委曲求全	2%	男=女
强迫型（obsessive-compulsive）	过度关注秩序、规则及细节；完美主义；过度在意道德、伦理或价值观念；僵化而顽固	1%	男>女（2:1）

自恋型人格障碍属于B类障碍，当事人在下列描述中至少呈现5项：

1. 夸大自己的重要性。

2. 沉迷于成功、权力、才华或美貌的幻想中。

3. 相信自己是"特殊"而独特的。

4. 需要过度的赞美。

5. 强调头衔，自命特权，不合理地期待自己有特殊待遇。

6. 倾向于在人际关系上剥削别人。

7. 缺乏同理心。

8. 经常妒忌别人，或认为别人正妒忌自己。

9. 表现出自大、傲慢的行为或态度。

10-3 B类人格障碍

一、表演型人格障碍（histrionic personality disorder）

（一）**症状描述**。这类人的两大特征是：过度情绪化和寻求他人的注意。当不是众人注意焦点时，他们感到不舒服。因为渴望刺激和关注，他们的外观和行为通常相当做作、夸张而情绪化，也可能有性挑逗和性诱惑的行为。他们的谈话显得空泛而浮夸，情绪的表达肤浅且变换迅速。他们经常被视为自我中心、虚荣、过度反应及不真诚。

（二）**障碍的起因**。这种障碍在一般人群中的患病率是2%～3%，较常发生在女性身上。认知理论家强调不适应的图式，当事人把绝大部分生活重心放在注意需求（need for attention）上，以其验证自己的价值。他们的核心信念包括："除非我能令人着迷，否则我一无是处"和"当人们不再对我感兴趣时，他们将会离弃我"。

二、自恋型人格障碍（narcissistic personality disorder）

（一）**症状描述**。这类人的两大特征是：夸大的行为模式和同理心缺乏。他们倾向于高估自己的才能和成就，相信自己是特殊的，只有另一些高水平人士才知道赏识，他们应该只跟这些人士交往。他们沉迷于对自己权力、卓越或美貌的不羁幻想中，迫切需要他人的赞美。他们自命不凡，不合理地期待自己拥有特权或优惠待遇。

有些学者指出，除了夸大型自恋（grandiose），还可以鉴定出另一种脆弱型自恋（vulnerable）。脆弱型自恋者有非常易碎而不稳定的自尊。他们外表上显得傲慢、自负及优越，其实是在掩饰内心的羞耻和对批评的过度敏感。

自恋型人格的另一个核心特质是：他们不愿意或无法采纳他人的观点，即他们缺乏同理心。当别人不能迎合他们的要求时，他们倾向于过度批评及报复。自恋型人格较常见于男性，据估计，发病率大约是1%。

（二）**障碍的起因**。几项研究指出，夸大型自恋可能与父母管教上的过高评价有关。脆弱型自恋则与童年的情绪、身体及性虐待有关，父母的管教风格通常是侵入性、控制性及冷落的。

三、边缘型人格障碍（borderline personality disorder，BPD）

（一）**症状描述**。这类人的特征是具有冲动性，以及在人际关系、自我形象和心境上的不稳定性。他们倾向于把朋友或爱人过度理想化，但这种想法不久就结束于痛苦的失望及幻灭中。他们的心情急剧变换，经常不合宜地愤怒及失控（如肢体冲突）。

他们往往从事一些冲动行为，像是滥赌、大肆挥霍、性关系混乱和鲁莽驾驶等。他们有反复的自杀行为、自杀威胁或自残行为（如割腕）。他们有时也会有幻觉、妄想意念或分离症状。只有1%～2%的人可能符合BPD的诊断。

（二）**障碍的起因**。遗传因素在BPD的发展上扮演重大角色，可能是因为"冲动性"和"情感不稳定性"的人格特质本身就是部分可遗传的。在生物基础上，BPD患者的血清素活动偏低，这使得他们难以对冲动行为（如自残）踩刹车。在心理因素方面，患者经常报告在童年有许多负面或甚至创伤事件，包括虐待（情绪、身体或性虐待）和疏失，以及分离和失亲。

边缘型人格障碍患者经常从事一些自毁行为，包括反复割腕、烧伤自己及其他自残行为。这些行为似乎有助于缓解焦虑或烦躁。他们的自杀企图不纯粹是操纵性的，大约8%的人可能最终完成自杀。

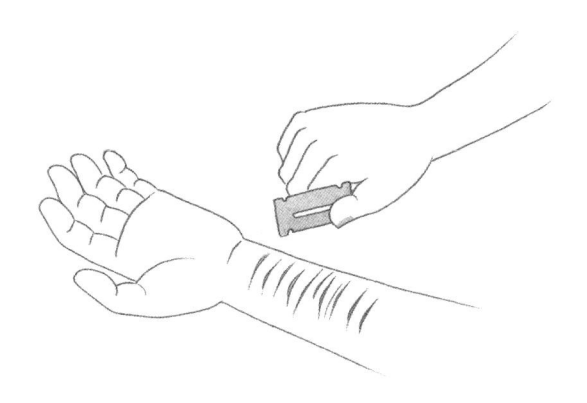

> **➕ 知识补充站**
>
> **边缘型人格障碍的治疗**
>
> 　　在所有人格障碍中，BPD的治疗最受到重视，这是因为它的严重性，也是因为它与自杀的高度风险有关。
>
> 　　在生物治疗方面，抗抑郁药物（特别是SSRI类）被认为最安全有效，有助于缓解冲动性的症状，包括冲动攻击和自残行为。此外，许多患者也被施加低剂量的抗精神病药物，它们的疗效较为广泛。最后，心境稳定药物也有助于减少愤怒、自杀、情感不稳定及冲动行为。综合来说，药物只具有轻度的疗效。
>
> 　　在心理治疗方面，林内翰（Linehan）所开发的认知—行为疗法现在已被广泛采用，称为辩证行为疗法（dialectical behavior therapy，DBT）。DBT背后的理论是：有些人先天具有情绪上容易神经质（心情起伏不定）的性格，再跟"失去效能"的家庭环境交互作用，就导致情绪失调和自我伤害的行为。来访者在DBT中接受四种技巧训练：全神贯注（即活在当下）、情绪调适、苦恼容忍力、人际有效性。DBT采取个别治疗和团体治疗双管齐下的方式，为期至少12个月。它已被证明比"例行处置"更具效果，包括在降低自我伤害行为、减少住院天数，以及减少物质滥用上。
>
> 　　另一种新式心理动力疗法也已被开发出来，针对BPD患者稍作调整。它比起传统疗法更具有指导性，主要目标在于增强这些人脆弱的自我（ego）。患者原始的防御机制是"分裂"，这导致他们"非黑即白"和"全或无"的思考。治疗的重要目标之一是协助患者看到这些极端之间的灰色地带，整合为较具有层次的观点。

10-4　C类人格障碍

一、回避型人格障碍（avoidant personality disorder）

（一）症状描述。这类人表现出极度的社交内向性，常常感觉自己不能胜任或不够格，而且对于负面评价过度敏感。他们不愿意涉足社交场合，害怕会被批评或拒绝。因此，尽管他们渴望感情，却经常是孤单而无聊的。他们认为自己是社交笨拙的，不愿意冒险从事任何新的活动，始终显得过度拘谨而胆怯。

同样是独行侠，分裂样与回避型之间的关键差异是：前者是疏远、冷淡及对批评漠不关心的，后者则是羞怯、有不安全感及对批评过度敏感的。分裂样不渴望社交关系，也缺乏这样的能力；但回避型渴望人际接触，只是害怕被拒绝而回避。

（二）障碍的起因。回避型人格可能源自先天"抑制性"的气质，这使得婴儿和幼童在新奇情境中显得羞怯而抑制。此外，回避型障碍有偏高的内向性和神经质倾向，这两种人格特质有中度的可遗传性。这种抑制性的气质通常就担当素质（diathesis），如果有些儿童再经历父母的情绪虐待、拒绝或羞辱的话，可能就会导致回避型人格障碍。

二、依赖型人格障碍（dependent personality disorder）

（一）症状描述。这类人极度需要被照顾，导致他们产生依赖和顺从的行为。当独自一人时，他们感到不舒服或无助。为了获得他人的关照及支持，他们愿意委曲求全，不敢发表自己的不同意见。他们的生活以他人为中心打转，当缺乏大量的建议和安抚时，他们很难进行日常决定。随着一段亲密关系的结束，他们急切寻求另一段关系。这种障碍的患病率为总人口的1%～2%，较常见于女性。

（二）障碍的起因。依赖型人格特质有一部分是因为遗传。此外，神经质和亲和力的特质在这种障碍中偏高，它们也具有遗传成分。当儿童有依赖和忧虑的素质时，如果父母的管教方式又是权威或过度保护的话，将有发展出这种障碍的高度风险。

三、强迫型人格障碍（obsessive-compulsive personality disorder，OCPD）

（一）症状描述。这类人的特征是完美主义、过度关注于维持秩序，以及心理和人际的控制。他们过度重视细节和规则，反而对远大的画面失焦。他们过度埋首于工作，不愿意放松下来或单纯为了乐趣而做一些事情。当涉及道德、伦理或价值观时，他们显得过度坚持而没有通融余地。在人际层面上，他们相当僵化、固执及无情，不肯把工作托付或授权他人。他们的完美主义经常妨碍计划的完成。但需要注意的是，他们不具有真正的强迫意念或强迫仪式，这是OCPD不同于强迫症之处。

（二）障碍的起因。从人格五因素模型来看，强迫型人格拥有极高的良心，这导致他们极度专注于工作、完美主义及有过度的控制行为。他们也有偏高的自信和偏低的顺从性，这些人格特质一部分源于遗传。

同样是独来独往的人，回避型人格是害羞、有不安全感及对批评过度敏感的；分裂样人格则是冷淡、疏离及毫不在乎批评的。

✚ 知识补充站

人格障碍的治疗

人格障碍普遍很难治疗，因为就定义上来看，它们本来就是一些持久、广泛而缺乏弹性的行为模式。在许多个案中，患者是在他人的坚持下才加入治疗，他们不认为自己有什么问题。

对来自A类和B类的患者来说，他们通常很难建立和维持良好关系，包括跟治疗师。特别是B类患者，他们可能把自己关系中的发泄行为带进治疗情境中，使疗程不得不中断。这就解释了为何会有37%的人格障碍患者过早退出治疗。

此外，治疗技术通常需要针对特定的人格障碍稍作修正及调整。例如，传统个别心理治疗倾向于鼓励患者的依赖，但有些患者（如依赖型、表演型和边缘型）原本就过度依赖，这将会造成反效果。再者，C类患者（如依赖型和回避型）对于自认为的任何批评过度敏感，治疗师有必要特别提防这点。

最后，认知理论家指出，这些障碍大致上是一些不适应的图式所造成的，进而导致当事人的判断偏差和认知失误。认知治疗涉及采用一些技术以监控自动化思想、挑战谬误的逻辑及指派行为作业，这些步骤有助于矫正患者功能不良的信念。

10-5 反社会型人格障碍

一、反社会型人格障碍（antisocial personality disorder，ASPD）的症状描述

这类人持续地通过欺骗、攻击或反社会行为侵犯他人权益，普遍缺乏良心苛责或忠诚。他们倾向于冲动、易怒及有侵略性，不肯承担责任。这种行为模式必须从15岁后就一直发生，且在15岁之前当事人就有品行障碍（conduct disorder）。

二、ASPD的一些特性

反社会型人格障碍是DSM中的称谓，它长期以来在文献中被称为"精神障碍"（psychopathy）或"社会性病态"（sociopathy）。这类患者常被称为"空心之人"，他们欠缺同理心，人际关系是肤浅的。他们反复地与社会发生冲突，因而有很高比例被逮捕、拘禁甚至入狱——因为偷窃、施暴、诈欺、舞弊、伪造文书及积欠债务等。他们做事冲动，不能预先规划。他们只活在现在，也只为现在而活，不会考虑过去或未来。ASPD的患病率在男性中大约是3%，女性则大约为1%。

三、ASPD的起因

（一）遗传作用

根据双胞胎和领养的研究，反社会或犯罪行为有中度的可遗传性，虽然环境影响也扮演了同等重要的角色。近期研究显示，ASPD与另一些外化障碍（像是酒精依赖、药物滥用和品行障碍）都具有高度共通的遗传素质，但环境因素在决定当事人发展出哪种障碍上更为重要。

（二）低度恐惧假说和条件作用

研究已指出，反社会型人格的基本焦虑偏低，而且恐惧对他们的制约力不足。因此，他们被认为无法获得许多条件反应，但这些反应在正常的被动回避处罚（passive avoidance of punishment）、良心发展以及社会化过程上，则是至关紧要的。

（三）父母的管教

除了遗传因素和情绪缺失，反社会型人格迟缓的良心发展和高度的攻击行为也受到父母不当管教的影响，包括失亲，父母的拒绝、虐待及疏失，以及反复无常的纪律变动。

（四）ASPD的预测指标

儿童期（特别是男孩）所展现反社会行为（撒谎、偷窃、打架、逃学及结交不良少年等）的数量，是预测成年期（18岁以上）ASPD诊断的最佳指标。如果儿童在6岁前被诊断有对立违抗障碍（oppositional defiant disorder），随后在9岁后被诊断有品行障碍的话，他们有最高风险在成年期发展出ASPD。此外，注意缺陷/多动障碍经常也是ASPD的前兆。

（五）社会文化因素

跨文化研究已显示，ASPD发生在多种文化背景中，包括许多尚未工业化的国家。但是，ASPD的实际表现和患病率受到文化因素的影响。例如，在一些文化中（如中国），反社会型人格从事攻击和暴力行为的频率远远偏低。

我们也可以沿着个人主义—集体主义的维度来划分各种文化。个人主义社会相对强调竞争性、自信心及独立自主，集体主义社会则重视奉献与顺从、接纳权威及人际关系稳定性。个人主义社会较易助长反社会型人格的一些行为特征，这就说明了美国的ASPD患病率为何会远高于中国台湾地区，是"1.5%～4.0% vs 0.1%～0.2%"。

在这个整合模式中,每个情境变量都可能涉及男孩的反社会行为,这接着建立起与成年期反社会行为的关联。

```
                        父母的心理障碍

  就业    教育与职业    压力事件    离婚/生活变动    住宅区/学校
                           ↓
              失效的父母管教——特别是纪律和督导
                    ↓                ↓
              儿童反社会行为  ←→  偏差的同伴
                           ↓
                        受到拘捕
                      惯性犯罪行为
                           ↓
                      反社会的生活风格
```

➕ 知识补充站

ASPD的治疗

　　反社会型人格障碍患者对他人的权益漠不关心,无视自己或他人的安全。如果他们还兼具好容貌、高智商及良好教育的话,他们将是社会中极为危险的一群人。这就难怪在一些煽情刺激的电影中,导演很喜欢选定这种心理障碍作为题材。

　　这类患者通常不太感到个人苦恼,也不认为自己需要治疗。许多人在监狱或感化院中接受矫治,但效果极为有限。

　　在生物治疗方面,电痉挛和药物治疗已被采用,但充其量只有适度疗效,像是有助于降低攻击/冲动行为。

　　认知—行为治疗被认为是最具前景的方案,它们的共同目标,包括:增进自我控制、自我批判的思维,以及社会观点的采择;教导愤怒管理;改变反社会的态度;矫治药物成瘾。但是至今成效还不是很显著,可能是因为在治疗反社会行为上,我们处理的是整体生活形态,而不仅是一些特定、不适应的行为。

　　幸好,即使没有接受治疗,许多反社会型人格的犯罪活动也会在40岁之后减少(就像是燃烧殆尽的火烛),尽管仍有不少人继续被拘捕。

第十一章
物质相关及成瘾障碍

- 11-1 物质相关及成瘾障碍概论
- 11-2 酒精相关障碍（一）
- 11-3 酒精相关障碍（二）
- 11-4 酒精相关障碍（三）
- 11-5 阿片及其衍生物
- 11-6 可卡因和苯丙胺
- 11-7 巴比妥酸盐和致幻剂
- 11-8 大麻
- 11-9 咖啡因和尼古丁
- 11-10 赌博障碍

11-1 物质相关及成瘾障碍概论

从远古时代，人类就知道服用各种药物以改变他们对现实的知觉。在如今，全世界各地的人们仍然在服用各种药物，他们的目的不外乎寻求娱乐、放松自己、应对压力、避免面对当前不愉快的现实、在社交情境中使自己感到舒适些，或者为了体验不一样的意识状态。

在DSM-5中，物质相关障碍（substance-related disorder）被分成两组，一是物质使用障碍（物质依赖和物质滥用），二是物质诱发的障碍（如物质中毒、物质戒断、物质诱发的谵妄等）。

一、精神活性物质（psychoactive substances）

有一些物质会经由中枢神经系统影响个体的心理功能，称为精神活性物质，它们包括酒精、尼古丁、咖啡因、巴比妥酸盐、苯丙胺、海洛因及大麻等。其中一些物质具有医疗用途，也在精神疾病的治疗中被派上用场。但水能载舟，亦能覆舟，当它们被不当或过量使用时，就会造成个体身心状态的失衡。

精神活性药物基本上是一些化学物质，它们经由短暂改变意识状态而影响个体的心理和行为。一旦进入脑部，这些化学物质就能贴附在突触受体上，进而阻断或促发一些反应。通过这种方式，它们深刻地改变大脑的通信系统，从而影响知觉、记忆、心境及行为。

二、物质滥用与依赖（substance abuse and dependence）

物质滥用通常涉及过度使用某一物质，因而造成：有潜在危险性的行为，如在意识模糊的情况下驾驶；或尽管已引起社交、心理、工作或健康困扰，个人仍然继续使用。

物质依赖包括一些较为严重的物质使用障碍，通常涉及显著的生理需求，使个人需要增加物质的使用量，才能达到所想要的效果。物质依赖通常从两方面加以认定，一是个人出现对药物的耐药性，二是当不再摄入药物时产生戒断症状。

三、耐药性与戒断症状（tolerance and withdrawal symptoms）

随着个人持续服用特定药物，他将会产生耐药性，也就是需要更大的剂量才能达到同样的效果。生理依赖（physiological dependence）是指身体逐渐调适和依赖某一物质的过程，部分是因为该药物的频繁摄入，导致所对应的神经递质不足或枯竭。

耐药性和生理依赖造成的后果是药物成瘾（drug addiction）。当个人药物成瘾时，他随时需要有该药物在他的身体内，而当不再摄入该药物时，他将会受苦于戒断症状，如发抖、盗汗、反胃及四肢抽搐等。

最后，无论是否成瘾，当个人发现药物使用是如此令人想望而愉悦时，他会发展出对药物的渴望（craving），这种状况称为心理依赖（psychological dependence）。几乎任何药物都可能引起心理依赖。

药物依赖的结果是，个人的生活方式逐渐绕着药物使用打转，生活功能大为受限或缺损。此外，为了维持用药的习惯，所需花费相当惊人，这往往使得成瘾者走上抢劫、卖淫或贩毒之路。最初只是药物在小小突触上的化学作用，后来竟演变为严重的个人和社会问题。

物质相关及成瘾障碍涉及十大类药物，这些药物直接激活大脑的奖赏系统（reward system），使得正常活动受到忽略。此外，DSM-5 增添"赌博障碍"的分类，说明赌博行为类似于药物滥用，它所产生的一些行为症状堪比物质使用障碍。

物质相关及成瘾障碍
- 酒精相关障碍（alcohol-related disorders）
- 咖啡因相关障碍（caffeine-related disorders）
- 大麻相关障碍（cannabis-related disorders）
- 致幻剂相关障碍（hallucinogen-related disorders）
- 吸入剂相关障碍（inhalant-related disorders）
- 阿片类物质相关障碍（opioid-related disorders）
- 镇静剂、催眠药或抗焦虑药相关障碍（sedative-, hypnotic-, or anxiolytic-related disorders）
- 兴奋剂相关障碍（stimulant-related disorders）
- 烟草相关障碍（tobacco-related disorders）
- 其他（或未知）物质相关障碍 [other (or unknown) substance-related disorders]
- 赌博障碍（gambling disorder）——非物质相关障碍

➕ 知识补充站

物质相关障碍的一些名词解释

精神活性药物：指含有化学成分的药物，它们进入脑部后，将会影响个人的知觉、意识、心境及行为。

药物依赖：近年来，精神医学界较常使用"药物依赖"，以其替代"成瘾"。简单来说，它是指个人身心对继续服药产生一种强烈而不可抑制的欲望，可被划分为心理依赖和生理依赖两个层面。

耐药性：指个体在持续、长期服用某一药物后，将需要越来越大的剂量才能达到预期效果。耐药性起因于身体的生物化学变化，进而影响了身体对该药物的代谢率和排除率。

戒断症状：指个人对某一药物产生生理依赖后，当该药物被减量或撤除时，个人所经历的痛苦身体症状。

11-2　酒精相关障碍（一）

"我们举起酒杯互相祝福健康，却是损害了我们的身体。"酒精是最早被古代人类广泛使用的精神活性物质之一。在酒精的作用之下，有些人变得天真、喧哗、友善或健谈；有些人变得爱辱骂、凌虐而有暴力倾向；还有些人则变得沉默而意志消沉。在低剂量下，酒精使人放松下来，略微增进成年人的反应速度。但是，身体只能经由缓慢速率分解酒精。因此，短期内大量饮酒将会造成中枢神经系统的过度负荷。

一、酒精滥用与依赖的一些人口统计资料

因为过度使用酒精对个人（及其家人和朋友）带来的冲击，酒精滥用与依赖，在许多社会中是一个重大问题，也是最具破坏性的精神疾病之一。

以美国来说，18岁以上的人口中，50%的人会经常喝酒，只有21%是终生滴酒不沾者。过度酒精使用带来的不良效应不胜枚举。重度饮酒与一些现象有关，例如容易受伤、婚姻不睦，以及两性关系暴力。酒精依赖者的平均寿命比起一般人少了大约12年；他们有很高比例会发生器质损伤，包括脑部萎缩，特别是那些狂喝滥饮的人。

每年因为车祸而死亡的案件中，超过40%与酒精滥用有关。酒精滥用也与40%～50%的杀人案件有关，与40%的暴力伤害案件有关，以及与超过50%的强暴案件有关。

在过去，大部分问题饮酒者（problem drinkers）是男性，男性成为问题饮酒者的数量约为女性的5倍（依据1990年的资料）。但2010年的流行病学研究指出，男女间的差距已逐渐减小，这说明女性的饮酒文化正在发生转变。

二、酒精相关障碍的临床描述

关于酒精对脑部的生理效应研究，我们已获得不少成果。首先，如一句名谚所言，"酒精撩起了性欲，却降低了性表现"。其次，不少酒精滥用者也会发生记忆丧失（blackout），也就是当血液中的酒精浓度偏高时，尽管他们仍能进行合理的交谈或从事一般活动，但第二天却没留下记忆的痕迹。对重度酗酒者来说，即使中度饮酒也可能引起记忆丧失。最后，许多饮酒者在隔天会有宿醉（hangover）现象，也就是产生头痛、反胃及疲乏等症状，至今尚不知如何妥善矫治。

酒精对脑部的影响

在较低层面上，酒精活化大脑的"愉悦区域"，进而释放内啡肽。在较高层面上，酒精抑制"谷氨酸（glutamate）"（一种兴奋性神经递质）的功能，从而减缓脑部一些部位的活动。总之，在酒精作用下，个人判断力受损、自我控制力降低、运动显得不协调。但是，饮酒者会体验到一种温暖、奔放及幸福的感觉。在这样心情下，不愉快的现实被遮蔽起来，而饮酒者的自尊感和胜任感大为提升。

当血液中的酒精含量达到0.08%时，个人就被认为酒醉，已不适合开车。这时候的肌肉协调、说话及视力都已受损，而思维过程开始混淆。当血液酒精含量达到约0.5%时，整个神经平衡会受损，当事人失去知觉（昏迷）。个人失去意识（因此不再能继续饮酒）显然具有保护作用，因为血液酒精含量超过0.55%通常就具有致命性。

酒精使用障碍：个人出现不适应的酒精使用形态，导致临床上的重大苦恼或损害，表现在下列一些事项中。

诊断的标准：
- 当事人所饮用酒精的数量或时间已超过自己的意愿。
- 当事人持续想要戒除或控制酒精使用，却不成功。
- 当事人花费大量时间用于取得酒精（或从它的效应恢复过来）所必要的活动。
- 对饮用酒精有强烈的渴望。
- 反复的酒精使用，因而无法履行一些重要的生活义务。
- 尽管酒精已引起持续或反复的社会及人际困扰，仍然继续使用。
- 为了酒精使用，当事人放弃或减少重要的社交、工作或娱乐活动。
- 反复在危险的场合中饮酒（例如，开车）。
- 尽管知道酒精已引起一些持久的身体或心理问题，仍然继续使用。
- 当事人已产生耐药性。
- 当事人已出现戒断症状。

关于酒精的一些错误观念

误解	事实
酒精是一种兴奋剂	酒精既是兴奋剂，也是抑制剂
酒精有助于睡得较熟	酒精可能干扰深度睡眠
喝啤酒不太会酒醉	两罐（360mL）啤酒含有多于30mL的纯酒精
喝混酒较容易醉	决定酒醉的是血液中的酒精浓度
不像海洛因，酒精不太会成瘾	酒精具有强烈的成瘾性
喝几杯咖啡或茶就能"清醒过来"	咖啡或茶无助于抵消酒精的效应
只要"意志坚强"，不必担心会成为酒鬼	酒精的诱惑力可能打败"最坚强的意志"
运动或洗冷水澡有助于加速酒精的代谢	徒劳无益

11-3 酒精相关障碍（二）

习惯性酒精使用对身体的影响

我们所摄取的酒精中，5%～10%经由呼吸、排尿及流汗排出，其他则由身体加以吸收。酒精代谢的工作由肝脏执行，但长期的过度负荷可能为肝脏带来不能逆转的伤害。事实上，15%～30%的重度饮酒者会发生肝硬化。

酒精也是高热量的物质。因此，酒精摄取降低饮酒者的食欲。但因酒精不具有营养价值，过度饮用者可能发生营养不良，这无法通过服用维生素来改善。

酒精滥用与依赖对心理社会的影响

过度饮酒者经常也会受扰于长期疲乏、过敏及抑郁。最初酒精似乎提供了一处避风港，使个体免于面对不能忍受的现实，特别是在急性应激期间。但过度使用酒精最终会产生反效果，它会造成拙劣的推论、不良的判断及渐进的人格退化。当事人的举止显得粗鲁而不妥当，怠忽个人职守，个人外观失去自尊，忽视家庭和子女，以及普遍变得神经质、易怒而不愿意讨论自己的问题。

三、酒精滥用与依赖的生物起因

酒精成瘾的发展是一个复杂的过程，涉及许多因素，除了精神活性物质的生化特性外，遗传脆弱性和环境的助长作用也扮演一定角色。

遗传脆弱性

遗传因素也会在一定程度上引起酒精滥用。一项超过40年的追踪研究指出，将近1/3的酒精中毒者，至少双亲之一也有酒精困扰。

酒精滥用问题倾向于在家族中流传。研究已显示，酒精中毒者的子女有发展出酒精困扰的高风险。领养研究已发现，当酒精中毒者的子女在生活早期就被健全家庭所领养时，他们在二十多岁时，仍有偏高的风险发生酒精困扰——相较于非酒精中毒者的子女被健全家庭所领养。因此，亲生父母是否为酒精中毒者（而非是否被酒精中毒的父母所养育），这会影响子女成为酒精中毒者的风险。

环境的影响

虽然许多证据显示，遗传因素可能是酒精中毒的病因，但遗传本身不能解释所有酒精问题。社会环境仍被认为有强大影响力，像是在取得酒精的便利性上，以及在提供饮酒的动机上。在我们的社会中，几乎每个人都在某种程度上暴露于酒精，大部分是经由同伴压力、父母榜样和广告宣传。这种成长环境促进人们对酒精的初始使用和持续使用。

然而，研究也显示，精神活性药物含有内发的奖赏性质，药物激发脑部的愉快中枢，发展出自己的奖赏系统。

四、酒精滥用与依赖的心理起因

除了生理依赖，酒精滥用者也会发展出心理依赖，这是如何习得的呢？

父母辅导的失职

当父母是重度酒精或药物滥用者时，他们的子女自身也容易发展出物质滥用问题。显然，负面的榜样和不良的家庭功能，使得儿童在迈开人生步伐时举步维艰。在青少年时，父母的管教技巧和父母对子女动向的掌握是两个重要指标，可以预测青少年是否会加入物质滥用的人群。

精神活性药物的医疗用途

药物	医疗用途	生理依赖
• 致幻剂		
LSD	没有	不明
PCP	兽医用的麻醉剂	高度
大麻	化学治疗引起的反胃	中度
• 阿片类		
吗啡	止痛剂	高度
海洛因	没有	高度
• 镇静剂		
巴比妥酸盐	镇静剂、安眠药、抗痉挛剂	中度—高度
benzodiazepines	抗焦虑药、镇静剂、催眠药	低度—中度
GHB	昏睡症的治疗	不明
酒精	防腐剂	中度
• 兴奋剂		
苯丙胺	多动症、昏睡症、体重控制	高度
可卡因	局部麻醉剂	高度
尼古丁	供戒烟用的口香糖或贴片	低度—高度
咖啡因	体重控制、急性呼吸衰竭的兴奋剂	不明

> **➕ 知识补充站**
>
> **为什么亚洲人的酒精中毒发病率偏低**
>
> 研究已发现，一些种族（特别是亚洲人和美国原住民）对酒精有异常的生理反应，称为"酒精发红反应"（alcohol flush reaction）。这些人在饮酒后会出现过敏反应，包括皮肤泛红、血压下降、心悸及恶心。这种生理反应发生在半数亚洲人身上，起因于一种突变的酵素（酶），因而在代谢过程中不能分解肝脏中的酒精分子。虽然文化因素显然也扮演一定角色，但亚洲族群较低的酒精中毒发病率，可能与酒精发红反应引起的身体不适有关。

11-4 酒精相关障碍（三）

紧张缓解理论（tension-reduction）

一些研究指出，典型的酒精滥用者对自己的生活感到不满意，他们不能或不愿意忍受生活中的紧张和压力，这表示了酒徒喝酒是为了放松。根据这个观点，任何人只要发现酒精有助于降低紧张，就有滥用酒精的危险性，即使没有特别高压的生活环境。

社交效能的期待

另一些研究指出，认知期待可能在饮酒行为的启动和维持上起一定作用。许多人（特别是青少年）期待酒精使用将会降低紧张和焦虑，以及提升性欲望和生活愉悦。根据这个相互影响（reciprocal-influence）模式，青少年开始饮酒是因为期待酒精将会增加他们的受欢迎程度，进而被同伴所接纳。

五、社会文化的因素

在西方文明中，酒精使用是社交生活中很普遍的成分。许多社交活动是以饮酒为号召，甚至在一般餐饮中，酒精也是必备饮料之一，这就难怪法国拥有全世界最高的酒精中毒发病率，达到总人口的15%左右。

对照之下，因为宗教的戒律，伊斯兰教徒和摩门教徒被禁止饮酒。因此，这些人群中的酒精中毒发病率极低。总之，除了生物和心理的因素，社会文化因素（如宗教约束和社会习俗）会影响酒精滥用与依赖的发病率。

六、酒精相关障碍的治疗

（一）药物治疗

在急性中毒的个案中，初步焦点是放在解毒上，也就是排除体内的酒精物质，随后是处理戒断症状，最后则是身体复健的医疗措施——通常需要在医院中施行。

双硫仑（disulfiram，商品名称是Antabuse）可用来预防酒徒再度走上饮酒之路。它使得乙醛在血液中累积起来，从而导致各种不愉快的体验，如头晕、恶心、呕吐、盗汗及抽搐性头痛。但是，这种吓阻式治疗不能当作唯一的处置方式，它的价值仅在打断酒精滥用的循环，从而能在这期间迅速介入有效的心理治疗。

（二）心理治疗

除了个别的心理治疗，在酒精问题上，团体治疗、环境干预、行为治疗以及匿名戒酒会途径也被广泛使用。

1.团体治疗：团体治疗在许多临床问题上颇具效果，特别是对物质相关障碍。在团体的对质式交谈中，酒精滥用者经常被迫面对他们的问题，但这样的对质有助于他们看到应对自己处境的新可能性。在某些情况下，当事人的配偶甚至子女，也会被邀请加入团体治疗会谈。

2.环境干预：酒精滥用者经常疏远于家人和朋友，也经常失业或工作岌岌可危。因此，他们通常是孤单、不受谅解，也缺乏人际支持的。所以环境支援是很重要的成分。

3.行为治疗和认知—行为治疗：在行为治疗方面，厌恶条件作用（aversive conditioning）有时候被派上用场，它涉及安排一些有害的刺激（如电击或催吐剂）与酒精摄取配对呈现，以便抑制饮酒行为。

在认知—行为治疗方面，最常采用的是"技巧训练"，它建立在一些技术上，如教导关于酒精的特定知识、培养在一些情境中的应对技巧、矫正不当的认知和预期、学习压力管理技巧，以及提供生活技巧的训练。

匿名戒酒会提倡完全戒酒，而不是控制式饮酒。它接受有饮酒问题的青少年和成年人，完全免费、不保留纪录或个案史、不参加政治活动，以及不加入任何宗教派别。为了确保匿名性，会员只称名，不称姓。

✚ 知识补充站

匿名戒酒会（Alcoholics Anonymous，AA）

匿名戒酒会是治疗酒精中毒的一种自助团体（self-help groups），它最先是在1935年由Dr. Bob和Bill W.两位男子在俄亥俄州所创立。依据自身复原的经验，他们开始协助其他酒精中毒者。从那时起，AA在美国已成长至超过52000个团体。此外，加拿大有将近5000个AA团体，其他国家也有超过45000个团体。

AA的聚会，有一部分是致力于社交活动，但大部分还是用在讨论会员的酗酒问题，通常那些已不再饮酒的会员会亲身作证，对他们戒酒前后的生活做个对照。但应该指出的是，AA采用"酒精中毒者"的用语以指称两者，一是目前正过度饮酒的当事人，二是已不再饮酒、但必须继续戒酒的当事人。这也就是说，根据AA的理念，个人终生是酒精中毒者，无论他目前是否饮酒；个人从不曾"治愈"酒精中毒，而只是"处于复原中"。

为了解除个人责任的负荷，AA协助会员接受"酒精中毒是比他们自身更强大的力量"。今后，他们不必再视自己为意志薄弱或缺乏道德力量；而只要认为自己遭遇一种不幸，即他们不能喝酒。然后，经由相互援助和已度过危机的会员的安抚，许多酒精中毒者获得对自己问题的洞察力、崭新的决心、更高的自我强度，以及更有效的应对技术。当然，个人继续参加团体有助于预防饮酒的复发。

11-5 阿片及其衍生物

阿片（opiate）是由罂粟花未成熟果实的汁液提炼而成的药物，含有大约18种已知为生物碱的化学物质。阿片具有麻醉和止痛两种药理性，它的衍生物包括吗啡（morphine）、海洛因（heroin）及可待因（codeine，经常被用在咳嗽糖浆中）。

一、吗啡和海洛因的生理效应

海洛因最常经由吸食或静脉注射而被摄入体内，它的立即效应是一阵阵的欣快感，持续60秒左右，许多成瘾者将之比拟为性高潮。再接下来则是恍惚（飘飘然）的感受，成瘾者通常处于昏昏欲睡而退缩的状态，身体需求（包括对食物和性的需求）显著降低，放松而欣快（euphoria）的感受弥漫全身。这些效应持续4~6个小时，成瘾者随之进入负面阶段，产生对更多药物的渴望。

经过一段时间，使用者发现他们已在生理上依赖该药物；当不再服用时，他们感到全身不对劲。此外，使用者逐渐建立对该药物的耐药性，以至于逐渐需要更大剂量才能达到预期的效果。当阿片成瘾者不能在大约8小时内再注射一剂药物时，就会开始出现戒断症状。

戒除海洛因通常是极度折磨的经历，初期症状包括流鼻水、流眼泪、流汗、呼吸加速且坐立不安。随着时间推理，发冷和发热交替出现，伴随过度流汗、呕吐、腹泻、腹部绞痛、背部和四肢疼痛、重度头痛、显著颤抖及失眠。在这种剧烈身体不适的情况下，当事人拒绝食物和水分，经常造成脱水和体重减轻。当事人偶尔也会有谵妄、幻觉及躁动等症状。严重时，还可能发生心血管衰竭，造成死亡。

幸好，戒断症状通常在第三天或第四天会减退下来，然后到了第七天或第八天就消失了。随着症状退去，当事人恢复正常的饮食和饮水，体重也迅速恢复。在戒断症状平息后，原先的耐药性也降低；因此，如果再服用先前的高剂量，可能有过量服药的危险，即造成昏迷或死亡。

二、吗啡和海洛因的社会效应

随着海洛因成瘾，当事人的生活逐渐绕着"药物"打转，这经常导致社会上的不适应行为，当事人最终被迫说谎、偷窃、抢劫、卖淫及结交不良朋友，只为了维持药物的供应。

除了降低伦理和道德的约束外，个人的健康也会逐渐恶化，例如免疫系统受到破坏，或招致一些器官伤害。但不良健康状态和人格退化不一定是直接起因于药理的效应，反而通常是为了获得每天所需剂量，因此付出金钱、适当饮食、社会地位及自尊的代价。

三、生理成瘾的神经基础

研究已找出麻醉药物在脑部的受体位点（receptor sites），它们是一些特异的神经细胞表面蛋白，以供特定精神活性药物的嵌入，就像钥匙插入专属的锁孔。这种药物与脑细胞的互动，使得药物产生作用，进而导致成瘾。

人体的脑部，包括垂体也会制造一些阿片类的物质，称为内啡肽（endorphins），它们在身体受伤时，具有止痛作用。一些研究学者推断，内啡肽在药物成瘾上扮演一定角色，但至今还没有定论。

海洛因通常是经由吸食、皮下注射及静脉注射等方式被引进身体内部。它是一种危险而高度成瘾的物质。此外，使用未经消毒的设备也可能导致各种问题，包括肝炎引致的肝脏损害和AIDS病毒的感染。

✚ 知识补充站

海洛因成瘾的治疗

　　就如酒精中毒，阿片成瘾的初期治疗是在增进当事人的身体和心理功能，特别是提供援助以度过戒断时期。

　　但即使生理戒断已完成，当事人仍对海洛因有强烈渴求，这对于预后极为不利。为了处理对海洛因的生理渴求，新式治疗会采用美沙酮（methadone）再结合复健计划（咨询及团体治疗等）。美沙酮是一种合成麻醉剂，具有同等的生理成瘾特性，但是不会造成严重的心理损害，可在临床背景中作为海洛因的代用品。

　　另一种药物是丁丙诺啡（buprenorphine），它是海洛因的拮抗剂，可以引起跟海洛因使用有关的满足感受，但是不会造成生理依赖，停用时也不会有重大的戒断症状。就如美沙酮，如果丁丙诺啡随同行为治疗被提供的话，就能在维持戒除上发挥最佳效果。

11-6　可卡因和苯丙胺

阿片属于麻醉剂，它抑制（减缓）中枢神经系统（CNS）的作用。至于可卡因和苯丙胺则是兴奋剂，它们激发（加速）CNS的作用。

一、可卡因（cocaine）

可卡因是从古柯（coca）的叶子中提炼出的生物碱，当被吸食或注射后，它促发一种欣快状态，持续4~6小时，使用者感到精神昂扬、体力旺盛而充满信心。但药效退去后，个人会产生头痛、晕眩及焦躁不安等生理反应。当长期滥用可卡因，个人可能出现急性中毒的精神病症状，包括惊恐的视幻觉、听幻觉及触幻觉。

但不同于阿片，可卡因刺激大脑皮质，造成失眠和激动，而且加强性活动的感受。可卡因滥用也会产生耐药性和生理依赖。事实上，DSM-5描述了一种新的障碍，称为"可卡因戒断"，它包括心境恶劣、疲倦、失眠或嗜睡，以及不愉快梦境等症状。随着长期使用，许多人失去对性的兴趣，甚至产生性功能障碍。

二、可卡因滥用的治疗

可卡因滥用的治疗，大致上依循两条路线，一是通过药物治疗［如纳曲酮（naltrexone）］降低生理渴求，二是使用心理治疗以确保当事人将会遵从医嘱。研究已发现，较差的预后与几项因素有关：滥用的严重程度、不良的心理功能，同时也有酒精中毒问题。

三、苯丙胺（amphetamines）

苯丙胺在1927年被首度合成。在第二次世界大战期间，它普遍被士兵用来消除疲劳。在民间，它逐渐被夜间工作者、长途卡车司机、应付考试的学生，以及追求表现的运动员所广泛使用。

如今，苯丙胺有时候在医疗上被派上用场，像是抑制食欲以控制体重、治疗发作性睡病（narcolepsy），以及治疗多动儿童。令人好奇的是，苯丙胺对多动儿童具有镇静效果，而不是兴奋效果。然而，至今为止，苯丙胺最普遍的还是被年轻人当作娱乐使用，追求它所引起的快感。

苯丙胺绝不是额外心理能量或身体能量的神奇来源，它们只是更大量地消耗使用者自身的资源，使他们达到极为疲乏的地步。苯丙胺具有心理和生理的成瘾性，身体很快就建立起对它们的耐药性。当超过处方的剂量时，苯丙胺会造成血压升高、瞳孔放大、盗汗、颤抖、容易激动、失去食欲、混淆及失眠。长期滥用苯丙胺可能引起脑部损伤和一些心理障碍。自杀、杀人、伤害及各种暴力举动也经常与苯丙胺滥用有关。

四、苯丙胺滥用的治疗

虽然戒除苯丙胺通常是安全的，但仍需注意生理依赖的问题。在长期过量使用苯丙胺后，突然戒断可能导致腹部绞痛、恶心、腹泻甚至痉挛。此外，这经常也会造成疲倦及消沉的感受，在48~72小时中达到高峰，维持强度1~2天，然后在几天之中逐渐减轻。轻度的消沉和倦怠的感受，可能会持续几个星期甚至几个月。如果发生过脑损伤，当事人可能会有一些残余症状，像是专注力、学习能力及记忆力的受损。

经常涉及药物滥用的精神活性药物

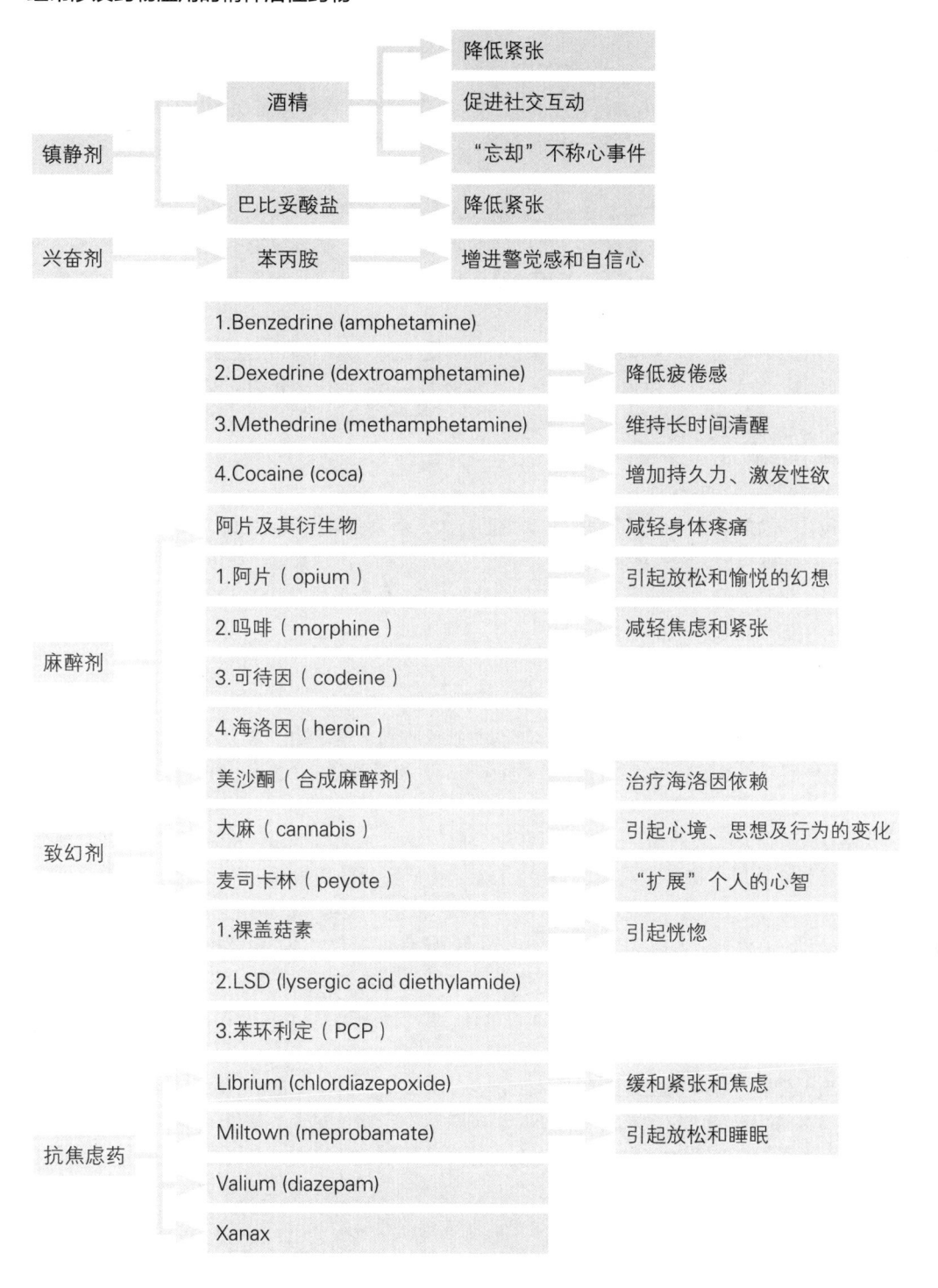

- 镇静剂
  - 酒精
    - 降低紧张
    - 促进社交互动
    - "忘却"不称心事件
  - 巴比妥酸盐 → 降低紧张
- 兴奋剂 → 苯丙胺 → 增进警觉感和自信心
  1. Benzedrine (amphetamine)
  2. Dexedrine (dextroamphetamine) → 降低疲倦感
  3. Methedrine (methamphetamine) → 维持长时间清醒
  4. Cocaine (coca) → 增加持久力、激发性欲
- 麻醉剂
  - 阿片及其衍生物 → 减轻身体疼痛
    1. 阿片（opium）→ 引起放松和愉悦的幻想
    2. 吗啡（morphine）→ 减轻焦虑和紧张
    3. 可待因（codeine）
    4. 海洛因（heroin）
  - 美沙酮（合成麻醉剂）→ 治疗海洛因依赖
- 致幻剂
  - 大麻（cannabis）→ 引起心境、思想及行为的变化
  - 麦司卡林（peyote）→ "扩展"个人的心智
  1. 裸盖菇素 → 引起恍惚
  2. LSD (lysergic acid diethylamide)
  3. 苯环利定（PCP）
- 抗焦虑药
  - Librium (chlordiazepoxide) → 缓和紧张和焦虑
  - Miltown (meprobamate) → 引起放松和睡眠
  - Valium (diazepam)
  - Xanax

11-7 巴比妥酸盐和致幻剂

一、巴比妥酸盐（barbiturates）的效应

巴比妥酸盐属于强效镇静剂（sedatives），在1930年代被研发出来。它们具有合法的医疗用途，也是颇为危险的药物，经常造成高度的生理和心理依赖，也与致命的过度剂量有关。

巴比妥酸盐一度被医生广泛使用，以使病人安静下来和引发睡眠。它们产生效果是因为减缓了CNS的作用（有点像酒精）。摄取后不久，当事人会感到放松，张力似乎消失了，再接着是身体和智能的倦息，昏昏欲睡而最终入眠。高剂量几乎立即引发睡眠，过度剂量则有致命性（因为造成脑部呼吸中枢的麻痹）。

除了生理和心理的依赖，过度使用巴比妥酸盐也会导致耐药性。它们也可能造成脑损伤和人格退化。但大部分产生依赖的是中年人和老年人，他们以之作为"安眠药"。有些人会合并使用巴比妥酸盐和酒精（或苯丙胺），以达成更恍惚的状态，但这经常会造成死亡，因为每一种药物都会激发另一种的效应。

二、巴比妥酸盐滥用的治疗

巴比妥酸盐的戒断症状较为危险、严重而持久，病人变得焦躁而忧虑，手部和脸部发生震颤。另一些症状包括失眠、虚弱、恶心、呕吐、腹部绞痛、心跳加速、血压升高及体重减轻。

对高剂量病人来说，戒断症状可能会持续长达1个月，但通常在第一个星期后就会减轻下来——经由逐渐施加较低的剂量。

三、致幻剂（hallucinogens）

一般认为，致幻剂会让人产生幻觉。但事实上，致幻剂不会"创造"感官表象，而是扭曲表象，使得个人以不一样和不寻常方式看到或听到一些事物。这个分类中的主要药物是LSD（麦角酸二乙基酰胺）、麦司卡林（mescaline）和裸盖菇素（psilocybin）。

（一）LSD

LSD是最强力的致幻剂，它是一种化学合成的物质，无臭、无色及无味，只需不到一粒盐的剂量就能造成中毒。大约在1950年，LSD因为研究目的而被引入美国，但迄今尚未被证实具有医疗用途。如今，它基本上只是作为一种"消遣"药物，但也暗含许多心理危险性。

在摄取LSD后，个人通常会经历大约8小时的感官知觉变化、心情摇摆不定，以及失去自我感和现实感。LSD的体验不一定是愉快的，它可能颇具创伤性。扭曲的物体和声音、错乱的颜色及不寻常的思想可能带来心理威胁。在一些个案中，当事人进入"不良旅程"（bad trips），他们会自焚或跳楼。

（二）麦司卡林和裸盖菇素

麦司卡林衍自仙人掌顶端的一种小型、圆盘状的产物（龙舌兰花蕾）。裸盖菇素则取自一种墨西哥蘑菇。这两种药物都具有改变心智和导致幻觉的特性。它们的主要效应是使得当事人转入"不寻常现实"的领域。但如同LSD，没有证据显示它们能够"扩展意识"（expand consciousness）或创造新观念，它们主要是改变或扭曲经验。

巴比妥酸盐属于镇静剂，DSM-5中列有"镇静剂、催眠药或抗焦虑药中毒"的分类。

诊断标准

1. 最近服用过镇静剂、催眠药或抗焦虑药。
2. 服用镇静剂、催眠药或抗焦虑药后很快会产生临床上显著的不适应行为或心理变化，如不适当的性行为或攻击行为、心情易变及判断力减损。
3. 服药后不久出现下列一些症状：

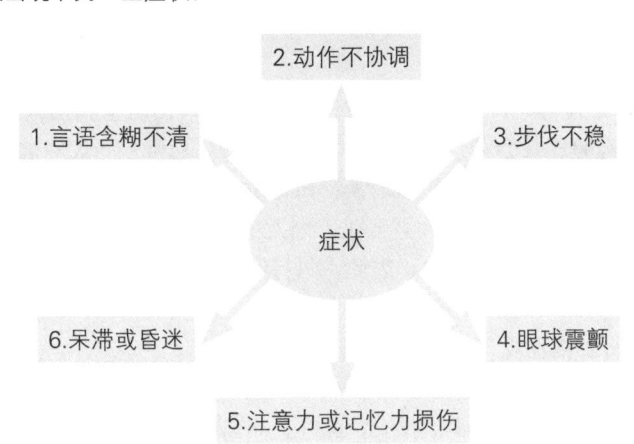

- 1. 言语含糊不清
- 2. 动作不协调
- 3. 步伐不稳
- 4. 眼球震颤
- 5. 注意力或记忆力损伤
- 6. 呆滞或昏迷

➕ 知识补充站

迷幻药（Ecstasy）

迷幻药（或MDMA）既是致幻剂，也是兴奋剂，它在夜店和派对中深受年轻人的欢迎（即俗称的摇头丸）。MDMA最初是在1914年由制药公司默克（Merck）取得专利权，打算作为减肥药。但鉴于它的不良副作用，该公司最后决定不推入市场。至今它的医疗用途仍未受到支持，但它已被视为"危险"药物，列为一级管制药物，只能通过非法渠道取得。

迷幻药在化学上类似甲基苯丙胺（methamphetamine），也类似致幻剂麦司卡林，它产生的效果则类似另一些兴奋剂的作用。在服用大约20分钟后，当事人会体验到一种快感（rush），继而是平静、有活力及幸福的感受。迷幻药的效果可以持续几个小时，当事人经常也报告出现强烈色彩和声音的经验，以及轻度的幻觉。MDMA是一种会成瘾的物质，虽然不如可卡因那般强烈。长期使用经常伴随一些不良后果，如恶心、盗汗、牙关紧闭、肌肉抽搐、视力模糊及幻觉。

11-8 大麻

　　大麻（marijuana）是从大麻植物的绿叶和开花顶部提取出来，这种植物生长在世界各地的温暖气候中。虽然大麻可被视为一种轻致幻剂，但是它的效应在性质、强度及持续时间上都显著不同于另一些药物的作用，像是LSD、麦司卡林及其他重致幻剂。

　　大麻在古代就被人类所使用，例如，它被列在《神农本草经》中，那是两千多年前的著述。但是，大麻使用在如今已是平常的事情，它是现今最常被使用的非法药物。随着美国几个州对其加以合法化，大麻使用在未来将会增加——虽然根据美国司法规章，它仍然是非法的。

一、大麻的效应

　　大麻的效应有很大差异，视许多因素而定，像是药物的质量和剂量、使用者的个性和心境、过去用药的经验、社会背景，以及使用者的期待。通常，当大麻被吸入后，当事人会产生一种轻度的欣快感，随后是幸福感增强、知觉敏度提升，个人舒适地放松下来，经常伴随飘浮或浮动的感觉。随着感官输入被强化，个人的内部时钟（internal clock）似乎也受到影响，也就是时间感觉被延伸或扭曲。因此，只持续几秒的事件可能被认为持续了很长的时间。此外，许多人报告，性活动的愉快体验大为增强。当被吸入后，大麻很快就被吸收，它的效应在几秒到几分钟内涌现，但很少持续超过2~3小时。

　　但大麻也可能导致不愉快体验。例如，如果个人正处于不快乐、生气、猜疑或惊吓的心境下，吸食大麻可能使得这些感受被扩大。此外，当高剂量使用时，大麻也可能引起强烈的焦虑和忧虑，以及导致妄想、幻觉及其他精神病似的症状。

　　大麻的短期生理效应包括心跳适度加快、反应变慢、瞳孔轻微缩小、眼睛充血而发痒、口干舌燥，以及食欲增进。再者，大麻引起记忆功能不良和信息处理缓慢。长期的高剂量服用，倾向于导致个人懒洋洋、无精打采及消极被动。长期而重度使用大麻，也会降低自我的控制力。

二、大麻滥用的治疗

　　大麻经常被拿来比拟海洛因，但这两种药物无论在耐药性还是生理依赖上都有很大差别。大麻的生理依赖性尚不确定，间歇使用不太会产生戒断症状。然而，大麻会导致心理依赖，当个人焦虑或紧张时，他可能会感受到对药物的强烈渴求。事实上，许多大麻使用者在戒除时会产生一些戒断似的症状，如神经质、紧张、睡眠困扰及食欲变动。

　　在处理大麻依赖上，药物治疗一般派不上用场。然而，近期研究采用丁螺环酮（buspirone），发现它的效果稍微优于安慰剂。

　　心理疗法在减少大麻使用上有良好的效果（特别是针对成年人），主要是采取复发预防（relapse prevention）和支持团体（support group）的途径。

DSM-5列有"大麻中毒"（cannabis intoxication）

诊断标准

1. 最近使用过大麻。
2. 使用大麻后很快会产生临床上显著的不适应行为或心理变化，如动作协调损害、欣快感、焦虑、感觉时间变慢、判断力受损及社交退缩。
3. 使用大麻后出现下列一些症状：

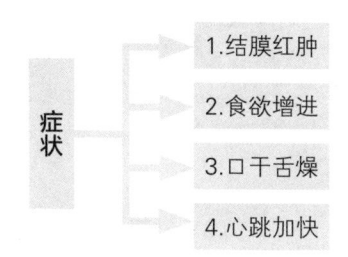

症状：
1. 结膜红肿
2. 食欲增进
3. 口干舌燥
4. 心跳加快

物质使用与物质滥用只在一线之间，个人稍有不慎就可能越线。精神活性药物改变脑部化学作用，导致生理或心理的成瘾。成瘾是一种疾病或性格缺陷吗？

✚ 知识补充站

大麻的医疗用途

虽然根据1970年的《受控物质法案》，大麻被列为美国第一级管制药物，而美国食品药品监督管理局也强烈反对大麻的合法化，但各界势力正在扩宽大麻的使用和便利性。近年来，大麻已被分发给一些有特殊医疗状况的患者，如癌症、AIDS、青光眼、多发性硬化症、偏头痛及癫痫，以便减轻患者的疼痛或反胃。许多拥护者指出，就如同参加其他形式的药物治疗，大麻也具有医疗用途，而且不会对治疗结果有不利影响。大麻不会治愈任何疾病，它只是减轻疼痛。

但因为大麻的不良效应，许多人担忧它可能会充当"入门药物"，使得个人进一步使用更具成瘾性和更为危险的非法物质。此外，大麻的医疗用途往往只是一个幌子，它的方便取得已在许多非医疗用途上造成重大社会问题。大麻是否应该被视为合法的药物治疗？这方面的争议还会延续下去。

11-9　咖啡因和尼古丁

DSM-5包含另两种物质成瘾，但这两种物质可被合法取得，也被广泛使用。因为这样的习惯极为顽固，它们造成了许多重大身心困扰。

一、咖啡因（caffeine）

咖啡因的化学成分在我们日常使用的许多饮料和食物中都可发现，如咖啡、茶、可乐及巧克力。虽然咖啡因摄取在当代社会中已是社交惯例，但过度摄取仍会造成困扰。咖啡因的负面效应涉及中毒，而不是戒断。不像酒精或尼古丁成瘾，戒断咖啡因不会产生严重症状，除了轻度头痛外。

如DSM-5所描述，咖啡因相关障碍包括一些症状，像是心神不定、神经质、激动、失眠、肌肉抽搐及胃肠不适。至于怎样数量的咖啡因才会造成中毒，显然因人而异。

二、尼古丁（nicotine）

尼古丁是一种生物碱，它是烟草中主要的活性成分。烟草使用在一般人口中是一个重大问题。美国12岁以上的人中，估计有七千万人使用某种形式的烟草，大约占该人口的28.4%。然而，估计仍有63%的女性和53%的男性不曾吸烟。

尼古丁依赖几乎总是开始于青少年期，然后延续到成年变成一种难以戒除而危害健康的习惯。

近期的研究指出，尼古丁成瘾可能是由大脑邻近颞部的一个部位所控制，称为脑岛（insula）。当中风患者的这个部位受到损伤时，他们报告对香烟的渴求也消失了。这说明脑岛可能是吸烟成瘾的重要中枢。

如同DSM-5所界定的，在个人已发展出对尼古丁的生理依赖后，如果停止或减少含有尼古丁的摄取，个人将会出现"烟草戒断"（tobacco withdrawal），它的诊断标准如右页所列。这些戒断症状通常延续几天到几个星期，视尼古丁成瘾程度而定。有些人报告在戒烟的几个月后，仍对尼古丁抱持渴望。

三、尼古丁戒断的治疗

过去40年来，许多治疗方案已被开发出来以协助瘾君子戒烟。这些方案采取许多不同方法，包括：社会支持团体；各种药物媒介，以渐进方式取代吸烟行为，如戒烟用的糖果、口香糖或贴剂；自我导向的转变，提供当事人在改变自己行为上所需的指导；专业的治疗，如行为治疗或认知—行为治疗。当然，有些人单纯依靠意志力加以抵抗。

鉴于吸烟对健康的危害，卫生机构经常采取一些措施来降低吸烟率，像是限制销售对象、限定吸烟地点及提高香烟价格等，但通常效果不彰。因为许多因素（视觉、嗅觉、生理及社交等）都会诱发对香烟的需求，许多瘾君子发现戒瘾是一条漫长之路。

一般而言，戒烟计划平均只有20%～25%的成功率，特别是复发率偏高。最近，使用安非他酮（bupropion，如Zyban）药物以预防复发似乎有良好效果。但是一旦停药的话，复发率就又近似于另一些治疗。无论如何，最高的戒烟率还是发生在一些住院病人身上，癌症患者的成功率是63%，心血管疾病患者是57%，肺部疾病患者是46%。显然，瘾君子最终还是在重大疾病面前低头了。

咖啡因和尼古丁属于兴奋剂，虽然它们不会造成广泛的自我破坏问题，但仍然会让社会付出重大的医疗成本。这是基于几个原因：

咖啡因和尼古丁的一些特性

- 因为大部分人从生活早期就暴露于这些药物中，也因为它们被广泛使用，所以它们容易被滥用及导致成瘾。
- 这些药物几乎唾手可得，再由于同伴压力，青少年很难避免使用它们。
- 这些药物具有成瘾特性，使用它们会诱发进一步使用，终至成为日常生活中的必需品。
- 因为这些药物的成瘾性，也因为它们如此深植于社会脉络中，一般很难戒除。
- 大部分人试图"杜绝习惯"时，发现戒断症状相当棘手，经常产生很大的挫折感。

DSM-5列有"烟草戒断"

诊断标准

1. 每天使用尼古丁，为期至少几个星期。
2. 突然停止或减少尼古丁摄取后，个人出现下列一些症状：

戒断症状

1. 渴求尼古丁
2. 躁动易怒、挫折或生气
3. 焦虑、失眠
4. 难以集中注意力
5. 心神不宁，坐立不安
6. 心跳减慢
7. 食欲增加或体重上升

11-10　赌博障碍

不是所有成瘾障碍都涉及使用含有化学成分的物质，许多人对一些活动成瘾，这种情况可能跟重度酒瘾一样会威胁生命，也跟药物滥用一样会对心理和社会带来损害。

一、赌博障碍（gambling disorder）的症状描述

虽然病态赌博（pathological gambling）不涉及化学成瘾物质，但因为它作为核心的人格因素，仍被视为一种成瘾障碍。就像物质滥用障碍，病态赌博所涉行为由短期获益所维持，但长期下来破坏了个人的生活。它也被称为强迫（compulsive）赌博，是一种渐进性的障碍，导致个人持续或不时地失去对赌博的控制、沉迷于从赌博获得金钱，以及尽管产生不良后果仍然继续赌博。

据估计，病态赌徒占成年人口总数的1%～2%，男性和女性的发病率大致相等，但酒精滥用者显然有偏高的风险。

二、赌博障碍的一些特性

病态赌博似乎是一种习得的行为模式，极不容易被消除。有些研究指出，戒除赌博的难易与赌博行为的持续期间和发生频率有关。然而，许多人成为病态赌徒，是因他们在首次赌博时就赢得了一大笔钱——概率本身就能解释有一定比例的人会有这种"新手的好运"。个人在这个初步阶段所获得的强化，可能是后来病态赌博的一个重要因素。因为每个人都会偶尔赢钱，间歇强化（intermittent reinforcement，操作条件反射中最强力的强化程序）的原理可以解释病态赌徒尽管输了很多钱，却仍会继续赌博的现象。

为了投注，病态赌徒经常花光储蓄、疏忽家人、拖欠账单，以及向亲朋好友借钱。最后，他们往往挪用公款、开空头支票或诉诸其他不法手段以获得金钱。他们是倾向于叛逆而不愿依循传统的一群人，似乎不完全理解社会的道德规范。他们承认知道自己客观上赢面不大，但他们觉得这些概率不适用于他们。他们经常有不可动摇的感觉："今晚，我将会大显身手。"他们通常也犯了蒙地卡罗谬误（Monte Carlo fallacy），也就是在连输了好几次后，总认为这一次就轮到自己翻本了。当别人指出赌博有违公序良俗时，他们认为自己是采取"精算的风险"来建立有利可图的事业。因此，他们常因别人的不了解而感到孤单或愤恨。

后来的研究也描述了病态赌徒是不成熟、叛逆、寻求刺激、迷信，甚至是反社会和强迫性的。病态赌博经常跟一些障碍连同发生，特别是酒精滥用、可卡因依赖和冲动控制障碍。

三、赌博障碍的起因

病态赌博呈现出冲动行为，它的起因相当复杂。有些研究指出，早期创伤可能促成了强迫赌博的发展。虽然学习无疑在人格因素的发展上扮演着重要角色，但近期研究显示，脑部涉及动机、奖赏及决策的一些机制，可能影响了人格基本的冲动性。在青少年期，脑部所发生的一些重要神经发育事件与动机、冲动行为有关。近期研究也指出，遗传因素可能在发展出病态赌博习惯上扮演部分角色。

DSM-5新增"赌博障碍"的分类

诊断标准

1. 持续而反复的不当赌博行为,导致临床上显著苦恼或损伤,表明在下列一些事项中。
2. 赌博行为不能适当解释为由躁狂发作所引起。

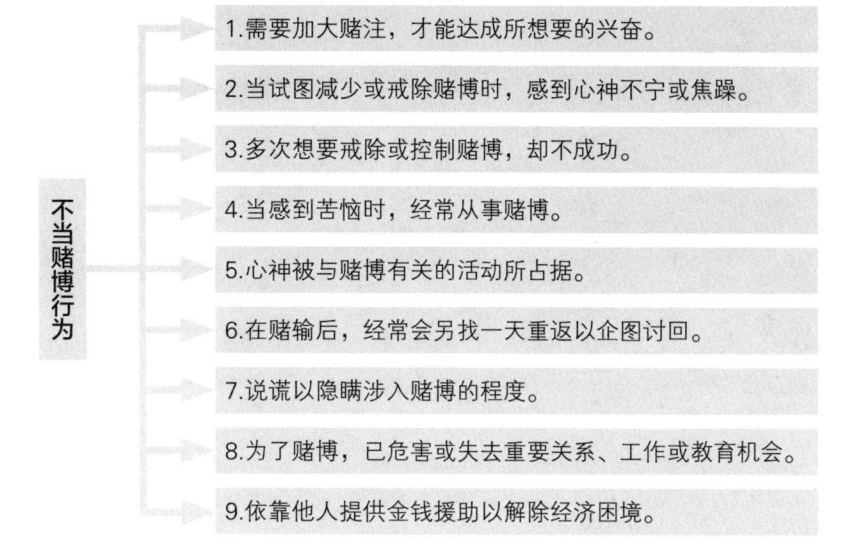

不当赌博行为:

1. 需要加大赌注,才能达成所想要的兴奋。
2. 当试图减少或戒除赌博时,感到心神不宁或焦躁。
3. 多次想要戒除或控制赌博,却不成功。
4. 当感到苦恼时,经常从事赌博。
5. 心神被与赌博有关的活动所占据。
6. 在赌输后,经常会另找一天重返以企图讨回。
7. 说谎以隐瞒涉入赌博的程度。
8. 为了赌博,已危害或失去重要关系、工作或教育机会。
9. 依靠他人提供金钱援助以解除经济困境。

✚ 知识补充站

赌博障碍的治疗

病态赌徒的治疗类似于另一些成瘾症的治疗。最广泛的治疗途径是认知—行为治疗,尽管退出率相当高,但完成治疗的人会显现实质的改善,86%的参与者在一年的追踪期后,被认为"不再是"病态赌徒。然而,近期研究指出该疗法有很高的复发率。

有些病态赌徒求助于匿名戒赌会(Gambler's Anonymous,GA)。这个组织是以匿名戒酒会(AA)为模板,经由团体讨论形式分享彼此的经验,以便控制他们的赌博行为。GA团体已在美国较大城市纷纷成立,但它的效果还不是很显著。

在治疗病态赌博上,较为正面的结果出现在针对家庭关系问题而采取对策的治疗中。随着赌博法令的放宽和网络赌博的兴起,病态赌博的案例将会实质上增加。鉴于病态赌徒极为抗拒治疗,开发更有效的预防和治疗方案,实为当务之急。

第十二章
性欲倒错、性虐待与性功能失调

- 12-1　同性恋
- 12-2　性欲倒错障碍（一）
- 12-3　性欲倒错障碍（二）
- 12-4　性欲倒错障碍（三）
- 12-5　性别烦躁
- 12-6　性功能失调概论
- 12-7　男性的性功能失调
- 12-8　女性的性功能失调

12-1　同性恋

同性恋不是一种性偏差（sexual variant），但它有助于我们认识一些性观念的演变。个人建立起性认同（sexual identity）的任务之一是发觉自己的性取向（sexual orientation），也就是个人对同性或异性性伴侣的偏好。性取向存在于一个连续频谱上，但社会通常把人描述为主要是异性恋取向、同性恋取向或双性恋取向。

根据对从美国、法国或英国谨慎挑选的大型样本所进行的调查，成年人同性恋行为的发生率在2%~6%，纯粹男同性恋的发生率是2.4%，纯粹女同性恋则不到1%。这些数值准确吗？只要同性恋行为仍受到社会烙印或污名化，我们就不可能取得完全准确的估计值。

一、同性恋的遗传因素

一些研究显示，尽管承受了被要求采取传统性别角色的压力，但许多男女同性恋者在他们还年幼时，就表达了强烈的跨性别兴趣（参考右页表）。尽管如此，许多男女同性恋者在童年时，仍有典型的性别行为。

在双胞胎研究方面，同卵双胞胎比起异卵双胞胎在性取向上有显著较高的一致性（参考右页表），这指出性取向可能部分是由遗传决定的。脑部造影研究（采用MRI和PET）指出，异性恋男性和同性恋女性拥有不对称的脑部，即大脑的右半球稍微大些。至于异性恋女性和同性恋男性两者则拥有对称的大脑半球。

二、同性恋者的心理特质

颇为不同于社会刻板印象把男同性恋者（gay）视为女性化的人，而把女同性恋者（lesbian）视为男性化的人，男女同性恋者就跟异性恋者一样，他们拥有同样广泛的各种心理特质和社交属性。即使是专业的心理学家，也无从辨别同性恋被试与异性恋被试在心理测验结果上有什么差别。

三、同性恋的环境因素

怎样的环境因素会促使个人的同性恋倾向表现出来？我们至今仍不清楚。传统的精神分析指出，男同性恋是源于拥有一位跋扈母亲和一位软弱的父亲，但这并未得到太多证据的支持。还有些人主张，同性恋者是受到较年长者的引诱，而采取同性恋的生活方式，这同样未获得证据的支持。

另一种颇有前景的假设是，产前的激素会产生重要影响。例如，男性化的女性比起一般女性，较可能采取同性恋或双性恋的取向，这说明产前高浓度的雄性激素可能至少使得某些女性倾向于成为同性恋。

在一项大规模的调查中，同性恋者被问及他们是在什么年龄开始察觉自己的性取向的。男同性恋者报告的平均年龄是9.6岁，女同性恋者是10.9岁。男性报告在14.9岁时发生同一性别的性接触，女性则是16.7岁。这说明许多人早在青春期之前就认定了自己的性取向。

一般人会问，是什么造成了同性恋取向？但他们其实也可以这样问，是什么造成异性恋取向？当我们知道如何解释异性恋时，我们大概也就会清楚同性恋是如何发生的。

儿童期的符合性别和不符合性别的行为

问题	比例
1.当还是儿童时，你喜欢男孩的活动（像是棒球或足球）吗？	
男同性恋者—32%	女同性恋者—85%
男异性恋者—89%	女异性恋者—57%
2.当还是儿童时，你喜欢女孩的活动（像是跳房子或扮家家酒）吗？	
男同性恋者—46%	女同性恋者—33%
男异性恋者—12%	女异性恋者—82%
3.当还是儿童时，你是否穿过异性的服饰而装扮成异性？	
男同性恋者—32%	女同性恋者—49%
男异性恋者—10%	女异性恋者—7%

同性恋的双胞胎研究。这些数据说明，遗传会影响同性恋倾向，但远低于百分之百的一致率，因此环境影响力也在发挥作用。

研究问题	同卵双胞胎（%）	异卵双胞胎（%）
如果男性双胞胎中有一位是同性恋者或双性恋者，那么另一位也是如此百分比：	52	22
如果女性双胞胎中有一位是同性恋者或双性恋者，那么另一位也是如此百分比：	48	16

> **➕ 知识补充站**
>
> **关于同性恋观点的变迁**
>
> 如果你阅读1970年之前关于同性恋的医学和心理学文献，你会发现同性恋人士被视为精神病患。但这还算是宽容，更早的观点是视同性恋人士为罪犯，需要被下狱监禁。
>
> 20世纪50年代左右，"视同性恋为心理疾病"的观点开始受到挑战。金赛博士发现，同性恋行为远比先前认为的更为普遍。1960年代见证了激进同性恋解放运动的兴起，同性恋人士不再容忍被视为次等公民对待。
>
> 到了20世纪70年代，许多精神科医师和心理学家（他们自身也是同性恋）在心理卫生行业内发声，要求将同性恋从DSM-Ⅱ（1968）中除名。经过两年激烈的争辩后，美国精神医学会（APA）在1974年举行会员投票，最后以5854票对3810票，把同性恋排除于DSM-Ⅱ之外。如今，同性恋已不被视为心理疾病，它只是个人一种正常的性取向（sexual orientation），或一种另类的生活风格。

12-2 性欲倒错障碍（一）

当人们有性欲倒错（paraphilias）时，他们呈现重复而强烈的性激起的幻想、冲动或行为，通常涉及：无生命的物体、自己或自己伴侣的痛苦、羞辱或儿童或其他未表同意的人。

这里需要注意的是：首先，有些性欲倒错（特别是恋童障碍）被广泛认为是病态，即使当事人没有感受到苦恼。其次，有些性欲倒错（如恋物障碍）可能兼具健康和愉快的心理。因此，DSM-5在性欲倒错与性欲倒错障碍（paraphilic disorder）间做出区分。性欲倒错是指不寻常的性兴趣，但不必然造成对当事人或他人的伤害。只有当这些兴趣引起伤害时，它们才成为性欲倒错障碍。

虽然许多正常人在生活中也会有一些轻微的性欲倒错，但性欲倒错者的特色是坚持性和排他性，也就是他的性欲集中于所涉举动或物体上，否则通常不易达到性高潮。

至今缺乏关于各种性欲倒错的患病率的资料，显然是因为人们通常不愿意透露这样的偏差行为。DSM-5检定出八种性欲倒错障碍，我们在以下稍加介绍。

一、恋物障碍（fetishistic disorder）

在恋物障碍中，当事人使用一些无生命物件或通常不具色情内涵的身体部位（如脚踝）以达到性满足。恋物障碍者所爱恋的物件，包括耳朵、头发、手臂、鞋子及香水等。当事人使用这些物件的模式有很大差异，但通常涉及在亲吻、抚摸、品尝或嗅闻物件的同时从事手淫。在正常情况下，恋物障碍不会干扰他人。

许多男性会对女性随身物件产生强烈的性着迷（像是胸罩、束腰带、裤袜及高跟鞋），但是大部分并不符合恋物障碍的诊断标准，因为随身物件不是他们性兴奋所必要或强烈偏好之物。但这说明了"恋物似的偏好"在男性中有很高的发病率。恋物障碍经常发生在"性被虐—性施虐"活动的背景中，但很少见于性侵犯者。

为了获得所需的物件，恋物障碍者可能从事偷窃甚至暴力伤害活动。他们最常偷取的物件是女性内衣裤。在这种情况下，犯罪举动的兴奋和悬疑本身就构成了性刺激，所偷取的物件本身已不具重要性。

恋物障碍很少发生在女性身上。关于它的起因，许多学者强调经典条件反射和社会学习的重要性。显然，女性内衣裤经由它与性和女性肉体的亲近关系而产生情欲色彩。

二、易装障碍（transvestic disorder）

根据DSM-5，当异性恋男子经由男扮女装（cross-dressing）以获得性兴奋或性满足时，就可能被诊断为易装障碍。虽然一些同性恋男子偶尔会男扮女装，但他们这样做通常不是为了性愉悦，因此不能算是易装障碍。

易装障碍通常初发于青少年期，它涉及在穿戴女性服饰或内衣裤的同时从事手淫。研究者指出，这类男性经由想象自己是女性而达成性兴奋，他们并非被外界的女性所吸引，而是被自己内在的女性所吸引。就像恋物障碍，易装障碍不会公然对他人造成伤害，除非伴随非法举动，像是盗窃或破坏财物。

在DSM-5中，性欲倒错障碍包含八个分类，为了达成诊断，这样的性欲倒错（呈现在幻想、冲动或行为上）必须引起当事人临床上的显著苦恼，或造成在社交、工作或其他重要领域功能的受损。

性欲倒错障碍
- **1. 窥阴障碍（voyeuristic disorder）**
  实际偷窥不知情者的裸体、脱衣，或情侣正在从事的性活动

- **2. 露阴障碍（exhibitionistic disorder）**
  涉及在陌生人面前暴露自己的生殖器

- **3. 摩擦障碍（frotteuristic disorder）**
  在未经同意下，通过碰触或摩擦另一个人的身体而激起性唤起

- **4. 性受虐障碍（sexual masochism disorder）**
  采取一些实际作为，通过使自己受到羞辱、殴打或绑缚而激起性唤起

- **5. 性施虐障碍（sexual sadism disorder）**
  采取实际行动，施加心理或身体的痛苦于另一人以获得性唤起

- **6. 恋童障碍（pedophilic disorder）**
  涉及跟青春期前的儿童进行性活动

- **7. 恋物障碍（fetishistic disorder）**
  使用无生命的物体或高度特定地关注非生殖器的身体部位以获得性满足

- **8. 易装障碍（transvestic disorder）**
  借由跨性别装扮以获得性满足

12-3　性欲倒错障碍（二）

一项研究对一千多位经常男扮女装的男子进行调查，发现绝大多数（87%）是异性恋者，83%有过婚姻，而60%在调查时仍然维持婚姻。许多人设法保持自己扮装的秘密，但通常会被妻子发现。有些妻子表示接纳，有些则极度困扰。

三、窥阴障碍（voyeuristic disorder）

当个人经由偷看不知情者的裸体，或偷看情侣从事性活动以达到自己性满足时，就可能被诊断为窥阴障碍（为期6个月以上）。这样的人主要是年轻男性，他们在偷窥的同时经常会从事手淫。窥阴障碍或许是最常见的非法性活动。

这种行为模式是如何发展出来的？首先，对异性恋男子来说，观看诱人的女体本来就具有性刺激性。其次，性活动传统上总是笼罩着隐私性和神秘感，这更增添人们对它的好奇心。再次，如果男子拥有这样的好奇心，但又对于他与异性的关系感到害羞和不胜任的话，窥视提供了替代途径，不但满足了他的好奇心，也在某种程度上满足了他的性需求，还能避免实际接近女性可能发生的伤害。最后，窥视活动往往也提供了补偿性的权力感，就像是在暗中支配不知情的受害人。

如今，关于色情电影和杂志的法律极为宽容，它们已消除了性行为的大部分神秘感，也为窥视者提供了性满足的替代来源。然而，我们仍不清楚它们的实际影响，因为从来没有这方面较为全面的流行病学资料被提出。

虽然窥视者可能在行为上变得鲁莽，从而被发现或甚至被逮捕，但除此之外，他们一般而言不会有其他严重的犯罪行为或反社会行为。事实上，许多人或许拥有一些窥视的倾向，但因为现实考量或道德态度（尊重他人的隐私权）而压抑下来。

四、露阴障碍（exhibitionistic disorder）

当个人有反复而强烈的性冲动、幻想或行为，在不适当环境中和未征得别人（通常是陌生人）同意下，对他人暴露自己的生殖器，就可能被诊断为露阴障碍。暴露可能发生在僻静的地方，如公园；或发生在较为公开的场所，如教堂、戏院或公交车上。有些暴露狂（flasher）会开车接近学校或公交车站，在汽车中暴露下体，然后迅速离开。这类案件典型的受害人是陌生的年轻或中年女性，虽然儿童和青少年也可能被锁定为目标。

露阴障碍通常初发于青少年期或成年早期，它经常跟窥阴障碍一同发生。据估计，高达20%的女性曾是暴露狂或窥阴障碍的侵害对象。在一些案例上，暴露下体会伴随暗示性的姿势或手淫，但通常只有暴露而已。极少数的暴露狂会有攻击行动，或甚至有强制的性犯罪。尽管很少有侵害行为，但暴露本身已造成受害人的情绪烦乱，因此，暴露狂经常因妨害风化而被起诉。

五、摩擦障碍（frotteuristic disorder）

个人在未经同意下，碰触或摩擦另一个人的身体，借以达到性兴奋，就可能被诊断为摩擦障碍。当然，在双方同意的情况下，摩擦在性活动中可能是一件愉快的事情，它只有发生在不当的时空背景中才可能被诊断。

男子的暴露行为经常造成观看对象的情绪苦恼。这种举动具有侵犯的性质，它很明显地违反了公序良俗。

> ✚ **知识补充站**
>
> **性欲倒错障碍的起因**
>
> 　　有几个事实可能在性欲倒错障碍的发展上相当重要。首先，几乎所有性欲倒错障碍的患者都是男性。其次，性欲倒错障碍通常初发于青春期。再次，性欲倒错障碍患者经常拥有强烈的性驱力（sex drive），有些人经常一天手淫好几次。最后，性欲倒错障碍患者经常出现一种以上的性欲倒错。
>
> 　　研究者指出，男性易于发生性欲倒错，这与他们较为依赖视觉的性意象（visual sexual image）有密切关联。这表示男性的性激发在较大程度上依赖物理的刺激特性；女性的性激发则较为依赖情绪，如情侣间的依恋。假使如此，男性就较易与无关性欲的刺激（如女性的腿部或高跟鞋）形成性方面的联结，而这最可能发生在进入青春期，青少年的性驱力高涨时。这些联结的发生是由于经典条件反射和操作性条件反射的作用，也是由于社会学习的作用。当观看与性欲倒错相关的刺激时（例如，模特穿内衣的图片），或当发生对性欲倒错相关刺激的幻想时，男孩可能手淫，性高潮具有强化作用，使得男孩产生条件反射，因而产生对性倒错刺激的强烈偏好。

12-4 性欲倒错障碍（三）

对于需要搭乘拥挤的公交车或地铁上下班的女性乘客来说，她们经常是摩擦举动的受害者。有些人推断，摩擦障碍者有偏高的风险会从事更严重的性侵犯，但至今没有证据支持这个观点。

六、性施虐障碍（sexual sadism disorder）

当个人有重复而强烈的性方面的幻想、冲动或行为，涉及对另一个人施加心理或身体的痛苦，以达成自己的性兴奋时，就可能被诊断为性施虐障碍。施虐幻想的主题通常包括支配、控制及羞辱。事实上，许多情侣会从事轻度的施虐和被虐，作为性爱前奏的一部分。因此，我们有必要辨别两者，一是偶尔对施虐—被虐行为的兴趣，二是性倒错的施虐。调查已经发现，5%~15%的男女会偶尔享受自愿的施虐或被虐活动。

施虐者所采取的手段相当多样化，从捆绑、鞭打、拳打脚踢、咬伤，到割伤或烧伤。至于强度也相当多变，从幻想到重度伤残，甚至杀害。在某些个案中，施虐活动最终导致实际的性关系；在其他个案中，单从施虐仪式本身就能获得充分的性满足。

七、性受虐障碍（sexual masochism disorder）

根据DSM-5，性受虐障碍的诊断标准为，个人必须重复出现强烈的性方面的幻想、冲动或行为，内容涉及自己被羞辱、被殴打、被捆绑或其他会导致痛苦的举动。

在双方同意的施虐—被虐关系中，它涉及一位支配、施虐的"主人"和一位顺从、被虐的"奴隶"，这无论在异性恋还是同性恋关系中都不算少见。但这样的被虐者通常不愿意跟真正的性施虐者合作，他们会设定自己愿意受到伤害或羞辱的程度。性受虐障碍的发病率显然高于性施虐障碍，而在男性和女性身上发生的概率没有差异。

有一种特别危险的受虐形式，称为自体窒息式性爱（autoerotic asphyxia），涉及自我勒颈而达到缺氧的地步。虽然一些小说家推测，限制血液流到脑部将会增强性高潮，但没有证据支持这个观点。窒息式性爱也可能发生在两个人之间的施虐—被虐活动中。

八、恋童障碍（pedophilic disorder）

根据DSM-5，当成年人对于跟青春期前儿童的性活动有重复、强烈的性冲动或幻想时，就可能被诊断为恋童障碍。"儿童"一般来说是指年龄为13岁或以下者。虽然有些人建议，应该以身体成熟度对"儿童"的范围加以界定。

恋童障碍经常涉及抚摸或玩弄儿童的生殖器，至于插入肛门或阴道的性行为则极为少见。几乎所有恋童障碍者都是男性，而大约2/3的受害人是女孩，通常是8~11岁。大部分恋童障碍者偏好女孩，但每4人中，即有1位偏好男孩。

从动机上来看，许多恋童障碍者显得害羞而内向，但仍然渴望能支配或掌握另一个人。有些人也会理想化儿童期的一些特性，如天真、无条件的爱或单纯。恋童障碍通常起始于青少年期，然后持续个人一生。许多人从事跟儿童或少年有关的工作，以便他们有广泛的机会接近儿童。相较于成年的强暴犯，恋童障碍者更为可能在儿童时受过性虐待或身体虐待，虽然还不清楚这一关联的意义。

DSM-5中也列有"其他特定的性欲倒错障碍"，它包括一些极为少见的性欲倒错障碍，用来传达一些特殊状况。

```
                        恋尸障碍
                      （necrophilia）

    猥亵电话                                    恋兽障碍
（telephone scatologia）                      （zoophilia）

                    其他特定的性欲
    嗜粪障碍           倒错障碍              灌肠障碍
 （coprophilia）                          （klismaphilia）

       恋尿障碍                    恋截肢障碍
      （urophilia）              （apotemnophilia）
```

+ 知识补充站

性欲倒错障碍的治疗

过去三四十年来，关于性欲倒错障碍的治疗已有显著进展，但是主要问题是，大部分患者不会因自己的行为而寻求治疗，只有在被逮捕及入狱后才会接受治疗。因此，他们愿意改变的动机通常是渴望被假释，不是单纯地渴望改变自己的行为。

性欲倒错障碍的治疗涉及几个途径，首先是厌恶疗法，也就是性倒错刺激（如青春期前女孩的裸体图片）与厌恶事件（如被迫吸入恶臭的气味或在手臂上施加电击）被配对呈现，以使恋童障碍患者对诱惑性刺激产生厌恶反应。

其次，社交技巧训练经常被派上用场，以协助性欲倒错障碍患者学会如何较适宜地与女性进行互动。

最后，有些患者被提供认知重建（cognitive restructuring）。例如，露阴障碍患者经常对责任做错误的认定："她一直看着我，好像她期待这些事情发生"；贬抑受害人："再怎么说，她只是一个妓女"；以及轻视行为的后果："我没有碰触她，这怎么能说是伤害"。因此，认知重建有助于排除这些认知扭曲。

12-5 性别烦躁

在DSM-5中，原先的"性别认同障碍"（gender identity disorder）被改名为"性别烦躁"（gender dysphoria），以表明中立的立场。性别烦躁也较为符合维度的取向（不安的程度可能各不相同），而且在同一个人身上可能起伏不定。它可在两个不同生活阶段被诊断，即儿童性别烦躁，以及青少年和成人性别烦躁。

一、儿童性别烦躁（gender dysphoria in children）的症状描述

性别烦躁的男孩明显执迷于传统上女性的活动。他们偏好女性化的穿着打扮，强烈偏好女孩们的活动，如玩洋娃娃和扮家家酒。他们通常避开粗鲁打斗的游戏，表达自己渴望成为女孩。这样的男孩经常被同伴称为"娘娘腔"（sissy）而受到排挤。

性别烦躁的女孩不愿意父母为她们做传统女性的装扮，她们偏好男孩的服饰和短发。她们对洋娃娃不太感兴趣，倒是对运动较有兴趣。虽然单纯的"野丫头"（tomboy）经常也拥有这样的特质，但性别烦躁女孩的不同之处是，她们渴望成为男孩，或渴望长大后成为男人。这样的女孩受到她们同伴较良好的对待（相较于性别烦躁的男孩），因为女孩的跨性别行为较能被容忍。

二、儿童性别烦躁的一些特性

在临床背景中，性别烦躁男孩的数量远多于女孩，其比例约为5∶1。这可能反映出父母较为关注男孩的女性化行为（相较于女孩的男性化行为）。

当性别烦躁的男孩成年后，常发展为同性恋，而不是易性症（transsexualism）。在一项前瞻性研究中，44位极为女性化的男孩接受了调查，只有1位在18岁时寻求进行变性手术。大约3/4成为同性恋或双性恋男子，而且对自己的生理性别感到满意。另一项前瞻性研究以性别烦躁女孩（3~12岁）为对象，发现抵达成年早期时（平均23岁），她们中有32%怀有同性恋或双性恋的幻想，而24%有同性恋或双性恋的行为。

三、性别烦躁是一种精神疾病吗

考虑到许多这样的儿童通常在成年期有良好适应，那么他们身为儿童时是否应该被视为精神障碍患者呢？有些人主张，这种儿童不应被视为"失调"，因为他们感到不适的主要来源是社会，即社会不能容忍他们的跨性别行为。但还有些人主张，这些儿童对于自己生理性别与心理性别之间的差距感到苦恼和不快，足以被诊断精神障碍。此外，这些儿童经常受到他们同伴的不良对待，也跟他们父母有紧张的关系，即使他们的跨性别行为没有伤害任何人。

社会文化因素方面，在南太平洋的萨摩亚群岛，极为女性化的男性不会受到社会烙印，它不是一种耻辱或污点。这种男子被认为是第三性（third gender），既不是男性，也不是女性。男孩的女性化行为通常被他们家庭和文化所接受。成年后，这些人在性方面被其他男性吸引，通常跟异性恋男子发生性关系。他们普遍不记得儿童期不顺从性别的行为曾经引起过自己的苦恼。因此，有些人坚持，儿童期性别烦躁不应该出现在DSM-5中。

为了理论上中立，DSM-Ⅳ的性别认同障碍在DSM-5中改称为性别烦躁。

诊断标准

1. 个人所表现的性别与生理性别间显著不协调，如下列一些症状所表明的。
2. 这些状况引起当事人临床上的显著苦恼，或造成在社交、学业或其他重要领域功能的受损。

症状：

1. 强烈渴望成为异性，或坚持自己就是异性。
2. 强烈偏好异性的穿着打扮。
3. 当游戏时，强烈偏好异性的角色。
4. 强烈偏好刻板观念上属于异性的玩具或活动。
5. 强烈偏好异性的玩伴。
6. 强烈拒绝典型属于自己生理性别的玩具或活动。
7. 强烈厌恶自己性方面的身体构造。
8. 强烈渴望拥有异性的主性征和次性征。

+ 知识补充站

性别烦躁的治疗

对于性别烦躁的儿童和青少年来说，他们通常由父母带来接受心理治疗。治疗师一般从两方面着手，一是处理儿童对自己生理性别的不适，二是减缓儿童与父母以及与同伴间的紧张关系。

在改善同伴关系和亲子关系方面，治疗师试着教导这类儿童如何减少跨性别行为，特别是在可能引起人际困扰的情境中。性别烦躁典型是以心理动力学的方式处理，也就是检视个人的内心冲突。幸好，大部分性别烦躁的儿童不会成为性别烦躁的成人。他们的困扰通常在儿童期会缓解。

12-6 性功能失调概论

性功能失调（sexual dysfunctions）涉及两方面事情，一是对性满足的欲望（desire）有所缺损，二是达成性满足的能力（ability）有所缺损。当然，这样的缺损在程度上有很大差异。但无论伴侣中哪一方发生性功能失调，都会对双方的性享受产生不利影响。在一些个案中，性功能失调主要是心理或人际因素所引起的。在另一些个案中，身体是主要原因，包括服药产生的副作用。最后，性功能失调发生在异性恋伴侣和同性恋伴侣两者身上。

一、性反应周期（sexual response cycle）

根据Masters和Johnson的观察，人类的性反应可被划分为四个阶段：

1.欲望期（desire phase）：包括对性活动的各式幻想，或渴望发生性活动。

2.兴奋期和高原期（excitement and plateau phase）：它的特色是主观的愉悦感，伴随一些生理变化，包括男性的阴茎勃起，女性的阴道润滑和阴蒂膨胀。在接下来的高原期中，个人达到极高的激发水平；心跳、呼吸和血压快速升高；腺体的分泌量大增；全身随意肌和不随意肌的张力增强。它的持续期可从几分钟到超过1小时。

3.高潮期（orgasm phase）：男女两性感受一种非常强烈的快感，这种欢愉感是源自从性紧张状态中骤然解放出来。它的特征是性器官发生一种有节奏的收缩，在男性身上，这称为射精（ejaculation），即精液的一种"爆发"状态。在女性身上，高潮可能有两种来源，一是来自对阴蒂的有效刺激，二是对阴道壁的有效刺激。

4.消退期（resolution phase）：身体逐渐回复正常状态，血压和心跳也缓和下来。在一次性高潮后，大多数男性进入一种不反应期（refractory period），男性的阴茎在这期间不能充分勃起，因此不可能发生另一次高潮，持续时间可能从几分钟到几小时。但只要有持续的刺激，有些女性能够在很短时间内连续经历几次性高潮。

根据DSM-5，性功能失调可能发生在前三个阶段的任一阶段。

二、性功能失调的患病率

性功能失调的患病率是多少？关于这个敏感话题，我们不易施行大规模的研究。尽管如此，美国的一项调查发现，性困扰相当普遍，43%的女性和31%的男性报告在前一年中发生过至少一种性困扰。对女性来说，性困扰的发病率随着年龄而递减；但男性却随着年龄而递增。已婚男女和较高教育水平的人有较低的发病率。

具体来说，女性最常报告的困扰为性兴趣/唤起障碍（22%）和性高潮障碍（14%）。对男性来说，最常报告的困扰是早泄（21%）、勃起障碍（5%）及性欲低下（5%）。这表示有相当高比例的人在其生活的一些时候曾发生性功能失调。近期一项研究以29个国家的人为对象，虽然各国的患病率存在一些差异，但所得结果的相似之处远大于不同之处。东亚和东南亚国家所报告的性困扰发生率稍高。

人类性反应的阶段

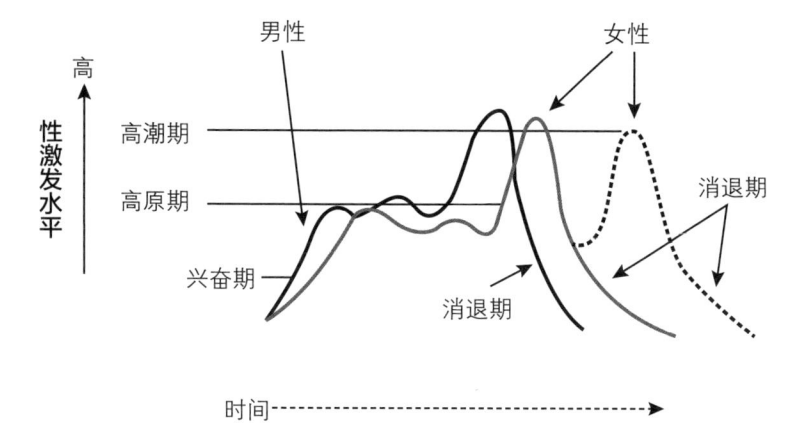

许多性骚扰事件是源自有所抵触的性剧本。

✚ 知识补充站

约会强暴（date rape）

性剧本（sexual scripts）是指个人从社会所习得的性方面应对进退的脚本，它也包括对性伴侣的期待。但是当这些剧本未被认可，不经讨论，或失去同步化时，经常在男女间制造纷争。

关于约会强暴的研究显示，男女的性剧本在关于象征性抵抗（token resistance）的发生率上，存在重大落差。象征性抵抗是指女性基于矜持心理，会适度抗拒进一步的性要求，尽管她们原先就打算同意。极少女性（大约5%）报告自己会采取象征性抵抗，但大约60%的男性表示，他们遇到过（至少一次）象征性抵抗。

这可能是许多约会强暴的起因。有些男性相信象征性抵抗是性游戏的一部分；女性这么做是避免自己被视为随便且滥交，因此不必理会她们的抗议。男性绝对有必要认识到，女性事实上报告自己很少玩这种游戏，她们的抵抗是真实的，"不要"就是"不要"。

12-7　男性的性功能失调

一、男性性欲低下障碍

当个人对性活动的幻想和欲望持续地不足或缺乏，且为期至少6个月时，就可能被诊断为性欲低下障碍（hypoactive sexual desire disorder）。在做出这项诊断时，临床人员也应评估当事人困扰的进程（终身型或后天型）和可能的起因（广泛性或情境性）。

在美国的一项大型调查中，相较于最年轻的年龄组（18～29岁），最年长的年龄组（50～59岁）发生性欲低下的比例，约为前者的3倍高。性欲低下有一些指标因素，包括每日饮酒、应激、未婚及差劲的体能。

如果当事人的睾酮（睾丸所分泌的一种雄性激素）水平明显偏低，睾酮注射有一定效果。但对其他男性来说，心理因素在性欲低下上，则居较重要地位（相较于激素），心理治疗似乎较为有效。

二、勃起障碍（erectile disorder）

当个人不能达成或维持适当勃起以完成整个性活动时，这在以往称为阳痿（impotence，或性无能），现在则称为勃起障碍。终身型勃起障碍极为少见，但所有年龄的大部分男性，都偶尔发生过一些勃起不足（未达所需的硬度）的经验。根据一项调查，大约7%的18～19岁男性和18%的50～59岁男性报告过有勃起障碍。

（一）心理因素

有些学者指出，勃起功能障碍主要是对于性表现的焦虑造成的。另有学者指出，关键是在于认知分心（cognitive distractions），即个人对于自己性表现的负面思想分散其注意力，这些负面思想，如"我将无法充分勃起"或"她将会认为我不能胜任"。个人太专注于负面思想，因此妨碍了性唤起。

（二）生理因素

在服用一些抗抑郁药后（特别是SSRIs），高达90%的男性会有勃起困扰，而这是患者不愿继续服药的主要原因之一。此外，勃起困扰也是老化（aging）常见的结果。一项大型研究发现，在57～85岁的年龄组中，37%报告有明显的勃起困难，而且随着年龄递增。然而，完全而持久的勃起障碍在60岁之前相当少见。有些男女在八九十岁时，仍能享受性交活动。

为什么老年人容易有勃起障碍？最常见的起因是血管疾病，它造成阴茎的血流量减少，或阴茎留存血液的能力降低。因此，动脉硬化、高血压及糖尿病等容易造成血管病变的疾病，经常也会导致勃起障碍。吸烟、肥胖及酒精滥用等生活风格因素，同样也会引起勃起困扰。

（三）治疗

各种疗法已被派上用场，通常是在认知—行为治疗已失败后。它们包括：促进勃起的药物，像是Viagra、Levitra和Cialis；注射平滑肌松弛剂至阴茎勃起室中（海绵体）；安装真空唧筒。

1998年，革命性的药品西地那非（万艾可）[及随后的他达拉非（希爱力）]被引进全世界市场，引起大量注意。万艾可的作用是使得氧化氮（阴茎勃起的主要神经递质）更充分供应。万艾可属于口服剂型，在性活动前至少30～60分钟服用。但不同于一些传言，万艾可不会增进性欲，也不会促成自发的勃起；只有当个人存在一些性欲望时，它才会促进勃起。

根据DSM-5，男性的性功能失调可被划分为四类：

类型	定义
性欲低下障碍	对性活动的幻想和欲望持续地不足或缺乏。所谓的不足是由临床人员判定的，在考虑当事人的年龄和生活背景等情况下。
勃起障碍	不能达成或维持适当勃起以完成整个性活动，或勃起硬度显著减退。
早泄（early ejaculation）	在跟伴侣的性活动中，在插入阴道后的大约1分钟内，或在个人希望的时机之前，就发生射精行为。
延迟射精（delayed ejaculation）	在跟伴侣的性活动中，个人出现显著的射精拖延，或显著的极少射精或没有射精。

+ 知识补充站

早泄（early ejaculation）

早泄是指在极低性刺激下，个人就发生高潮和射精。它可能发生在阴茎插入之前、之际或不久后（1分钟内），而且早于个人希望的时机。早泄经常造成伴侣无法达到满足，也引起当事人的极度困窘。当发生这种困扰时，男性通常会尝试降低自己的性兴奋，像是通过避免刺激、自我分心（self-distracting），以及心理上采取"旁观者"的角色。

在早泄的界定上，有必要考虑年龄因素，一般所谓年轻人是"快枪侠"（quick trigger），这是有一定道理的。实际上，大约半数年轻人抱怨有过早泄情况（正式的诊断需要持续至少6个月）。当然，早泄最可能发生在长期禁欲之后。

关于早泄，DSM-5界定三种严重程度，它们是：轻度，插入阴道后30秒到1分钟射精；中度，插入阴道后15~30秒射精；重度，性行为之前或才刚开始，或插入阴道后15秒内射精。

在治疗方面，早泄被认为是心理作用引起的，可以采用行为治疗加以矫治，如"暂停和紧握"（pause-and-squeeze）的技术。它需要个人在性活动中监视自己的性兴奋情况。当发现兴奋足够强烈，而即将可能射精时，个人就暂停下来，然后握紧自己阴茎的顶部一阵子，直到即将射精的感觉消退。这样的程序可在性交过程中重复多次，直至个人感到满意。

当行为治疗不能奏效时，一些阻挡血清素回收的抗抑郁药可被派上用场，它们已被发现能够显著延长早泄男性的射精潜伏期。

12-8 女性的性功能失调

一、女性性兴趣／唤起障碍（female sexual interest / arousal disorder）

研究已显示，当女性的性欲望低下时，她们倾向于在性活动中也出现低度的性兴奋，反之亦然。因此，在DSM-5中，它把原先的"性欲望低下"和"性兴奋障碍"结合为"女性性兴趣／唤起障碍"。此外，DSM-Ⅳ原列有"性厌恶障碍"，它在DSM-5中已被排除。

（一）症状描述

当然，人们对于性活动频率的偏好有很大变动。因此，何谓"性欲望低下"？主要是由临床人员在考虑各种影响性功能的因素后判定的。当发生抑郁障碍或焦虑障碍时，许多人感到性欲望低下。此外，生理因素也扮演一定角色。例如，男女双方的性欲望都部分地取决于睾酮。因此，性欲望困扰随着年龄递增，部分可归因于睾酮水平的降低。

但心理因素被认为扮演更重要的角色，包括对双方关系的不满意、日常的困扰和烦恼、意见不合和冲突，以及气氛不佳等。

女性的性兴奋障碍原先被称为性冷淡（frigidity），多少带有轻蔑之意，它对应于男性的勃起障碍（也称为性无能）。它主要的身体症状是在性刺激期间，女性的外阴部和阴道无法产生特有的膨胀和润滑。这种状况使得性交相当不舒服，也不可能发生高潮。

性兴奋障碍可能有多方面原因，包括：早期的性创伤；对于性的"邪恶面"发生扭曲的社会化历程；不喜欢当前伴侣的性表现；不能配合伴侣的性活动剧本。至于生物起因方面，它可能包括：为了焦虑和抑郁而服用SSRIs；发生一些医学疾病（如脊髓损伤、癌症治疗、糖尿病等）；雌性激素水平的降低（发生在停经期间和之后）。

（二）治疗

虽然自远古以来，人类就致力于寻求各式药物以增进性欲望，但至今还没找到有效的春药（aphrodisiacs）。此外，关于性欲望低下，至今也没有已建立地位的心理治疗。治疗师通常把重点放在教育、沟通训练、认知重建及性幻想训练上。

在性兴奋障碍的治疗上，所采用的技术通常类似于增进性欲望所使用的技术。阴道润滑剂被广泛使用，它能有效地掩饰及处置这种障碍的症状。但润滑剂本身不能增进生殖器的血流量。Viagra、Levitra及Cialis也被派上用场，但它们的效果远不如在男性身上。与男性不同，女性的性欲望和性兴奋，很可能更为取决于对双方关系的满意及心情。

二、生殖器-盆腔痛／插入障碍（genito-pelvic pain / penetration disorder）

（一）症状描述

DSM-Ⅳ原列有"阴道痉挛"（vaginismus）和"性交痛"（dyspareunia），它们现在都被收编在这个分类中。在这种障碍中，当阴道插入时，个人的外阴阴道或盆腔会发生疼痛或肌肉紧缩，伴随明显的恐惧或焦虑。

这种障碍较是器质性的，而较不是心因性的。至于器质性因素的一些实例，包括：阴道或内部生殖器官的急性或慢性的感染及发炎；随着老化而发生的阴道萎缩；阴道撕裂留下的伤疤；性兴奋不足。

（二）治疗

认知—行为的治疗在某些个案上有良好效果。它运用的技术包括：教导性知识；鉴定及修正不适应的认知；逐步的阴道扩张练习；渐进的肌肉放松。这些方法普遍地具有成效。

根据DSM-5，女性的性功能失调可被划分为三类：

类型	定义
性兴趣／兴奋障碍	对性活动和性幻想失去兴趣；不主动邀约，也对伴侣的邀约不感兴趣；在性活动中，失去激动和愉悦的感受；对任何内在或外在的色情暗示失去兴趣及兴奋。
女性性高潮障碍	性高潮显著的延迟或缺乏；性高潮感受的强度显著降低。
生殖器–盆腔痛／插入障碍	在阴道性交时，显著的外阴阴道或盆腔疼痛；在阴道插入之前、之际或之后，对可能发生的外阴阴道或盆腔疼痛感到显著恐惧或焦虑；在试图阴道插入时，盆底肌肉显著地绷紧和紧缩。

性功能失调可能发生在性反应周期的欲望期、兴奋期或高潮期。

> **+ 知识补充站**
>
> **女性性高潮障碍**（female orgasmic disorder）
>
> 　　女性性高潮障碍的诊断相当复杂，这是因为它涉及一些因素：高潮的主观性质有广泛差异；即使同一位女性，也会随不同时间而变动；性刺激的样式也扮演一定角色。
>
> 　　根据DSM-5，如果女性在正常的性兴奋期之后，却出现性高潮的延迟或缺乏，就可能被诊断为性高潮障碍。在这些女性中，如果没有对阴蒂做一些补充刺激，许多女性在性交期间照例无法产生高潮；但因这种情况相当普遍，它通常不被视为功能障碍。对少数女性来说，只有经由对阴蒂施加直接的机械刺激（如强力的手指或嘴巴的抚弄，或使用电动按摩器），她们才能达到高潮。更少数女性则在任何已知刺激情况下都无法产生高潮，这被称为终身型（life long type）性高潮障碍。
>
> 　　研究已发现，这种障碍在21～24岁的年龄层有最高的发病率，然后就减退下来。其他研究则估计，大约每3或4位女性中，就有1位报告在过去1年中曾发生过显著的高潮困难。
>
> 　　有时候，没有高潮的女性会假装达到高潮，以使她的伴侣感到完全胜任。但女性伪装越久，她就越可能感到混淆及挫折；此外，她可能对她的伴侣感到愤慨，因为对方如此不敏感于她的真实感受及需求，这接下来只会增加她的性困扰。

第十三章
精神分裂症谱系及其他精神病性障碍

- 13-1 精神分裂症(一)
- 13-2 精神分裂症(二)
- 13-3 精神分裂症的风险和起因(一)
- 13-4 精神分裂症的风险和起因(二)
- 13-5 精神分裂症的风险和起因(三)
- 13-6 精神分裂症的治疗

13-1 精神分裂症（一）

精神分裂症（schizophrenia）是一种严重的精神障碍。患者的人格失去统合，思维和知觉发生扭曲，而且情绪极为平淡。但精神分裂症的真正标志是"失去与现实的接触"，被称为精神病（psychosis）。我们一般所谓的"疯子""精神错乱"或"神经病"，指的正是精神分裂症。

从DSM-Ⅲ-R到DSM-Ⅳ，"schizophrenia"的中文都译为"精神分裂症"。

一、患病率和初发年龄

在个人一生中，发展出精神分裂症的风险大约是0.7%。这表示每140位今天出生的人中，当活到至少55岁时，就有1位将会发展出精神分裂症。当然，这只是平均的一生风险，并不表示每个人患病风险都同等。

绝大多数的精神分裂症个案起始于青少年后期和成年早期，它初发的高峰期是18~30岁。虽然偶尔也见于儿童，但这很少见。此外，中年之后才初发也不是典型情况。

男性和女性在这种疾病上的比值是1.4∶1。这表示每3位男性发展出精神分裂症的话，只有2位女性如此。此外，男性也倾向于发生较严重形式的精神分裂症。

二、精神分裂症的临床症状

妄想（delusion）。妄想是指个人坚定抱持错误信念，尽管它很明显地不符合事实。这样的人坚信一些事情，但社会中的其他人却斥之为无稽之谈。因此，妄想涉及的是思想"内容"（content）的障碍。许多人也怀有一些妄想，但不一定有精神分裂症。然而，妄想在精神分裂症中是常见现象，发生在超过90%的患者身上。这些妄想包括：患者相信自己是不平凡人物；相信别人都在说自己坏话；或相信别人都想要迫害他等。有时候，妄想不仅是一些孤立的信念，它们也会被编织成一套复杂的妄想系统。

幻觉（hallucination）。幻觉是指在缺乏任何外界刺激的情况下所产生的知觉经验。它不同于错觉（illusion），错觉是指对实际上存在的刺激产生错误知觉；错觉不是心理异常，它是正常现象。在精神分裂症中，幻觉可能发生在任何感官通道，但最常发生的是听幻觉。根据一项跨国的调查，75%患者报告有听幻觉；39%报告有视幻觉；至于嗅幻觉、触幻觉和味幻觉则较为少见，只有1%~7%。

患者往往会把幻觉纳入他们的妄想中，在某些个案中，患者甚至奉行他们的幻觉，依照声音的指示实际作为。当患者认为自己社会地位低下时，他们倾向于把该声音知觉为有权势的人物，并据以采取行动。

混乱的言语和行为。妄想反映的是思想"内容"的失常，至于混乱的言语（disorganized speech），反映的则是思想"形式"（form）的失常。患者不能清楚说明自己的意思，尽管他们的谈话似乎符合语义和语法的规则。许多学者把这种情形称为联想"脱轨"、联想"松散"或联想"不连贯"。这经常使聆听者一头雾水，摸不着头绪。

在DSM-5中，精神分裂症的诊断标准极为类似于ICD（"国际疾病分类"，在欧洲和世界其他地区被使用的诊断系统）。它需要至少出现下列5项症状中的2项：

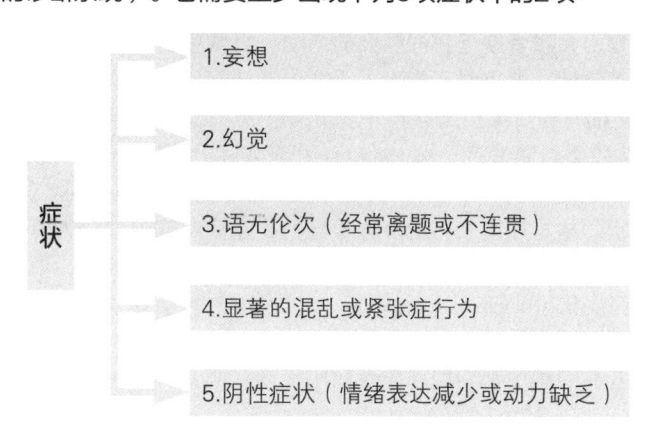

症状
1. 妄想
2. 幻觉
3. 语无伦次（经常离题或不连贯）
4. 显著的混乱或紧张症行为
5. 阴性症状（情绪表达减少或动力缺乏）

在精神分裂症中，"妄想"是指患者抱持的不实或不合理的信念，尽管面对明显的反面证据，患者依然坚信不疑。

常见的一些类型的妄想
1. 思想广播：个人认为自己的思想正被任意地广播给他人知道。
2. 思想插入：个人认为自己的思想好像不属于自己，而是被一些外界作用力插入自己头脑中。
3. 思想消除：个人认为自己的思想已被一些外界作用力所掠夺。
4. 思想监控：个人认为自己的思想、情感或行动正受到外界作用力的监视及控制。
5. 关联妄想：一些中性的环境事件被认为与个人具有特殊的关系，例如，电视节目主持人的谈话都是冲着自己而来的。

13-2 精神分裂症（二）

在混乱的行为方面，患者缺乏目标导向的活动，日常生活功能受到损害，包括工作、人际关系及自我照顾等领域。严重时，当事人不能维持最起码的个人卫生、极度忽视自己的安全，或做出一些荒诞的打扮（大热天穿着外套及围巾）。

更为显著的行为障碍是紧张症（catatonia），患者实际上缺乏任何动作及言语，处于茫然的状态。在另一些时候，患者维持一种不寻常的姿势，从几分钟甚至到几小时，似乎不会感到不适。

阳性和阴性症状。 从早期以来，精神分裂症的临床症状就被划分为两大类。第一类是阳性症状（positive symptoms），也就是一般人没呈现但患者呈现的症状，如妄想、幻觉及怪异行为。第二类是阴性症状（negative symptoms），也就是一般人呈现但患者没呈现的症状，如情绪平淡、社交退缩及失去意志力。

虽然大部分患者在病程中都会展现阳性和阴性症状两者，但阴性症状占优势的话，较可能有不良的预后。

三、精神分裂症的亚型（subtypes）

因为精神分裂症具有广泛而多样的症状，有些学者认为，它不是一种单一障碍，而是一群障碍的组合。因此，DSM-Ⅳ认定了它的几种亚型。妄想型：主要特征是针对特定主题产生复杂而有系统的妄想；混乱型：主要特征是语无伦次、错乱的行为，以及平淡或不合宜的情感；僵直型：主要特征是显著的动作症状，极度激昂或僵呆。

但这样的分类似乎无助于我们洞察精神分裂症的病因和治疗，因此，这些亚型在DSM-5中已被删除。

四、其他精神病症（other psychotic disorders）

分裂情感性障碍（schizoaffective disorder）。 这种诊断是指当事人除了有精神分裂的症状外，同时也有心境障碍的症状（重性抑郁或躁狂）。一般而言，这种障碍的预后（prognosis）也是居于精神分裂症与心境障碍的中间地带。

精神分裂症样障碍（schizophreniform disorder）。 这种诊断是保留给一些类似精神分裂症的精神病，持续至少1个月，但没有持续超过6个月，因此还不符合精神分裂症的诊断标准。

短暂精神病性障碍（brief psychotic disorder）。 这种诊断涉及精神病症状的突然发作，或出现胡言乱语或错乱的行为。它的发作期通常只持续几天，然后当事人就完全恢复先前的功能水平，可能再也不会有另一次发作。短暂精神病症经常是压力所引起的，偶尔也发生在怀孕期或产后1个月内。

妄想障碍（delusional disorder）。 就像精神分裂症，这类患者也抱持一些信念，却被他们周遭的人认为是不实和荒诞的。但不同之处是，除了妄想及其产生的影响外，这类患者在其他方面是相当正常的，没有显现奇特或怪异的行为，也未发生重大功能受损。

根据DSM-5，当患者的妄想涉及特定主题时，需要做特别的注明。这些主题包括：爱恋妄想型（erotomania），妄想另一个人（通常是地位较高的人）一厢情愿地深爱着自己；夸大妄想型（grandiose），妄想自己拥有伟大才能、权力、见识或身份；嫉妒妄想型（jealous），妄想自己的性伴侣不忠实；迫害妄想型（persecutory），妄想自己被谋害、欺骗、监视、跟踪、下毒或毁谤；身体妄想型（somatic），妄想主题涉及身体的功能和感觉；混合妄想型（mixed），即上述一些类型的综合表现。

当个人发生紧张症（catatonia）时，可能会长时间维持同一种姿势（通常是奇特的姿势），从好几分钟到几小时。

精神分裂症的阳性和阴性症状

阳性症状	阴性症状
幻觉	情绪平淡
妄想	言语贫乏
联想脱轨	缺乏感情
怪异行为	缺乏意志 缺乏动机

根据DSM-5，"精神分裂症谱系及其他精神病性障碍"可被划分为下列几个诊断分类：

精神分裂症谱系
- 精神分裂症
- 精神分裂症样障碍
- 分裂情感性障碍
- 短暂精神病性障碍
- 妄想障碍
- 分裂型（人格）障碍

13-3 精神分裂症的风险和起因（一）

什么引起了精神分裂症，至今仍然没有明确的答案。不同的探讨模式指向不同的起因、不同的发展途径，以及不同的治疗方式。大致上，精神分裂症是遗传基因、生物化学、脑部功能、心理社会及文化等因素相互影响的结果。

一、遗传因素

长久以来，研究者们就注意到，精神分裂症倾向于在家族中流传。这也就是说，如果一个人罹患精神分裂症，那么遗传上与其相关的人，将会比无关的人更可能罹患精神分裂症。右页图表摘述了各种血缘关系可能促成人们罹患精神分裂症的风险高低。你可以看到，随着血缘关系越密切，罹病的风险就越高。例如，当双亲都罹患精神分裂症时，其子女罹病风险是46%——相较之下，一般人口的罹病率只有1%。当只有双亲之一罹病时，他们子女的风险骤降为13%。当然，我们不能对家族研究作那么直接而单纯的解读，我们还需要诉诸双胞胎研究和领养研究。

双胞胎研究。研究已指出，同卵双胞胎在精神分裂症上的一致率，显著高于异卵双胞胎（或一般兄弟姐妹），前者约为后者的3倍高。我们知道，同卵双胞胎拥有100%的共同基因，如果精神分裂症完全是一种遗传疾病的话，他们的一致率应该是100%才对。但至今的研究从未发现一致率接近过100%，这表示虽然基因扮演一定角色，但环境条件也会起一定的作用。

领养研究。因为双胞胎研究无法把遗传影响和环境影响真正隔开，所以我们需要借助领养研究。这种策略是首先找到从早年就被领养而后来发展出精神分裂症的患者，然后比较他们的血缘亲戚和领养亲戚的罹病情况。如果患者跟血缘亲戚有较高的一致率（高于患者跟领养亲戚的一致率），这就说明遗传有较大影响；反之则支持环境的起因。

在丹麦执行的一项这类领养研究中，发现精神分裂症患者的105位血缘亲戚中，13.3%也有精神分裂症，而患者的224位领养亲戚中，只有1.3%也有精神分裂症。

领养家庭的素质。在丹麦的研究中，它没有对领养家庭的素质施加评测。但另一项芬兰的研究，则把这点增添到它的研究设计中。它首先考察家庭环境的素质，然后检视在"功能良好vs.功能不良"家庭中长大儿童的发展情况。如所预期的，家庭坏境的不利程度预测被领养儿童日后的困扰。但是，只有那些既有高遗传风险，也在功能不良家庭长大的儿童，才会实际发展出精神分裂症。如果儿童有高遗传风险，但在功能良好的家庭中长大，他们并不会比低遗传风险儿童更常发生精神分裂症。

总之，这些发现指出，如果我们没有遗传风险，各种环境因素对我们的影响不大；但如果我们有高遗传风险，我们将更容易受到不利环境因素的影响。但它们也指出一种可能性，即良性的环境因素有助于保护有遗传风险的人，使他们免于发展出精神分裂症。因此，芬兰领养研究提供了良好的证据，指出"素质—压力"模型也适用于精神分裂症。

这个图表指出，当个人罹患精神分裂症时，他的各种血缘亲戚也会罹病的平均风险。这些资料是从在西欧所执行的40项研究（家族和双胞胎研究）搜集而来的。

与精神分裂症患者的关系	罹患精神分裂症的一生风险
一般人口	1%
患者的配偶	2%
堂（表）兄弟姐妹（三等亲）	2%
伯父／舅父，姑妈／姨妈（二等亲）	2%
侄子／侄女（二等亲）	4%
孙子／孙女（二等亲）	5%
同父异母（同母异父）的兄弟姐妹（二等亲）	6%
父母（一等亲）	6%
兄弟姐妹（一等亲）	9%
双亲之一罹病的子女	13%
子女（一等亲）	13%
异卵双胞胎（一等亲）	17%
双亲都罹病的子女	46%
同卵双胞胎	48%

◎ 共同的基因：三等亲12.5%；二等亲25%；一等亲50%；同卵双胞胎100%

精神分裂症的素质—压力模型

1. 有遗传风险的儿童 ＋ 功能不良的家庭环境 ＝ 罹病的高风险
2. 有遗传风险的儿童 ＋ 功能良好的家庭环境 ＝ 罹病的低风险

✚ 知识补充站

双胞胎研究与领养研究

为了确定遗传对人格的影响，研究人员需要采用领养研究与双胞胎研究。领养研究（adoption study）是首先求取儿童的特质（如好社交或羞怯）与其生身父母的特质之间的相关程度，再跟儿童与其养父母之间相关程度进行比较。另外，为了使遗传效应与环境效应被区隔开来，我们可以找来许多对双胞胎，有些双胞胎是在同一家庭中共同长大，有些则是分开长大。这就组成了四组被试：同卵双胞胎（他们共有100%的相同基因）共同养大，同卵双胞胎分开养大，异卵双胞胎（平均而言，他们共有50%的相同基因）共同养大，以及异卵双胞胎分开养大。首先针对每种人格特质求取各组的相关，再比较四组相关。我们依据数学公式就能够确定每种特质各有多少百分比是得自遗传，或是出于环境影响力。同样原理也适用于精神障碍的遗传成分与环境影响的研究。

13-4 精神分裂症的风险和起因（二）

分子遗传学（molecular genetics）。研究者已不再认为，精神分裂症将能根据某一染色体上单一基因突变加以解释。事实上，在大部分个案中，精神分裂症涉及许多基因，它们共同作用而促成疾病的易感性。

这方面研究正试图鉴定哪些基因涉及精神分裂症。目前，最受到注意的是第1、2、6、8、13及22号染色体。例如，COMT基因位于第22号染色体上，它涉及多巴胺的代谢。稍后将提到，多巴胺长久以来被认为与精神病相关（现实验证仍不足）。

二、产前的因素

研究已发现，在正常脑发育的过程中一些环境事件可能在有遗传风险的当事人身上引起或诱发精神分裂症。

病毒感染。如果妇女在怀孕期第4~7个月患感冒的话，她们的子女似乎有患精神分裂症的偏高风险。这可能是母亲对抗病毒的抗体（antibody）穿透了胎盘，因而以某种方式破坏了胎儿的神经发育。

怀孕期和分娩期的并发症。许多分娩期的并发症似乎与精神分裂症有关，如胎位不正、过长阵痛或脐带绕颈。这可能是因为影响了新生儿的氧气供应。

产前的营养不良。历史事件指出，如果母亲在饥荒期怀孕的话，她们的子女有偏高风险在日后发展出精神分裂症。胎儿的营养不良似乎是原因所在。但究竟是综合的营养不良，抑或是缺乏特定营养成分（如叶酸或铁质）所致，至今仍不清楚。

三、神经发育的观点

大部分学者已接受精神分裂症是一种神经发育的疾病的观点，即脑部发育在非常早期受到扰乱。精神分裂症的风险可能起始于一些基因的存在，如果被"开启"，它们有破坏神经系统正常发育的潜在性。当胎儿在产前期暴露于环境的侵害，可能会启动这些基因，造成失常的脑部发育。然而，这种伤害通常直到脑部进入成熟期才会浮现出来，也就是发生在青春期后期和成年早期。

究竟发生了什么差错？研究者认为是细胞迁移（cell migration）受到破坏，一些神经细胞无法抵达预定地点，因而影响大脑的内部连接。细胞迁移已知发生在胎儿第4~7个月时。

四、脑结构异常

脑室（brain ventricles）是位于脑部深处，充满脑脊液的空腔。精神分裂症患者被发现有脑室扩大的现象，特别是男性。然而，扩大的脑室只出现在少数患者身上，而且另一些疾病也可能发生这种现象，如阿尔茨海默病、亨廷顿病以及慢性酒精中毒。

大脑在正常情况下占有头颅内整个空间，因此，扩大的脑室表示邻近的一些脑组织发生萎缩或容量减少。此外，MRI脑部扫描也显示，患者脑部灰质（gray matter）的容量随着时间显著减少。这些研究说明，除了是一种神经发育的疾病外，精神分裂症也是一种神经进行性的疾病（neuroprogressive），即脑组织随着时间流失。

一对28岁男性同卵双胞胎的MRI扫描图。这对双胞胎中,罹患精神分裂症的一位(右侧)出现脑室扩大的情况;另一位(左侧)没有罹病,他的脑室大小维持正常。

关于精神分裂症的病因,没有单一因素能够充分加以解释。"先天vs后天"的二分法不仅造成误导,也过于简易。事实上,它是遗传因素与环境因素间复杂交互作用的结果。

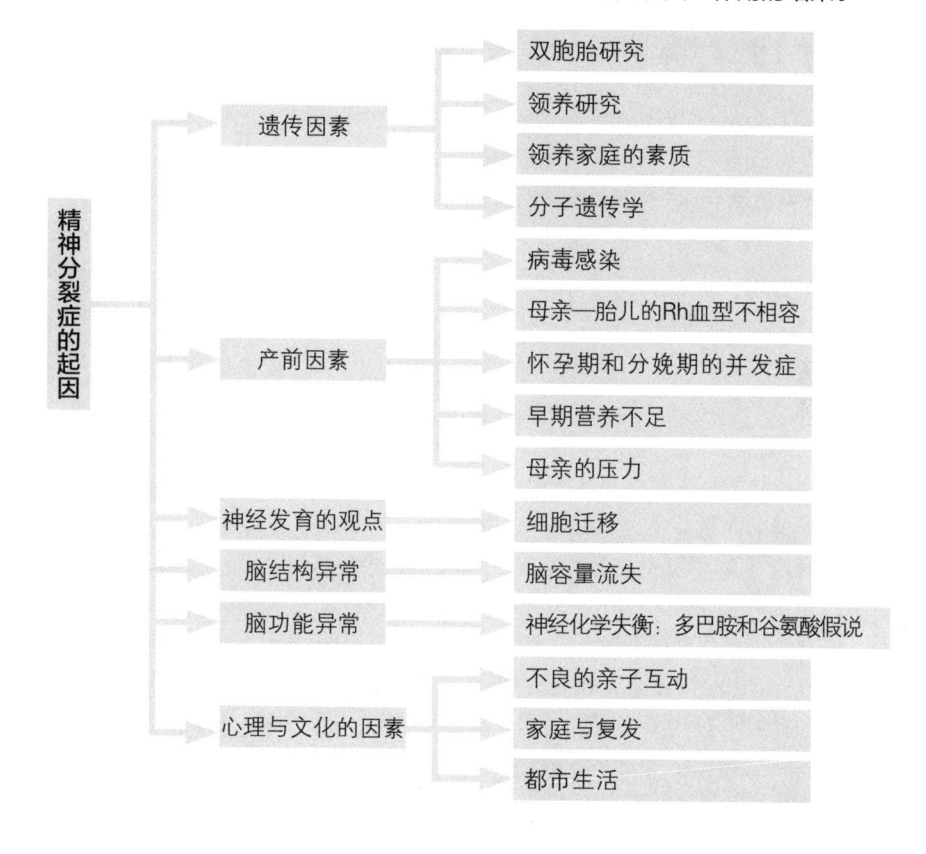

精神分裂症的起因
- 遗传因素
  - 双胞胎研究
  - 领养研究
  - 领养家庭的素质
  - 分子遗传学
- 产前因素
  - 病毒感染
  - 母亲—胎儿的Rh血型不相容
  - 怀孕期和分娩期的并发症
  - 早期营养不足
  - 母亲的压力
- 神经发育的观点
  - 细胞迁移
- 脑结构异常
  - 脑容量流失
- 脑功能异常
  - 神经化学失衡:多巴胺和谷氨酸假说
- 心理与文化的因素
  - 不良的亲子互动
  - 家庭与复发
  - 都市生活

13-5 精神分裂症的风险和起因（三）

五、脑功能异常

长久以来，研究者就认为，重大精神疾病起因于脑部的"化学失衡"。在精神分裂症的研究上，最具吸引力的主张是多巴胺假说（dopamine hypothesis），这是因为早期的抗精神病药物，如氯丙嗪（chlorpromazine）似乎都具有阻断多巴胺受体的作用。多巴胺是一种类似去甲肾上腺素的儿茶酚胺，具有神经传导的作用，它在运动控制系统和边缘系统的活动上扮演着重要角色。

根据多巴胺假说，精神分裂症与多巴胺能神经元的"过度活动"（造成多巴胺的过量）有关。这种情况可能通过几种途径发生：①多巴胺的合成或制造增加；②释放更多多巴胺到突触中；③降低多巴胺在突触中被代谢或分解的速度；④阻断神经元对多巴胺的重摄取。但因为不太受到证据的支持，近期的研究转为探讨患者是否有特别浓密的多巴胺受体，或是否受体特别敏感（或两者皆是）。采用PET扫描，似乎可以推进这方面的研究。

除了多巴胺，另一些神经递质也被认为涉及精神分裂症。例如，谷氨酸假说（glutamate）现在正吸引大量研究的注意。谷氨酸是一种兴奋性神经递质，广布于大脑中，它的传导功能的失衡可能涉及精神分裂症。虽然还在起步阶段，但初期的发现似乎颇具前景。

六、心理与文化的起因

（一）不良的亲子互动。早期研究把箭头指向父母身上，"精神分裂原发的母亲"（schizophrenogenic mother）观念指出，母亲疏远而冷淡的行为是精神分裂症的基础起因。稍后，"双重困境假说"（double-bind，或双重束缚）被提出，它是指父母提供给子女的一些观念、情感及要求是相互矛盾而不兼容的；例如，母亲可能抱怨儿子缺乏感情，但是当儿子深情地接近她时，她却又退避或处罚他。然而，这些观念都禁不起时间考验，甚至有因果倒置之嫌，它们已不再被采纳。

（二）情绪表露。许多研究人员注意到，当精神分裂症患者离院返家后，他们生活处境的性质可以预测他们的临床发展。这导致情绪表露（expressed emotion，EE）的概念被提出，它是一种家庭环境的测量数值，具有三个主要成分：批评、敌意及情绪过度涉入。研究已显示，当生活在高EE家庭环境中，患者的复发风险是一般情况的2倍高；当家庭中的EE水平降低时，患者的复发率也降低了。

但是，EE如何引起疾病的复发？许多研究指出，精神分裂症患者对压力是很敏感的。就如素质—压力模型所指出的，环境压力与先天的生理脆弱性产生交互作用，因而提高了复发的概率。此外，人类应激反应的主要症状之一是，肾上腺皮质分泌皮质醇。皮质醇被称为应激激素，它的分泌引发了多巴胺活动，也影响谷氨酸的释放——这两种物质已知都牵连精神分裂症。

（三）都市生活。都市生活似乎增加了个人发展出精神分裂症的风险。一项大规模的调查显示，相较于在乡下地方度过童年，那些在都市环境长大（生命的前15年）的儿童，当抵达成年期后，会有2.75倍的概率发展出精神分裂症。再者，据估计如果这项风险因素可被移除的话（也就是所有人都过着乡村生活），精神分裂症的个案数将会减少大约30%。

精神分裂症的素质—压力模型。这个图表提供了一个总体，关于在精神分裂症的发展上，各种遗传因素、产前事件、脑部成熟过程及压力之间如何交互作用。

```
遗传因素              产前及分娩
                      前后的事件
         ↘         ↙
          脑部脆弱性
         ↗    ↓    ↖
发育的成熟         压力因素
  过程
              ↓
          精神分裂症
          （精神病）
```

✚ 知识补充站

精神分裂症与移民

　　研究已发现，特定的一些人似乎有精神分裂症的偏高发病率，这包括：居住在都市环境的人、经历重大经济困境的人，移民到另一个国家的人。

　　在检视40项不同研究的结果后（包括从世界各地迁居美国的移民），研究者指出，新近的移民有更高的风险发展出精神分裂症——相较于早已定居在美国的人。更具体来说，第一代移民（也就是在另一个国家出生）有2.7倍高的风险；对第二代移民（也就是双亲或双亲之一是在国外出生）来说，其相对风险甚至高达4.5倍。

　　在排除文化误解可能产生的诊断偏差，以及考虑到深色皮肤的移民（比起浅色皮肤的移民）有更高的风险后，研究者把箭头指向歧视，也就是被歧视的经验可能导致一些移民发展出对世界的偏执及猜疑的观点，而这可能为精神分裂症的发展布置了舞台。另一种可能性是：这些移民承受社会弱势和社会挫败的压力，这种压力可能在关键的神经回路上，影响多巴胺分泌或多巴胺活动。虽然还没有决定性的答案，但精神分裂症的环境诱因现在正重获相关研究的注意。

13-6 精神分裂症的治疗

在1950年代之前，精神分裂症的预后相当不理想。治疗选项极为有限。躁狂患者可能被穿上约束衣，或接受电休克治疗（electroshock therapy）。大部分患者生活在偏远及隔绝的机构中，期待离开的一天。但是，随着抗精神病药物（antipsychotic drugs）在1950年代问世，这一切都改观了。患者开始平静下来，不再胡言乱语，危险而失控的行为也消除了。

但这并不表示患者已回复他们发病前的状况。它只是说，在治疗和药物的协助下，患者能有良好的生活功能。大约12%的患者需要被长期收容在疗养院中；大约1/3的患者持续出现症状，通常是阴性症状。因此，尽管这五六十年来已有所进展，但精神分裂症的"痊愈"仍未能实现。

一、药物治疗

药物被广泛使用来处理精神分裂症，超过60种抗精神病药物已被开发出来。它们共通的特性是能阻断脑部的多巴胺D_2受体。

（一）第一代抗精神病药物。这些药物，如氯丙嗪和氟哌啶醇（haloperidol），在1950年代被引进，它们推动了精神分裂症的治疗。大量临床试验已证实这些药物的效能。它们实际上是多巴胺拮抗剂，这表示它们具有阻断多巴胺的作用，主要是经由占据多巴胺D_2受体。

第一代药物对于阳性症状最具效果，特别是消除听幻觉和减少妄想信念。但它们常见的副作用包括昏昏欲睡、口干舌燥及体重增加。此外，许多患者也会出现"锥体外系副作用"（extrapyramidal side effects），包括震颤、肌肉强直及拖曳的步态，即类似帕金森氏病的症状。更长期的服药后，有些患者会出现迟发性运动障碍（tardive dyskinesia），即病人舌头、嘴唇及下颚发生不自主的震动。

（二）第二代抗精神病药物。1980年代，新式抗精神病药物开始问世，如氯氮平（clozapine）和利培酮（risperidone）。它们之所以称为"第二代"，乃是因为它们引起较少的锥体外系症状。这些药物能够有效减缓阳性和阴性症状。然而，它们也不能免于一些副作用，常见的是昏昏欲睡和体重增加，糖尿病也需要考虑。在少数个案中，药物会造成白细胞含量的骤降（使免疫力受损），可能危及性命。因此，患者服药后必须定期接受血液检测。

二、心理社会的途径

药物在精神分裂症的治疗上扮演核心角色，但心理社会的途径也具有价值，通常是结合药物一起实施。

（一）家庭治疗。如前所述，患者的复发与高EE家庭环境有关。因此，在这种治疗方案上，治疗师首先取得患者及其家人的合作，然后教他们关于疾病的知识，协助他们改良应对技巧和问题解决技巧，并增进沟通技巧，特别是家庭沟通的清晰度。

（二）认知技巧训练。即使患者的症状已受到药物控制，但他们通常不易于建立友谊、找到工作、维持工作或独立生活。这通常是因为他们的人际技巧极为拙劣。社交技巧训练就是在协助患者获得良好生活运作所需的技巧，包括就业、人际关系、自我照顾，以及管理药物方面的技巧。

（三）认知—行为治疗。CBT的目标是降低阳性症状的强度、减少复发，以及降低社交失能。治疗师协助患者探索他的妄想和幻觉的主观本质、检视各种支持或反对的证据，然后把妄想信念交付现实验证。

精神分裂症患者的内心世界通常是混乱的，不时插入一些外来的声音、偏执的信念及不合逻辑的思想。

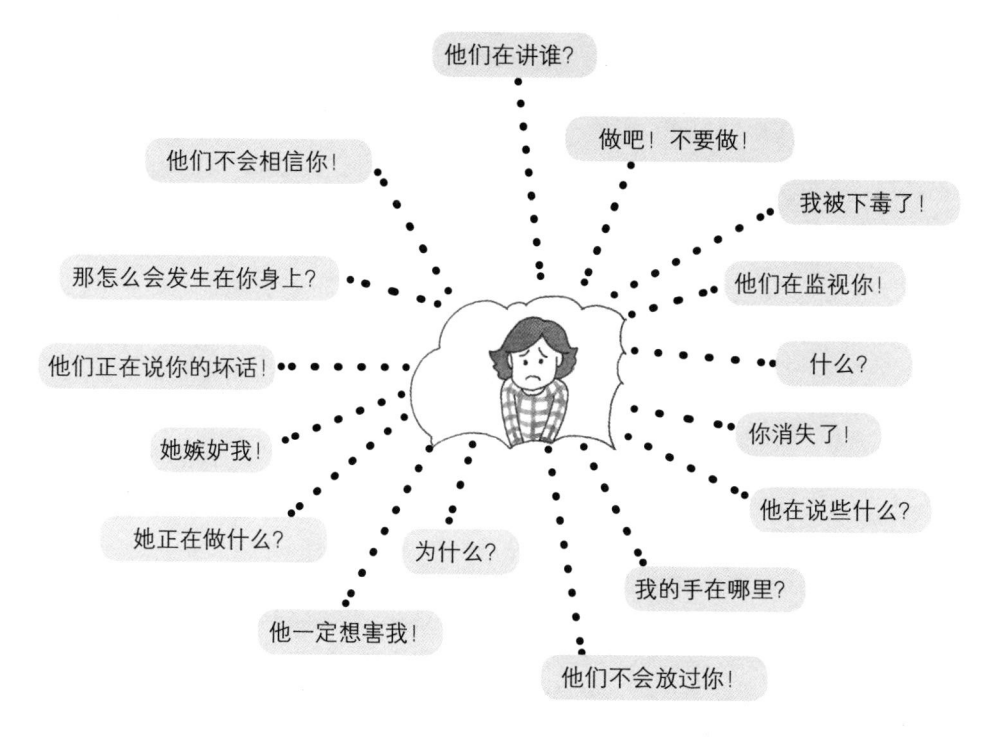

- 他们在讲谁？
- 做吧！不要做！
- 他们不会相信你！
- 我被下毒了！
- 那怎么会发生在你身上？
- 他们在监视你！
- 他们正在说你的坏话！
- 什么？
- 她嫉妒我！
- 你消失了！
- 他在说些什么？
- 她正在做什么？
- 为什么？
- 我的手在哪里？
- 他一定想害我！
- 他们不会放过你！

✚ 知识补充站

精神分裂症的预防

精神分裂症是一种极具破坏性且成本很高的疾病，如果能够成功地加以预防，这在人道和财政上将会获益匪浅。但这真的可行吗？

第一级预防（primary prevention）的目标是防止新病例再发展出来，它涉及增进对精神分裂症妇女（及其一等亲）的分娩照护。良好的产前照护有助于减少分娩并发症和低体重婴儿。

第二级预防（secondary prevention）是鉴定高风险儿童，然后实施早期的介入。但这里有两个疑难，首先，筛选测验不是很具鉴别性，许多被认定的高风险儿童，后来事实上没有发展出精神分裂症。再者，即使我们有能力鉴定真正的风险，但对于还没有出现精神病症状的儿童，我们应该开以抗精神病药物（即使是低剂量）吗？较不具争议的措施是，只施加认知治疗。

第三级预防（tertiary prevention）是对疾病已成形的患者施加及早和密集的治疗，这可能包括短期的入院照护、药物治疗、职能复健、家庭支持及认知治疗。

第十四章
神经认知障碍

- 14-1 神经认知障碍——谵妄
- 14-2 重度神经认知障碍
- 14-3 阿尔茨海默病（一）
- 14-4 阿尔茨海默病（二）
- 14-5 头部伤害引起的障碍

14-1 神经认知障碍——谵妄

大脑是一个令人惊异的器官，重量不过3磅左右，却是在已知宇宙中最为复杂的构造。大脑影响我们生活的每一个层面，从饮食和睡眠到恋爱和工作。大脑做出决定，它也藏有使我们成为今天这个模样的所有记忆。无论我们身体不适或心理失常，大脑都涉及其中。

但是，大脑也容易受到来自多方的伤害。当大脑受到损伤时，最明显的症状是认知功能的变动。这样的损伤可能是内部变化所引起的（如帕金森氏病和阿尔茨海默病），导致脑组织的破坏；但也可能是源自外界作用力，如意外事件或重复重击引起的创伤性脑损伤。

一、DSM-5的诊断分类

在DSM-IV中，这类障碍原本被称为"谵妄、痴呆、失忆及其他认知障碍"，但它们现在在DSM-5中组成一个新式诊断分类，称为"神经认知障碍"（neurocognitive disorders），这个用语较为直截了当，概念上也较为连贯。这个分类的障碍涉及认知能力的减损，被认为由脑损伤或疾病所引起。它的分支包括谵妄、重度神经认知障碍（原痴呆症）及轻度神经认知障碍，后两者是依据"严重程度"加以区分的。在每个广义的诊断分类下，临床人员需要注明该困扰被认定的起因，例如，"阿尔茨海默病所致的重度或轻度神经认知障碍"。以这种方式，诊断提供了两种信息，一是关于神经认知障碍的起因，二是它的严重程度。

除了少数例外，脑部的细胞体和神经通路似乎不具有再生能力，这表示对它们的破坏是永久的。当脑损伤发生在成年人身上，这将会造成既定功能的丧失。至于心智损害的程度通常与脑损伤的程度有关。然而，这不是一成不变的，大致上取决于脑损伤的性质和位置，也取决于个人发病前的能力和性格。有些个案涉及相当严重的脑损伤，心智变化却极轻微；在另一些个案中，似乎轻微而有限的伤害却造成了心智功能的重大损伤。

二、谵妄（delirium）

（一）谵妄的临床描述

谵妄是一种急性脑部失能的状态，介于正常清醒与僵呆（stupor）或昏迷（coma）之间。它的特色是混淆、不良注意力及认知功能障碍。谵妄在DSM-5中被视为个别的障碍（而不是神经认知障碍中的一类），乃是因为它的严重程度可能急剧变化，也可能与其他神经认知障碍共存。

除了低迷的意识（awareness），谵妄也涉及记忆和注意力的缺损、混乱的思考，以及偶见的幻觉和妄想。处于这样的状况中，患者基本上无法执行任何有目的的心智活动。

谵妄可能发生在任何年龄，但老年人发病的风险更高，或许是因为正常老化引起的大脑变化。在年龄频谱的另一端，儿童也有谵妄的高风险，或许是因为他们的脑部尚未完全发育。谵妄可能起因于脑损伤和感染，但最普遍的起因是药物中毒或药物戒断。

（二）谵妄的治疗

谵妄是真正的医疗紧急状况，需要检定出它的基础原因。大部分病例是可恢复的，除非谵妄是由末期疾病或重度脑外伤所引起的。治疗涉及药物、环境安排及家庭支持。大部分病例需使用抗精神病药物；对于酒精或药物戒断引起的谵妄，则通常使用抗焦虑药物。环境需要协助患者保持定向感，如良好的照明、清楚的标志，以及显眼的日历和时钟。

血液供应的中断（中风）将会造成脑损伤（brain lesions）。大部分中风的原因是脑部动脉受到凝块（clot）的堵塞。其他个案（大约13%的中风）则是因为脑动脉破裂。

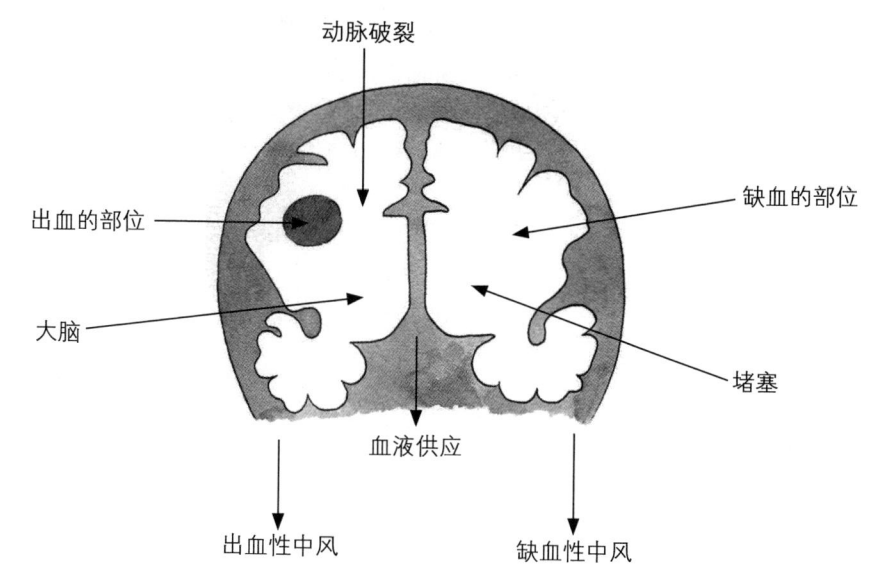

```
                          动脉破裂
                            ↓
    出血的部位 →     [脑部横切面图示]    ← 缺血的部位
    大脑 →                              ← 堵塞
              ↓           ↓
         血液供应
              ↓           ↓
         出血性中风    缺血性中风
```

许多脑疾病或脑损伤是全面性的，它们的破坏效果是扩散性的，引起多重及广泛的脑部回路的中断。

脑疾病经常造成的一些损害		
→	记忆的缺损	→ 个人无法记住新近事件
→	定向感缺损	→ 个人不知道自己在何处、当天的日期，或熟悉的人是谁
→	学习、理解和判断力的缺损	→ 个人思考变得模糊、迟钝及不准确
→	情绪控制的缺损	→ 个人情绪变得过度活跃
→	情绪平淡或迟钝	→ 个人对别人和事件显得漠不关心
→	行为启动的缺损	→ 个人缺乏自发的行为能力
→	缺乏对适宜举动的控制力	→ 个人在外观、卫生、性欲及语言方面的规格显得降低
→	接受性和表达性语言能力的缺损	→ 个人无法理解他人的意思，或无法适当表达自己的想法
→	视觉空间能力的缺损	→ 个人无法适当协调自己的动作

14-2 重度神经认知障碍

在DSM-5中，广义的诊断分类痴呆症（dementia，或失智症）已被舍弃，它现在被称为"重度神经认知障碍"（major neurocognitive disorder），主要原因是为了避免污名化。重度神经认知障碍涉及认知能力的显著缺损，见于许多领域，包括注意力、执行功能、学习和记忆、语言、知觉动作及社会认知。但最为关键的是，当事人从先前达成的功能水平上减退下来。

一、重度神经认知障碍的一些特性

在老年人身上，认知缺损的初始发作通常是渐进的。在早期阶段，个人对环境事件还能有适当良好的应对。但随着时间的进展，患者在许多方面逐渐出现显著的缺损，包括抽象思考、新知识或新技巧的获得、动作控制、问题解决、情绪控制及个人卫生等。这样的缺损可能是进行性或静止不动的，但前者的情况居多。有时候，重度神经认知障碍是可以逆转的，如果它的基础起因可被排除或矫治的话，如维生素缺乏、慢性酒精中毒、血块压迫脑组织，或代谢失衡等。

重度神经认知障碍的各种认知缺损，也可能是一些退化性疾病所引起的，如帕金森氏病和亨廷顿病。

二、帕金森氏病（Parkinson's disease）

帕金森氏病是一种神经退行性疾病，较常见于男性。在65~69岁的年龄组中，它的发病率是0.5%~1%；当超过80岁后，它的发病率是1%~3%。

帕金森氏病的特征是动作症状，如静止震颤或僵硬动作。它的基础原因是黑质（基底神经节的一部分）部位的多巴胺神经元流失。多巴胺是一种神经递质，涉及动作的控制。随着多巴胺神经元流失，个人无法以一种受控而流畅的方式展现动作。此外，帕金森氏病也涉及一些心理症状，如抑郁、焦虑、冷淡、认知困扰，甚至幻觉和妄想。随着时间演进，25%~40%的患者将会显现认知缺损的症状。在早发型帕金森氏病上，遗传因素似乎较为重要，至于环境因素则与晚发型较具关联。

帕金森氏病的症状可以使用药物暂时减轻，如pramipexole，它增加多巴胺的供应。然而，一旦药效过去，症状又会重返。另一种正被尝试的方法是"深层脑部刺激"。最后，干细胞研究也在进行中，似乎颇具前景。

三、亨廷顿病（Huntington's disease）

亨廷顿病是一种中枢神经系统的退行性疾病，侵犯每一万人中的大约1人。该疾病起始于中年，初发的平均年龄大约是40岁，男女的发病率大致相等。它的特征是慢性、进行性的舞蹈症，即不自主和不规律的肢体抽动，从身体某一部位任意地游走到另一部位。然而，通常在动作症状初发的好多年前，患者就已出现微妙的认知困扰。这些困扰无疑是脑组织渐进的流失所致。患者最终会进入痴呆（失智）状态，通常在病发的10~20年内死亡。目前还没有有效的治疗能够恢复患者的功能或减缓疾病的进程。

亨廷顿病由第4染色体上的单一显性基因所引起，这表示任何人只要双亲之一有这种疾病，就有50%的概率自己也会发展出疾病。目前的基因检测已能确定高风险人群中，何者最后将会发展出疾病。但根据美国的资料，只有10%的人选择知道自己的遗传命运，且大部分是女性。

重度神经认知障碍涉及各种认知缺损，这样的缺损有多方面起因。

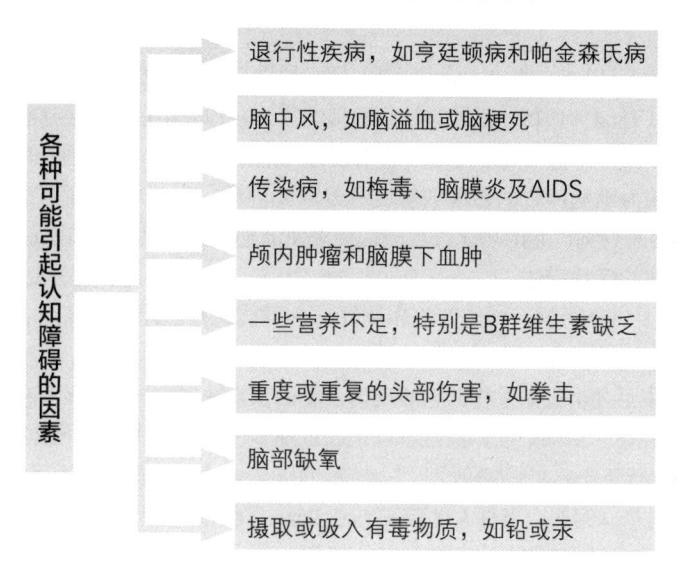

各种可能引起认知障碍的因素：
- 退行性疾病，如亨廷顿病和帕金森氏病
- 脑中风，如脑溢血或脑梗死
- 传染病，如梅毒、脑膜炎及AIDS
- 颅内肿瘤和脑膜下血肿
- 一些营养不足，特别是B群维生素缺乏
- 重度或重复的头部伤害，如拳击
- 脑部缺氧
- 摄取或吸入有毒物质，如铅或汞

重度神经认知障碍常见的一些起因，阿尔茨海默病占据了半数以上的病例。

重度神经认知障碍的起因（在所有病例中所占百分比）：

起因	百分比
阿尔茨海默病	56.6%
脑中风	14.5%
多重起因	12.2%
帕金森氏病	7.7%
脑损伤	4.4%
其他原因	5.5%

有一些重度神经认知障碍是可逆转的，如果它们是起因于：

1. 药物
2. 心境抑郁
3. 维生素B_{12}缺乏
4. 慢性酒精中毒
5. 脑部的一些肿瘤或感染
6. 血液凝块压迫脑组织
7. 代谢失衡（包括甲状腺、肾脏或肝脏的疾病）

14-3 阿尔茨海默病（一）

阿尔茨海默病（Alzheimer's disease，AD）是一种进行性的神经退行性疾病，它是以其发现者Alois Alzheimer（1864~1915，德国的神经病理学家，在1907年首度描述这种疾病）命名。阿尔茨海默病原先被称为"老年痴呆症"（后来改称"老年失智症"）。但在DSM-5中，它的正式名称是"阿尔茨海默病所致的重度或轻度神经认知障碍"。AD的特征是呈现一些失智的症状，它的初发不容易察觉，它的恶化过程通常缓慢而渐进，最后以谵妄和死亡告终。

一、阿尔茨海默病的症状描述

AD的诊断需要对患者施行详细的临床测评，这可能包括医疗史、家庭史、身体检查及实验室检测，直至失智的所有其他原因都被排除后，才能做出AD的诊断。

AD通常在45岁后才会开始发作，它表现为多重的认知缺损，不仅是记忆的困扰。在最早期阶段，AD只涉及轻微的认知缺损，像是难以记起近期事件、在工作上犯下较多失误，或需要较长时间才能完成例行任务。在后期阶段，失智趋于明显，缺损更为严重，涵盖多方面、多领域，造成生活功能的失控。例如，当事人可能失去定向感、判断力不良，以及疏失个人卫生。

在AD患者身上，大脑颞叶是最先受损的部位，因为海马位于此处，记忆缺损是AD的早期症状。颞叶的脑组织流失也可以解释为什么有些病人被发现有妄想症状。AD患者最普遍发生的是被害妄想，次之则是嫉妒妄想。例如，患者持续指控他的伴侣不贞，或指控家人在食物中下毒。

在适当的治疗下，许多AD患者显现症状的一些缓解。但一般而言，在几个月或几年期间，病情将会持续恶化及走下坡。最终，患者完全忘却他的周遭世界，终日躺在病床上成为植物人。由于对疾病的抵抗力大为降低，患者往往因肺炎或另一些呼吸或心脏系统的疾病而死亡。从首次临床接触的时刻算起，直至患者死亡的时间中位数（median）是5.7年。

二、阿尔茨海默病的患病率

AD正快速成为重大的公共健康问题，为社会和家庭资源带来庞大负荷。它在所有失智病例中占最大比例。然而，AD不是老化（aging）的必然结果，年龄只是重大风险因素。

据估计，在个人达到40岁后，AD的发病率每5年就上升2倍。在60~64岁时，只有不到1%的人有AD，但超过85岁后，这个数值上升到40%。以全世界来说，2018年有5000万人罹患AD；到了2030年，预计这个数值将上升到惊人的8200万，需要付出的成本极为令人忧心。

女性在AD上有稍微偏高的风险（相较于男性）。当然，女性的寿命比较长，但这不能完全解释她们较高的患病率——虽然我们仍不清楚真正的原因。除了高龄和身为女性外，AD的另一些风险因素，包括身为现行的吸烟者、较低的收入、较低的职业地位，以及接受较少的正规教育。

AD的患病率在北美和西欧较为高些，但在非洲、印度及东南亚等地方较为低些。这使研究推断，生活风格因素可能影响了AD的发展，如高脂肪、高胆固醇的饮食。

阿尔茨海默病已知的一些风险因素

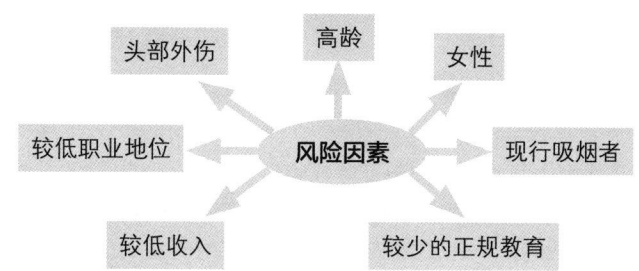

风险因素：头部外伤、高龄、女性、现行吸烟者、较少的正规教育、较低收入、较低职业地位

根据DSM-5，认知类障碍是指脑损伤或疾病引起认知能力损伤，它可被划分为几个分类：

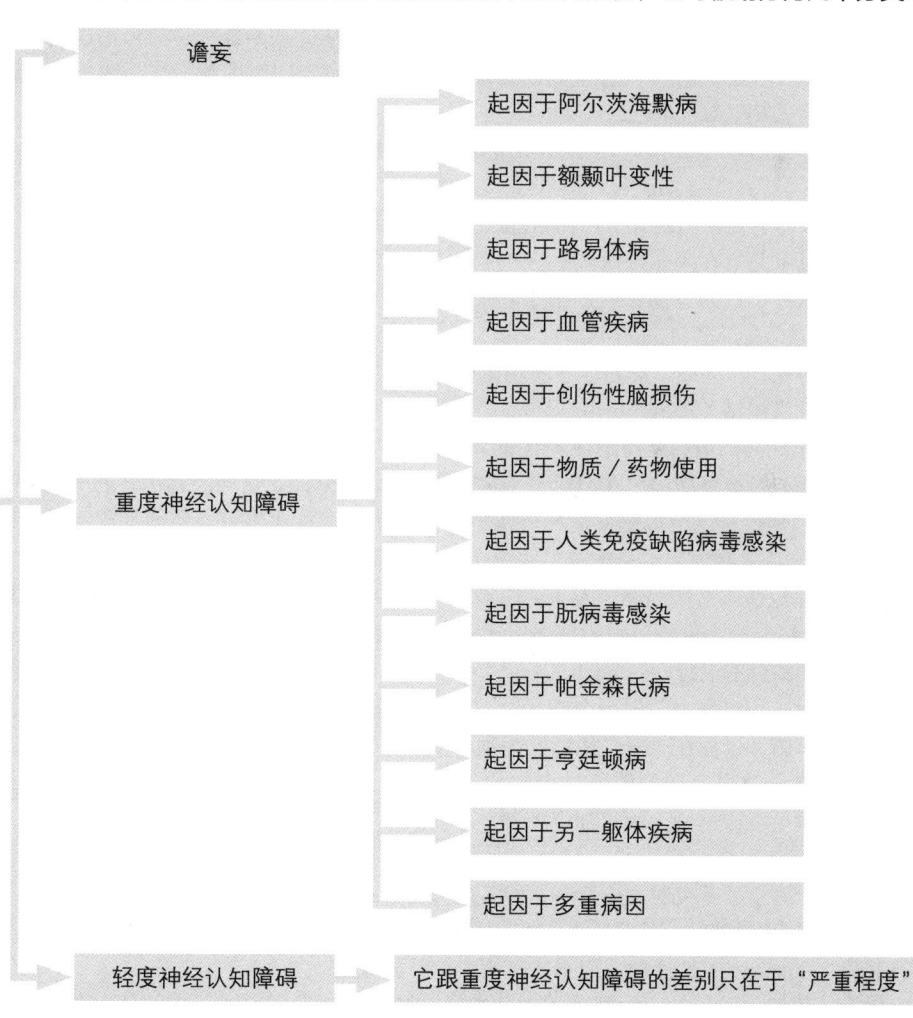

认知类障碍
- 谵妄
- 重度神经认知障碍
  - 起因于阿尔茨海默病
  - 起因于额颞叶变性
  - 起因于路易体病
  - 起因于血管疾病
  - 起因于创伤性脑损伤
  - 起因于物质／药物使用
  - 起因于人类免疫缺陷病毒感染
  - 起因于朊病毒感染
  - 起因于帕金森氏病
  - 起因于亨廷顿病
  - 起因于另一躯体疾病
  - 起因于多重病因
- 轻度神经认知障碍 → 它跟重度神经认知障碍的差别只在于"严重程度"

14-4 阿尔茨海默病（二）

三、阿尔茨海默病的起因

（一）遗传与环境。研究学者经常把AD分为早发型（early-onset）和晚发型（late-onset）。早发型患者往往在他们40多岁或50多岁时就已受到影响。在这种个案上，认知衰退通常相当迅速，遗传成分占很大角色。但即使在晚发型AD上，基因也会起到一定作用。

在早发型AD的起因上，三种突变的基因已被鉴定出来，它们是APP、PS1和PS2，但它们加总起来只占不到5%的AD病例。至于在晚发型AD上，第19对染色体上的APOE基因扮演重要角色。

当前的看法是，我们的遗传倾向（易罹性）与其他遗传因素交互作用，以及与环境因素交互作用之下，决定我们是否将会屈服于AD。在环境方面，前面已提过，饮食（diet）可能是重要的中介环境变量。此外，个人过胖、罹患2型糖尿病，或不能保持身体活跃也都涉及风险因素。另一些环境因素包括暴露于金属元素（铝）和发生创伤性脑损伤。最后，抑郁的病史也提高了日后发生AD的风险。

（二）神经病理。当Alois Alzheimer对他的病人进行尸体解剖时，他发现了病人脑部的一些异常现象：淀粉样蛋白沉积、神经原纤维缠结，以及脑部的萎缩。虽然斑点和缠结也可见于正常脑部，但它们在AD患者的脑部大量出现，特别是颞叶。

当前的见解是，在阿尔茨海默病上，脑部的神经元分泌一种黏性的蛋白物质，称为淀粉样β蛋白，这种蛋白的分泌速度远快于它被分解和消除的速度。淀粉样β蛋白然后累积成为类淀粉质斑点（amyloid plaques）。它们被认为妨碍突触功能；此外，它们也具有神经毒性，导致脑细胞的死亡。因此，淀粉样β蛋白的累积被认为会促进AD的发展。

神经原纤维缠结（neurofibrillary tangles）是神经细胞内异常单纤维的网状物。这些单纤维由另一种称为tau的蛋白质所组成。在正常的脑部，tau的作用就像脚手架，支撑神经元内部的小管，以便传导神经冲动。在AD上，tau发生变形而纠缠，导致神经元小管的崩溃。研究已显示，tau蛋白质的集结会因脑部淀粉样蛋白渐增的负荷而加速进行。假使如此，最有前景的AD治疗，应该是能够矫治（及预防）淀粉样蛋白积累的药物。

最后，神经递质乙酰胆碱（ACh）也涉及AD的发展，即制造ACh的一群细胞受到破坏。因为ACh在记忆上非常重要，它的枯竭促成了AD的认知和行为损伤。

四、阿尔茨海默病的治疗

尽管付出了大量努力，但至今尚无针对AD的有效疗法能够恢复患者的功能。当前只有一些缓和性的措施，目标在于减轻患者的躁动不安和攻击行为，以及舒缓照护者的苦恼。

失智经常导致患者四处游荡、大小便失禁、不当的性行为，以及不适当的自我照顾技巧，这些多少可以通过行为治疗加以控制。

在药物治疗方面，研究重心放在如何增进脑部ACh的供应上，以便改善患者的认知功能。根据这个理念，他克林（tacrine）和多奈哌齐（donepezil）等药物已被推出，似乎比安慰剂有更适度良好的成效。此外，另一种被核准的药物是美金刚（memantine），它的作用是调解谷氨酸（glutamate）的活动，似乎能带来一些认知效益。

最后，我们只能说，对大部分类型的神经细胞来说，一旦死亡，它们就永久丧失了。这表示即使一些新式治疗能够遏止脑组织进行性的流失，患者依然会受到严重的损害。这是不能逆转的。

一些脑部疾病（如AD）只有在大体解剖后才能确诊。AD的生理迹象是淀粉样蛋白沉积、神经原纤维缠结及脑部萎缩。上图是AD脑部，下图是正常脑部。

AD患者脑组织样本的显微图，图形呈现AD特有的深色斑点和神经原纤维缠结（胶质纤维的不规则形态）。

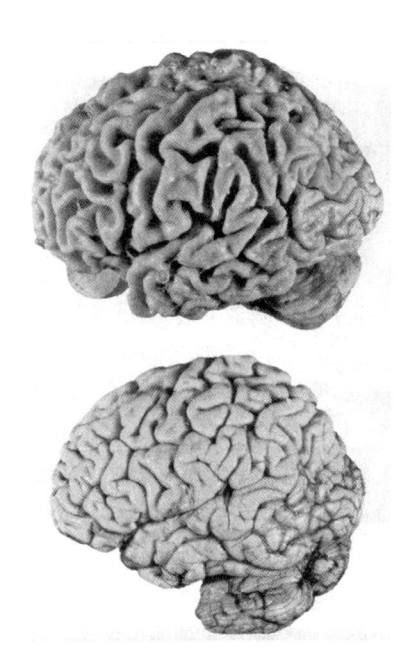

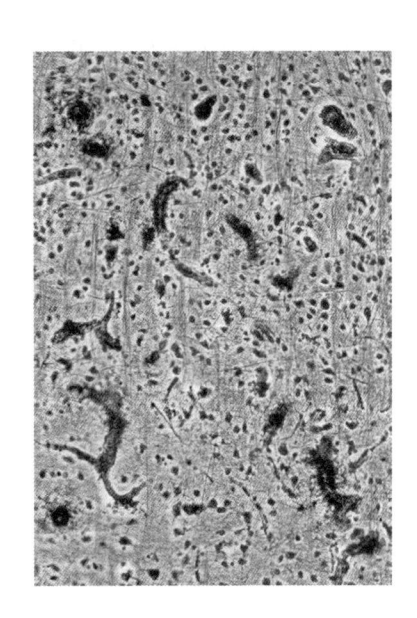

➕ 知识补充站

AD患者的照护者

根据估计，老人疗养院的住户中，30%～40%是AD患者。另有一些AD患者住在精神医院或其他收容单位中。但直到患者进入严重受损阶段之前，大部分人是住在家里，受到家人的照护，这经常带来莫大压力，特别是如果重担只落在一个人身上。

随着疾病的进展，照护者不仅要面对许多管理的困扰，他们也会直击患者的"社交死亡"和自己"预期的哀悼"。因此，照护者有格外高的风险发展出抑郁障碍，特别是丈夫照顾罹病妻子的情况。例如，研究已发现，这些照护者的皮质醇（cortisol，应激激素）水平，基本上已接近重度抑郁的患者。此外，他们也倾向于自己服用高剂量的精神活性药物，而且报告许多应激症状。

因此，在AD的治疗上，任何广博的方案都应该考虑照护者的处境，提供必要的咨询和支持性治疗。

14-5 头部伤害引起的障碍

创伤性脑损伤（traumatic brain injury，TBI）经常发生，它最常见的起因是从高处跌落、重大车祸、暴力攻击及运动伤害。最可能发生TBI的年龄组是：0～4岁的幼童、15～19岁的青少年，以及65岁以上的老年人。在每个年龄组中，男性的发病率都高于女性。在DSM-5中，"由于创伤性脑损伤所致的神经认知障碍"就是用来指称头部伤害引起的认知损害。

一、临床的症状

临床人员把脑损伤划分为两种，一是闭合性头部伤害，即患者的颅骨仍维持完整；二是穿透性头部伤害，即尖锐物件（如子弹）进入脑部。

如果头部伤害严重到使个人失去意识，个人通常会发生逆行性遗忘（retrograde amnesia），即无法记得在伤害前所发生事件。显然地，这种创伤妨碍了大脑把当时仍在处理的事件凝固为长期储存的能力。至于顺行性（anterograde）遗忘则是个人无法把创伤后一定期间所发生事件储存在记忆中。这种遗忘也经常被发现，它被视为不良预后的征兆。

当个人因为头部伤害而失去意识后，他通常会经过僵呆（stupor）和混淆（confusion）的阶段，才逐渐恢复清楚的意识。这种意识的恢复可能在几分钟内就完成，也可能花费好几小时或好几天。在重度脑损伤而失去意识后，个人的脉搏、体温、血压及大脑代谢等都会受到影响。在较少见的个案中，个人进入长期的昏迷（coma）状态，持续时间则与脑损伤的严重程度有关。如果患者存活下来，昏迷之后会发生谵妄，也就是出现强烈的激动不安、失去定向感及产生幻觉。渐渐地，意识会澄清下来，个人重获跟现实的接触。

但在日常生活中，更常发生的是，一些相对上轻微的闭合性脑震荡和脑挫伤，通常起因于车祸、运动伤害、跌落及另一些小事故。甚至搭过山车（产生高度重力）也可能引起脑损伤，每年有好几起死亡可归因于它所引起的脑出血。大多数脑震荡不涉及失去意识，但是在脑震荡后，大脑有4~5倍的可能性易受第二次撞击的伤害，这种脆弱性可能会持续好几个星期。

二、TBI的治疗

脑损伤需要立即接受治疗，像是移除颅内淤积的血块，以免压迫到大脑组织。但除此之外，通常还需辅佐长期的再教育和复健方案，涉及许多专业人员。

中度的脑损伤常会留下一些症状，包括头痛、记忆困扰、对光线和声音敏感、晕眩、焦虑、易怒、疲倦及专注力不良。当脑损伤更为严重时，特别是如果颞叶或顶叶受到损伤，患者一般的智力水平会大为降低。在少数脑损伤个案中，当事人发生显著的人格变化，像是变得消极被动、失去动机和自发性、激动不安及妄想性多疑。当然，这大致上也是取决于损伤的部位及范围。

在单纯的医疗阶段后，TBI的治疗通常极为长久、困难而昂贵。它需要对神经心理功能施行仔细而持续的测评，然后设计适当的措施，以便克服仍存留的缺损。这将是一个庞大的工程，涉及许多专业领域，像是职能治疗、物理治疗、言语/语言治疗、认知治疗、行为治疗、社交技巧训练、职业辅导及休闲治疗等。无论如何，治疗的目标通常是提供患者新的技巧，以便弥补可能被永久损害的一些功能。

意识水平的连续频谱

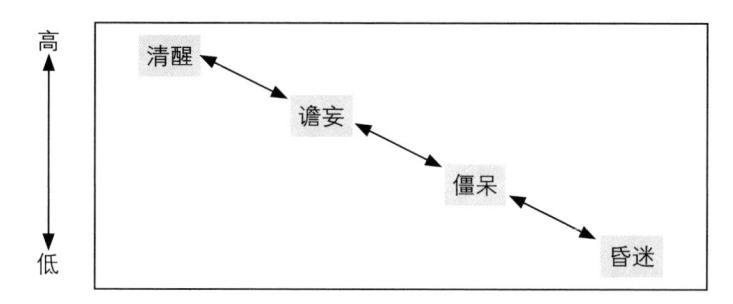

```
高 ↑
   清醒 ←→
         谵妄 ←→
              僵呆 ←→
                   昏迷
低 ↓
```

当在一些主题乐园搭乘高重力的设施时，有些人可能产生神经方面的损伤，通常是脑部的纤细血管上小型的撕裂伤。

脑震荡的一些征兆

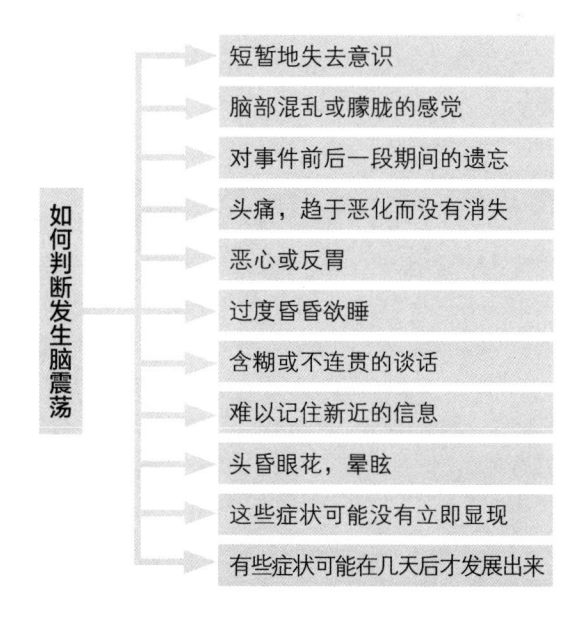

如何判断发生脑震荡：
- 短暂地失去意识
- 脑部混乱或朦胧的感觉
- 对事件前后一段期间的遗忘
- 头痛，趋于恶化而没有消失
- 恶心或反胃
- 过度昏昏欲睡
- 含糊或不连贯的谈话
- 难以记住新近的信息
- 头昏眼花，晕眩
- 这些症状可能没有立即显现
- 有些症状可能在几天后才发展出来

第十五章
儿童期和青少年期的障碍

- 15-1 注意缺陷/多动障碍
- 15-2 自闭症
- 15-3 破坏性、冲动控制及品行障碍
- 15-4 儿童期和青少年期的焦虑障碍
- 15-5 儿童期的抑郁障碍
- 15-6 智力障碍

15-1 注意缺陷／多动障碍

DSM-5提供了许多诊断，关于儿童期和青少年期的障碍（或神经发育障碍）。此外，智力不足（或智力发展障碍）也被容纳在这个分类中。

一、注意缺陷／多动障碍（attention-deficit／hyperactivity disorder，ADHD）

ADHD在定义上包含两组症状。首先，儿童必须出现一定程度的"不专注"（inattention），而且与他们的发展水平不相称。例如，他们无法在学业、工作或其他活动上集中及维持注意力，容易因为外界刺激而分心，或经常丢失一些物件。其次，儿童必须出现"过动和冲动"（hyperactivity and impulsivity）的症状。过动包括心神不宁、四处跑动、过度攀爬及不停说话等。冲动则包括抢先作答、打断他人说话及不肯排队等。这些行为模式至少持续6个月。

二、ADHD的一些特性

因为过动和冲动，ADHD儿童通常有许多社交困扰。他们无法服从规定，引起父母的莫大苦恼；他们在游戏中也不受到同伴的欢迎。他们通常智力较低，IQ大约低于平均值7~15分。他们通常在学校表现不佳，表现出多方面的学习障碍。

ADHD的发病高峰期在8岁之前，较少在8岁之后才初发。它是最常被转介到心理健康中心和儿科诊所的精神障碍。它在学龄儿童身上的患病率是3%~7%。ADHD最常发生于青少年期前的男孩，男孩的患病率为女孩的6~9倍。

三、ADHD的起因

ADHD的起因一直存在大量争议。双胞胎和领养研究已提供有力证据，指出ADHD的可遗传性。许多人相信，生物因素（如基因传承）将会被证实是ADHD的重要先驱物——经由影响脑部的发育和神经递质的功能。有些研究指出，脑部的一些运转过程使得ADHD儿童的行为去抑制化；因此，他们呈现不一样的脑电波组形。

在心理起因方面，气质和学习显然具有重要作用。此外，家庭问题（特别是父母的人格）似乎可被传递给儿童；儿童在产前暴露于酒精似乎也提高了罹病的风险。总之，ADHD目前被认为具有多重的起因。

四、ADHD的治疗

在药物治疗方面，利他林［Ritalin，有效成分是哌醋甲酯（methylphenidate）］被发现有助于减少ADHD儿童的过度活动和容易分心，以及降低攻击行为，使得他们在学校中有更加良好的进展。事实上，利他林是一种苯丙胺，但是它在儿童身上却具有镇静的效果，完全相反于它在成年人身上的效应。然而，这类药物有副作用，比如造成思考及记忆能力的损害、成长激素的破坏及失眠等。另外三种不同化学成分的药物［匹莫林（Pemoline）、托莫西汀（Strattera）及阿得拉（Adderall）］也已开发出来，它们有助于减轻ADHD的症状，但也带来一些副作用。

研究已显示，采取行为治疗和药物治疗双管齐下的方式，能显现良好成效。行为技术包括教室中的选择性强化、学习材料的结构化及扩大立即的反馈等。最后，家庭疗法是值得采取的一个选项。

为了达成注意缺陷/多动障碍的诊断，个人需要在"不专注"和"过动和冲动"所列症状中各自至少符合6项。

不专注
- 经常在学校作业或工作上粗心犯错
- 无法专心聆听他人正对他说的话
- 难以维持注意力
- 无法遵照指示完成课业或家务
- 难以规划工作及活动
- 容易因为外界刺激而分心
- 经常逃避需要专注力的工作
- 经常丢失一些重要物件
- 经常忘记一些应做的事情

过动和冲动
- 经常心神不宁或坐立不安
- 经常抢先作答，不能轮流说话
- 经常无缘无故离开座位
- 经常四处跑动或攀爬
- 无法耐心排队
- 无法安静地从事活动
- 经常打断或侵入他人的活动
- 处于"停不下来"的状态
- 不停地说话

✚ 知识补充站

多动症在青少年期之后的演进

DSM-5的诊断标准已稍作修正，以用来描述青少年后期和成年早期的ADHD症状。研究已报告，许多多动儿童进入成年早期后依然保持ADHD的症状和行为，他们还伴有其他心理问题，如过度攻击或物质滥用。在一项针对多动兼有品行问题男孩的追踪研究中，发现这种男孩有成年犯罪的极高风险。在多动女孩方面，追踪研究也发现她们在一些障碍上有偏高风险，包括反社会、成瘾、心境、焦虑及饮食等方面的障碍。然而，不同研究所报告的估计值有很大差异，在我们能够认定"多动儿童在成年期将会继续发生类似或其他问题"之前，还需要更多纵向研究。

15-2 自闭症

儿童期最令人困惑及失能的障碍之一是自闭症（autism），它在DSM-5中被称为"孤独症（自闭症）谱系障碍"（autism spectrum disorder）。

一、自闭症的症状描述

（一）**社交缺陷**（social deficit）：自闭症的典型症状是疏离于他人。即使在生命的最早期阶段，这种婴儿也从不会靠在母亲身旁，不喜欢被抚摸，不会伸出双手要求拥抱；当被逗笑或喂食时，婴儿不会发笑或注视对方。自闭症儿童甚至似乎不认识或不在乎自己的父母是谁。他们缺乏社会理解力，也没有能力接纳他人的态度，无法如他人那般"看待"事情。这往往被称为"心理失明"（mind blindness）。

（二）**言语缺乏**（absence of speech）：自闭症儿童模仿（拟声）能力有所缺损，无法有效地通过模仿进行学习。他们经常会鹦鹉似的复述一些语句，持续不断，却未必了解其意义。

（三）**自我刺激**（self-stimulation）：自闭症儿童经常展现重复的动作，如猛撞头部、旋转及摇晃等，可能会持续几个小时。他们经常显现对听觉刺激的厌恶反应，即使是听到父母的声音，也可能放声大哭。

（四）**维持同一性**（maintaining sameness）：自闭症儿童似乎会从自己的角度主动地改变环境，致力于简化多样化的刺激，以便排除他人的干涉。当环境中任何熟悉的事物被更动时，他们将会发脾气，直到熟悉的情境再度恢复为止。他们也会从事反复及仪式化行为，像是把物件摆成直线或对称的形态。

二、自闭症的一些特性

各种社会经济水平的儿童都会受扰于自闭症，其发病率是每一万名儿童中的30~60名，而且这一比例似乎正在上升中。自闭症通常在幼儿30个月大之前就可鉴定出来，甚至在生命的前几个星期就可约略猜测到。男女的比例约为3：1或4：1。

自闭症儿童在认知或智力作业上的表现有明显的缺损，可能有多达半数属于智力障碍。但是，他们在一些领域中却展现出惊人的能力。正如达斯汀·霍夫曼（Dustin Hoffman）在电影《雨人》（Rain Man）中所演出的，该案例在年幼时即展现不寻常的"日历推算"能力，他能说出大部分国家的首都，也拥有惊人的记忆力，这使他在拉斯维加斯赌场赢得了一大笔钱，这种情形被称为自闭天才（autistic savant）。

三、自闭症的起因

双胞胎研究指出，同卵双胞胎在自闭症上有较高的一致率。事实上，自闭症的风险中，有80%~90%的变异可归于遗传。因此，它可能是最具遗传成分的一种精神障碍。

研究者普遍同意，自闭症涉及中枢神经系统的基础障碍，即一些先天缺陷，这损害了婴儿的知觉、认知功能、处理输入刺激，以及建立跟外界关系的能力。MRI研究显示，脑部构造的异常，可能促成自闭症的大脑代谢差异和行为表现。此外，大脑谷氨酸神经传导系统的一些成分也涉及自闭症成因，使得早期脑部神经发育发生差错。但无论涉及怎样的生理机制或脑部构造，缺陷的基因、辐射伤害或胎儿期发育的其他状况，均可能在一定程度上导致了自闭症的发生。

原先在DSM-Ⅳ中被确诊的自闭症、阿斯伯格综合征（Asperger's disorder）或其他未注明的广泛性发育障碍，在DSM-5中，现在都应被诊断为"自闭症谱系障碍"。

```
                              ┌─ 社会—情绪相互性的缺损
              A.持续地在社交沟通 │
              和社交互动上有所 ──┼─ 非言语沟通行为的缺损
              缺损，发生于多种 │
自闭症谱       情境中           └─ 发展关系、维持关系及理解关系的缺损
系障碍的
诊断
                              ┌─ 刻板或重复的动作、使用物件或谈话
              B.窄狭而反复的行为 │
              模式、兴趣模式或 ──┼─ 坚持同一性，不知变通地依循一些常
              活动模式         │  规，或展现仪式化的行为
                              │
                              ├─ 极为窄狭而执着的兴趣，在强度或焦点
                              │  上都不寻常
                              │
                              └─ 对感官输入过高或过低的反应
```

> **＋知识补充站**
>
> 自闭症的治疗
>
> 自闭症的药物治疗从未被证实有良好效果。因此，除非儿童的行为已达束手无策的阶段，药物才会被考虑使用。最常被使用的药物是抗抑郁药（21.7%）、抗精神病药物（16.8%）及兴奋剂（13.9%），它们有助于降低症状的严重程度。
>
> 在住院期间，行为治疗可被用来消除自闭症儿童的自我伤害行为，协助他们掌握社交行为的基本原则，以及发展一些语言技能。
>
> 另外有些方案是在儿童的家庭中密集地施行（每星期至少40个小时，长达2年时间），除了安排一对一的教导情境，也需要征得父母的协助。虽然效果不错，但成本相当高。
>
> 自闭症儿童的预后通常不佳，特别是在2岁前就出现症状的儿童。主要是因为他们难以把习得的行为及技巧类化到治疗情境之外。一般而言，如果儿童的智力在70以上，具有5~7岁的沟通能力，他们才能获得最大改善。但整体来说，只有不到1/4的儿童在后来生活中达到"边缘适应"的水准。
>
> 最后，当家庭中有一位自闭症儿童时，经常给父母和其他子女带来莫大考验和压力——他们往往也是心理治疗的对象。

15-3 破坏性、冲动控制及品行障碍

这类障碍涉及儿童或青少年与社会规范之间的关系，它们主要表现出攻击行为或反社会行为。但需要注意的是，它们在持续时间和严重程度上都不同于正常儿童和青少年经常会做的恶作剧（pranks）。

一、对立违抗障碍（oppositional defiant disorder，ODD）的症状描述

ODD的基本特征是重复出现对于权威人士的违拗、反抗、不服从及敌视行为，至少持续6个月。在DSM-5中，这样的行为模式被分为三个亚型：愤怒的／易激惹的心境；争辩的／对抗的行为；报复。ODD通常初发于8岁前，它的一生患病率相对偏高，男孩是11.2%，女孩是9.2%。研究已发现，从ODD到"品行障碍"存在依序进展，即几乎所有品行障碍的个案先前都发生过ODD，但不是所有ODD儿童都会在3年内继续发展出品行障碍（通常起始于儿童中期到青少年期）。它们两者的风险因素包括家庭不睦、社会地位低，以及父母的反社会行为。

二、品行障碍（conduct disorder）的症状描述

品行障碍的基本特征是持续而反复地违反规则，无视他人的权益。一般而言，他们表现为敌意、不顺从、身体和语言攻击、爱争吵，以及报复心很重。说谎、偷窃和乱发脾气更是家常便饭。有些儿童可能做出对动物的残忍行为、欺凌弱小、纵火、破坏财物及抢劫等举动。这样的儿童和青少年经常也有物质滥用的问题。早发型的品行障碍与日后发展出反社会型人格障碍有高度关联。

三、对立违抗障碍和品行障碍的起因

（一）遗传因素。研究证据显示，遗传因素导致这些儿童的言语智力偏低、神经心理轻度困扰，以及别扭（不易相处）的气质，这可能为早发型品行障碍铺设了道路。这些先天倾向再跟不顺遂的家庭和学校环境交互作用，就可能使障碍充分成形。

（二）连锁关系。"对立违抗障碍—品行障碍—反社会型人格障碍"似乎形成一种连锁关系。研究已显示，相较于在青少年期突然发作，当儿童在较早年龄就发展出品行障碍时，他们更可能在成年时进一步发展出反社会型人格。

（三）心理社会因素。研究者普遍同意，当儿童发展出品行障碍时，他们的家庭环境典型地具备一些特性，包括失效的父母管教、拒绝、严厉而不一致的纪律，以及父母的疏失。随着父母不能提供前后一贯的辅导、接纳或感情，这些儿童感到孤立而疏离，经常就转向偏差的同伴团体（以便相濡以沫），使得他们获得了进一步学习反社会行为的机会。

四、对立违抗障碍和品行障碍的治疗

大致上，我们社会对于反社会的少年采取惩罚的态度。然而，这样的措施似乎强化行为，而不是矫正了行为。因此，在这两种障碍的治疗上，重心应该放在功能不良的家庭形态，以及找到方法以改变儿童的不适应行为（如攻击行为）两方面。

近期研究采用氟西汀（Prozac）和CBT双管齐下的方式，发现大幅降低了儿童的对立违抗行为。在行为治疗方面，特别重要的是教给父母一些控制技术，以便他们能充当治疗师，除了设法强化儿童的适宜行为，也能够改善不良的环境。

DSM-5列有一类诊断，称为"破坏性、冲动控制及品行障碍"（disruptive，impulse-control，and conduct disorders）。这些障碍中，许多不当行为已违反了法律。

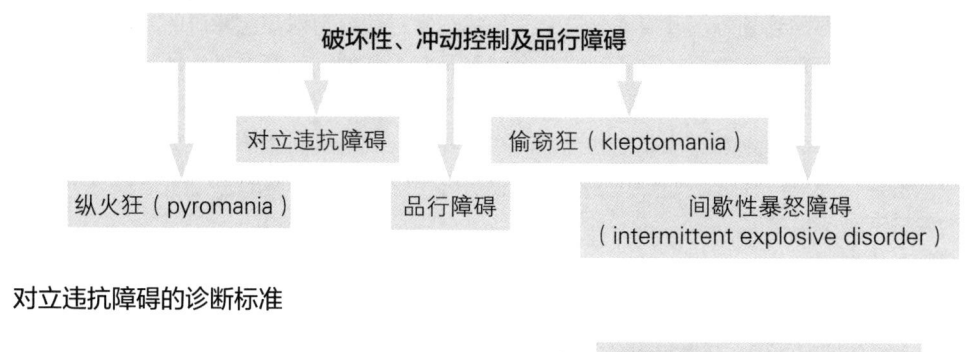

```
破坏性、冲动控制及品行障碍
├── 纵火狂（pyromania）
├── 对立违抗障碍
├── 品行障碍
├── 偷窃狂（kleptomania）
└── 间歇性暴怒障碍（intermittent explosive disorder）
```

对立违抗障碍的诊断标准

```
对立违抗障碍
├── 愤怒的/易激惹的心境
│   ├── 常发脾气
│   ├── 难以取悦或易受激惹
│   └── 充满愤慨和敌意
├── 争辩的/对抗的行为
│   ├── 经常跟成年人争辩
│   ├── 拒绝听从成年人的要求或规定
│   ├── 经常故意激怒他人
│   └── 经常怪罪他人
└── 报复
    └── 有记仇或报复的行为
```

品行障碍的诊断标准

```
品行障碍
├── 攻击他人及动物
│   · 经常欺凌他人
│   · 使用武器
│   · 对他人的残忍行为
│   · 对动物的残忍行为
├── 破坏财产
│   · 故意纵火
│   · 毁损他人财产
├── 欺诈或偷窃
│   · 侵入他人住宅
│   · 诱骗他人以取得财物
│   · 窃取财物
└── 重大违规
    · 深夜在外游荡
    · 离家出走在外过夜
    · 经常逃学
```

15-4 儿童期和青少年期的焦虑障碍

大部分儿童容易感到恐惧及焦虑，这是成长的正常过程。但对焦虑障碍的儿童来说，他们的行为比起"正常"焦虑更极端。这些儿童似乎具有一些共同特征：过度敏感、不切实际的恐惧、害羞和胆怯、无力感、睡眠障碍及害怕上学，这往往使他们过度依赖他人。

在DSM-5中，儿童期和青少年期的焦虑障碍（anxiety disorders）的分类方式，大致上类似成年人的焦虑障碍。在一项针对儿童的流行病学研究中，焦虑障碍的患病率是5%~10%，女孩的发病率高于男孩。

一、分离焦虑障碍（separation anxiety disorder）的症状描述

分离焦虑障碍是儿童期最常见的焦虑障碍，发生在2%~4%的儿童身上。分离焦虑障碍的儿童表现出不符实情的恐惧、过度敏感、不自在、噩梦及长期焦虑。他们缺乏自信心，在新奇情境中忧心忡忡。父母往往描述这种儿童为害羞、神经质、柔顺、忧虑、容易气馁及经常落泪的。

这种儿童通常过度依赖父母，当被带离他们主要的依恋对象，或被带离熟悉的居家环境时，他们显得过度焦虑。有时候，他们会出现病态的恐惧，像是害怕父母可能会生病或死亡。这使他们无助地挨靠成年人，变得极为苛求和蛮横。分离焦虑障碍较常见于女孩。

二、儿童焦虑障碍的起因

关于在儿童期的焦虑障碍，研究者已找到一些起因。虽然遗传因素被认为可能促成焦虑障碍（特别是强迫症）的发展，但社会和文化的因素也颇具影响力，像是父母的行为和家庭压力。

焦虑儿童似乎有一种不寻常的"体质敏感性"（constitutional sensitivity），使他们容易受厌恶刺激的影响。例如，即使只是轻度的不顺心事件（如丢失玩具），他们也很容易心神不宁，并且难以平静，造成不必要恐惧反应的累积及类化。

早期生活的一些事件可能使儿童感到不安全和无法胜任，如生病住院、意外事故及失去亲人等，它们会带来创伤效应。搬家而离开朋友也经常带来不良效应。

最后，过度焦虑的儿童经常模仿他们父母的行为，即他们父母原本就过度地焦虑和保护，担心子女暴露于外界的危险和威胁。这样的态度，传达了一种信息，即他们对子女的应对能力缺乏信心，进一步强化了儿童的不胜任感。

三、儿童焦虑障碍的治疗

（一）药物治疗

如今，心理药物已逐渐普遍被用来治疗儿童和青少年的焦虑障碍。例如，使用氟西汀（fluoxetine）以治疗各种焦虑障碍，已被发现有良好的效果。

（二）心理治疗

行为治疗通常有良好效果，这种程序包括表达训练（assertiveness training，或自信心训练）和脱敏法（desensitization），前者在于协助儿童掌握基本技能，后者则帮助儿童减少焦虑行为。在脱敏法中，真实情境（in vivo）的方式更为有效——相较于要求儿童"想象"那些引发焦虑的情境。

最后，认知行为治疗也显示在减轻儿童的焦虑症状上颇具成效。

分离焦虑障碍的儿童通常过度依赖，特别是依赖他们的父母。当被实际带离时，他们的念头不断盘踞在一些病态恐惧上，像是担忧父母即将生病或死亡。

在DSM-5中，分离焦虑障碍被界定为，当离开家或跟所依恋对象分离时，当事人出现不合宜和过度的焦虑，如下列一些症状：

分离焦虑障碍的诊断标准
- 当预期（或经历）与家庭或依恋对象分离时，就感到重大苦恼
- 过度担忧将会失去依恋对象
- 过度担忧一些不幸事件将会使自己跟依恋对象分离
- 因为害怕分离而拒绝上学或离开家门等
- 过度害怕独自一人而没有依恋对象的陪伴
- 不愿意离家在外过夜
- 重复地做噩梦，内容跟离别有关
- 当跟依恋对象分离时，当事人抱怨一些身体症状

15-5 儿童期的抑郁障碍

一、儿童期抑郁障碍（depression）的症状描述

儿童期的抑郁障碍涉及一些行为，如退缩、哭泣、身体抱怨、食欲不振，以及攻击和自杀行为。过去，儿童期抑郁障碍是依据跟成年人基本上相同的DSM诊断标准而被分类的。但是，近期研究探讨了儿童、青少年、成年人的神经生理成分和治疗反应，发现在激素水平和治疗反应上存在明显的差异。此外，儿童期抑郁障碍经常是以"急躁易怒"为主要症状，取代了"低落心境"。

二、儿童期抑郁障碍的一些特性

抑郁障碍在儿童期和青少年期有很高的发病率。在小于13岁的儿童中，整体的患病率是2.8%；13~18岁时，患病率是5.6%。这些患病率在过去30年来普遍保持一致。基本上，在青少年期之前，抑郁障碍的发病率在男孩身上稍微高些；但进入青少年期后，女孩抑郁障碍的发病率约为男孩的2倍。另一项研究指出，7.1%的青少年报告在过去曾经试图自杀，而1.7%的青少年曾经自杀未遂。

三、儿童期抑郁障碍的起因

（一）**生物因素**。父母的抑郁与子女的情绪困扰之间似乎存在关联。研究已发现，儿童出生于有心境障碍患者的家庭时，他们有显著较高的抑郁障碍发病率，自杀企图的发病率也较高。此外，胎儿期暴露于酒精，则已被发现与儿童期的抑郁有关。当前的证据已指出，"母亲（怀孕期）的饮酒—婴儿期的负面情感—儿童早期的抑郁症状"之间具有连贯性。

（二）**环境因素**。许多研究已指出，儿童暴露于早期创伤事件，将会增加他们发展出抑郁障碍的风险。此外，随着儿童长期暴露于父母的负面行为或负面情绪，他们可能自己也会发展出消沉的感受。例如，儿童期抑郁障碍已被发现较常见于离婚家庭。这表示抑郁的父母可能经由互动，而把他们低落的心境传递给子女。

一些研究则探讨归因风格的影响，它们发现抑郁症状与儿童的两种倾向存在正相关，一是倾向于把正面事件归于外在、特定及不稳定的原因，二是把负面事件归于内在、全面及稳定的原因。最后，抑郁状态也与宿命论的思维，以及与无助的感受有关。

四、儿童期抑郁障碍的治疗

对成年人有效的药物，已被使用来治疗儿童期和青少年期的抑郁障碍，特别是被认为有自杀风险的青少年。有些研究已发现，抗抑郁药（如氟西汀）只具有适度效益，但仍然优于安慰剂效应。还有些研究则发现，当作为认知行为治疗的一部分施行时，氟西汀能够有效减缓青少年的抑郁症状。但需要注意，抗抑郁药可能有一些副作用，如恶心、头痛、神经质、失眠及痉挛。

在心理治疗方面，很重要的是给儿童提供支持性的情绪环境，以便他们能学习更为适当的应对策略和更有效的情绪表达。年长的儿童和青少年通常能够从良性的治疗关系中获益，公开而坦率地谈论他们的感受。年幼的儿童（以及言语技巧欠佳的儿童）则需要游戏治疗（play therapy）。无论如何，在过去几年中，最受到推崇的，还是结合药物治疗和心理治疗的方式。

睡眠—觉醒障碍（sleep-wake disorders）在DSM-5中被列为二十二大诊断分类之一，这个分类包括下列一些障碍：

```
睡眠—觉醒障碍
├─ 失眠障碍（insomnia disorder）
├─ 嗜睡障碍（hypersomnolence disorder）
├─ 发作性睡病（narcolepsy）
├─ 阻塞性睡眠呼吸暂停低通气（obstructive sleep apnea hypopnea）
├─ 中枢性睡眠呼吸暂停（central sleep apnea）
├─ 睡眠相关的通气不足（sleep-related hypoventilation）
├─ 昼夜节律睡眠—觉醒障碍（circadian rhythm sleep-wake disorders）
├─ 非快速眼动睡眠唤醒障碍（NREM sleep arousal disorders）
├─ 梦魇障碍（nightmare disorder）
├─ 快速眼动睡眠行为障碍（REM sleep behavior disorder）
└─ 不安腿综合征（restless legs syndrome）
```

✚ 知识补充站

梦游症（sleepwalking disorder）

梦游症通常好发于6~12岁，它在DSM-5中被归类为异态睡眠（parasomnias）之一，主要症状是反复发作地在睡眠中从床上起来四处走动，但个人没有意识到这种经验，清醒后也不复记忆。

根据DSM的估计值，10%~30%的儿童报告至少发生过一次梦游经验，女孩的发病率较为高些。但重复发作的发病率就低得多，只从1%~5%。这种儿童通常以正常方式入睡，但在入睡后的第2或第3个小时起床。他们可能走到屋内的另一个房间或甚至外出，他们还会从事一些复杂的活动。最后，他们回到床上。早晨起床后，他们不记得任何发生过的事情。当四处走动时，梦游者的眼睛是部分打开或完全打开的；他们避开障碍物；当对他们说话时，他们也能听见，而且通常对命令有所反应，像是回到床上。这时候如果摇晃他们，他们通常会醒过来，但是对于发现自己处于不预期的地方，他们感到惊讶而困惑。梦游发生在NREM睡眠阶段，这样的发作通常只持续几分钟。至于梦游的原因，我们至今尚未完全理解。

15-6 智力障碍

在DSM-5中，原先的"mental retardation"已被舍弃不用，为了把个人的适应功能也考虑进来，"intellectual disability"成为较适宜的用语。当然，我们在中文中还是称为"智力障碍"。智力障碍的特征是综合心理能力的缺损，包括推理、问题解决、计划、抽象思考、判断、学业学习及经验学习等。此外，当事人的这些困扰必须起始于18岁之前。因此，除了智力水平外，智力障碍也是依据个人的表现水平加以界定的。

一、智力障碍的程度

（一）**轻度（mild）智力障碍**。在被诊断为智力障碍的人中，绝大部分是属于轻度智力障碍。在教育背景中，这组人被认为是"可教育的"（educable），他们成年后的智能水平可比拟于一般8~11岁的儿童。一般来说，他们没有脑部病变或其他生理异常的症状。但因为他们预知自己行动后果的能力有限，他们通常需要一定程度的监督。

（二）**中度（moderate）智力障碍**。这组人在教育范畴上属于"可训练的"（trainable）。在成人生活中，他们的智能水平类似于一般4~7岁的儿童。他们通常显得笨拙。虽然有些人带有敌意和攻击性，但他们更典型的情况是良善而不具威胁的。在专门指导下，他们能掌握一些日常技能，进而获得部分独立，包括自我照顾和维持生计。

（三）**重度（severe）智力障碍**。这组人的动作和言语的发展严重地迟缓，常见有感官缺损和运动障碍。他们能发展出有限的个人卫生和自助技能，多少减轻对他人的依赖，但他们始终需要他人的照顾。

（四）**极重度（profound）智力障碍**。这组人的适应行为严重缺失，他们不能掌握任何最简单的作业。如果有发展出任何实用言语，那也是最基本的。他们通常有严重身体畸形、中枢神经系统病变及一些生理异常。这些人终其一生需要他人的看管和照顾。

二、智力障碍的起因

（一）**基因—染色体因素**。在一些严重的智力障碍个案中，基因是重要的诱因之一。例如，唐氏综合征（Down syndrome）是一种先天性智力障碍的综合症状，它的特征是染色体异常，即第21对染色体有3条。

（二）**疾病感染和有毒物质**。怀孕母亲感染风疹和梅毒等疾病时，他们子女有患智力障碍的偏高风险。另一些有毒物质（如一氧化碳和铅），也可能在胎儿发育期或出生后造成脑部伤害。

（三）**物理伤害**。生产过程中的物理伤害可能造成智力障碍，例如，胎位不正或另一些并发症可能不可逆转地伤害婴儿的脑部，像是引起颅内出血或脑部缺氧。

（四）**离子型辐射**。辐射可能直接作用于受精卵，或引起父母生殖细胞的基因突变，进而导致有缺陷的下一代。离子型辐射包括X射线、核武器试爆及核电厂泄漏等。

（五）**营养不良和其他生理因素**。研究者长期以来认为，在胎儿发育的早期，如果饮食中缺乏蛋白质和其他基本营养物质，可能造成不可逆转的生理和心理伤害。

智力障碍也称智力发育障碍（intellectual developmental disorder）。这个表格指出智力障碍程度、对应的智商范围与所需支持强度之间的关系。

- 轻度智力障碍：IQ从50~55至70~75。
  需要间歇（intermittent）的支持：尚良好的社交和沟通技能；在特殊教育下，个人在十几岁后期可达到6年级的学业水平；在特殊训练和监督下，可达成社会和职业的胜任；在生活起居的安排上部分地独立自主。

- 中度智力障碍：IQ从35~40至50~55。
  需要有限（limited）的支持：适度的社交和沟通技能，但几乎不自觉；在长期的特殊教育下，可达到4年级的学业水平，可在庇护的场所中担任工作，但在起居安排上需要监督。

- 重度智力障碍：IQ从20~25至35~40。
  需要广泛（extensive）的支持：很少或没有沟通技能；感官和运动缺损；不能从学业训练中获益；可接受基本卫生习惯的训练。

- 极重度智力障碍：IQ低于20~25。
  需要全面（pervasive）的支持：只有最起码的生活功能；没有能力自我维生；需要持续不断的看护和监督。

智力障碍的定义（美国智力障碍协会，AAMR，2002）

智力障碍的界定：

- 条件1
  ↓
  显著低于平均数的智力

- 条件2：在下列10项适应技巧的领域中，至少有2项发生重大失能情况
  ↓
  沟通、自我照顾、居家生活、社交技能、社区使用、自我指导、卫生与安全、功能性知识、休闲、工作

- 条件3
  ↓
  初发于18岁之前

第十六章
精神障碍的治疗

- 16–1 心理治疗的基本概念
- 16–2 心理动力治疗
- 16–3 人本主义治疗（一）
- 16–4 人本主义治疗（二）
- 16–5 行为疗法（一）
- 16–6 行为疗法（二）
- 16–7 认知治疗
- 16–8 认知行为治疗
- 16–9 团体心理治疗
- 16–10 生物医学治疗（一）
- 16–11 生物医学治疗（二）

16-1　心理治疗的基本概念

当我们心理苦恼时，我们通常会跟亲人或朋友倾吐自己的困扰。宣泄过后，我们发现自己心情大有改善。大部分心理治疗师所依赖的也是这种接纳、温暖及同理心（empathy）的态度，而且对于来访者呈现的问题不加批判。

但是，心理治疗还需要引进一些专业的措施。这种措施经过仔细规划而系统地建立在一些理论上，以便促进来访者产生新的理解，或改变来访者不适应的行为。在这个层面上，专业的治疗才有别于非正式的协助关系。

一、心理治疗的定义

多年来，心理治疗的许多定义已被提出，普遍被接受的一个综合定义是："心理治疗是针对情绪本质问题的一种处置方式，受过训练的人员有意地建立起跟患者的一种专业关系，它的目标在于消除、矫正或缓解现存的症状，调解紊乱的行为模式，以及促进正面的人格成长和开发。"

二、什么人提供心理治疗

当患者被转介后，通常是由临床心理师、精神科医师及临床社工师接手处理。这些专业人员在心理卫生机构中施行心理治疗。精神科医师的医学训练使得他们能够开立精神药物的处方，以及实行另一些形式的医疗处置，如电痉挛疗法。至于临床心理师在处理精神障碍上，主要是着手检视和改变患者的行为及思考模式。

三、治疗的目标

治疗过程包括四个主要任务。首先是诊断（diagnosis）患者的问题，冠以适当的精神障碍（DSM-5）名称。其次是指出可能的病因（etiology），检定该障碍可能的起源。再次是从事预后（prognosis）的判断，评估该疾病会呈现怎样的进程。最后是开出处方，施行适当的治疗（therapy），以便减轻或消除令人苦恼的症状。

达成这些任务后，治疗师就能据以跟来访者进行协议，双方实际上签订契约。这样的契约通常包括像是预定矫治的行为或习惯、治疗时间、会见频率、所需费用、综合处置形式，以及来访者的责任等事项。

四、实证支持的治疗

在临床实施上，手册化治疗（manualized therapy，或称指南式治疗）近年来受到大力提倡。它是指以标准化、手册的格式呈现及描述心理治疗的施行，具体指定每个治疗阶段所对应的原理、目标及技术。当疗法符合这个标准，而且在处理特定精神障碍（符合DSM-5的诊断标准）上具有效能时，就被称为实证支持的治疗（empirically supported therapy）。现今，各种关于这种疗法的名单会被例行地发表及更新（"美国心理学会临床心理学分会"）。

但是，有些学者反对这种做法。他们认为这些规格化的"实证支持的治疗"忽视了治疗师变量和来访者变量两者在治疗结果上的重要性。

本章我们将检视几种主要的治疗方式，它们目前仍被健康医疗人员普遍采用，包括精神分析、行为矫正、认知治疗、人本—存在治疗及药物治疗。

心理治疗无法妥善处理所有的苦恼、焦虑、问题行为及精神病理症状。来访者的一些状况是难以矫治的，而另一些状况则易于矫治。

困扰／状况	可矫治程度
惊恐障碍	可被治愈
特定恐怖症	几乎可治愈
性功能失调	有显著缓解的可能
社交焦虑障碍	有中度缓解的可能
特定场所恐怖症	有中度缓解的可能
抑郁障碍	有中度缓解的可能
强迫症	有中度／轻度缓解的可能
愤怒	有中度／轻度缓解的可能
日常焦虑	有中度／轻度缓解的可能
酒精中毒	有轻度缓解的可能
过胖	只能暂时地矫治
创伤后应激障碍	只能有最起码的缓解

➕ 知识补充站

行为改变的阶段

心理治疗的结果受到一些变量的影响，包括来访者的特性、治疗师的素质和技巧、寻求缓解的问题，以及所使用的治疗程序等。

但无论实施怎样的治疗，来访者的行为改变被视为一种过程，依序通过一系列阶段：

1. 前立意期（precontemplation）：来访者没有存心做任何改变，他们寻求诊疗是因为外界压力，如法院命令或家人要求。
2. 立意期（contemplation）：来访者察觉问题的存在，但尚未投身于做出改变。
3. 准备期（preparation）：来访者做出少许改变。
4. 行动期（action）：来访者积极改变自己不适应的行为、情绪或所处环境。
5. 维持期（maintenance）：来访者着手于预防故态复萌，保持已获得的效益。
6. 终止期（termination）：来访者已达成转变，不再受到复发的威胁。

在治疗实施期间（如戒烟、减少饮酒、健身运动及癌症检查行为等），治疗师有必要辨识来访者处于行为改变的哪个阶段，然后采取针对性的措施，以促使来访者逐步通过先前阶段，顺利进展到行动阶段。

16-2 心理动力治疗

一、精神分析治疗（psychoanalytic therapy）

精神分析治疗是弗洛伊德发展出来的，它是一种密集而长期的分析技术，主要任务是理解当事人如何使用压抑（repression）以处理冲突。神经官能症被认为是在传达潜意识的信息。因此，精神分析师的工作是协助当事人把被压抑的思想带到意识层面上，以让当事人获得关于当前症状与被压抑冲突之间关系的洞察力。

（一）自由联想（free association）

当施行这项治疗程序时，当事人舒适地坐在椅子或躺在长椅上，让自己的思绪任意流动，说出涌上心头的任何事情，不再稽查或过滤自己的思想，即使那些意念、情感或愿望显得多么荒唐可笑、大胆冒犯、令人窘迫或与性题材有关。自由联想是用来探索当事人的潜意识，以释放被压抑的信息。此外，它也具有情绪解放的"宣泄作用"（catharsis）。

（二）梦的解析（analysis of dreams）

弗洛伊德主张，梦境是关于个体潜意识动机的一种重要信息来源。在睡眠期间，个人的防御会放松下来，象征性的题材就得以浮现。梦的显性内容（manifest content）是指睡醒后所能记得及陈述的情节。梦的潜性内容（latent content）则是寻求表达的真正动机，但因不被接受而以伪装的方式展现。精神分析师的任务就是检视梦境的内容，找出当事人潜伏或伪装的动机，揭示梦的象征意识。

（三）阻抗（resistance）

在治疗期间，当事人有时候会出现阻抗，他们不愿意谈论一些想法、欲望或经验。当事人的阻抗是在防止痛苦的潜意识素材被带到意识层面上。这些素材可能是关于个人的性经历，或是他针对父母的一些违逆、愤恨的感受。

精神分析师应该重视当事人所不愿意谈论的题材，因为这种阻抗（有时候是经由反复迟到、取消约见及身体不适等方式展现）是通往潜意识的一道关卡。精神分析的工作就是打破阻抗，使当事人能够面对那些痛苦的思想、欲望及经验。

（四）移情作用（transference）

在精神分析的治疗过程中，当事人往往会对治疗师发展出一些情感反应，他们对待治疗师就仿佛对方代表自己童年时期的一些重要人物，这称为移情。在这种情况下，当事人童年时期的冲突和困扰在治疗室中重现，这提供了关于当事人问题本质的重要线索。

二、对于心理动力治疗的评价

因为着眼于人格的重建，精神分析是一种漫长且昂贵的治疗方案。这种治疗需要花费很长时间（至少好几年，每星期1~5次的访谈），也需要当事人拥有适度的内省能力、受过教育、言语表达流畅、有高度动机维持治疗，以及有能力支付可观的费用，也难怪它被讥为只适合有钱又有闲的阶级。

针对这些批评，新式心理动力疗法正尝试使整个疗程简短些，也设法结合治疗手册的使用。"人际心理治疗"（IPT）就是建立在这种观念上，它已被援引为实证支持疗法的实例之一。

精神分析治疗的四种基本技术

四种基本技术		
→	自由联想 →	随着思绪所至，自由自在地说出自己的想法、愿望或情感
→	梦的解析 →	显性梦境和潜性梦境
→	阻抗的分析 →	来访者为避免潜意识素材浮升到意识层面所采取的任何行为
→	移情的剖析 →	来访者把自己隐藏在心中对别人的情感转移到分析师身上

在自由联想中，来访者说出所有想到的事情，无论合理或不合理，道德或不道德。

+ 知识补充站

人际心理治疗（interpersonal psychotherapy，IPT）

IPT是一种短期、洞察力取向的疗法，它强调临床状况的发作与当前人际关系障碍（与朋友、伴侣或亲人）之间的关系。它针对现今（here and now）的社交困扰采取对策，而不把重点放在持久的人格特质上。

IPT典型是12~16个星期的疗程。治疗师是积极主动、非中立及支持性的，他们采取现实主义和乐观主义的态度，以对抗病人典型的负面和悲观态度。治疗师强调改变的可能性，凸显可能引起正面变化的选项。

IPT主要被使用在治疗抑郁障碍上，虽然它也被修正以处理其他心理障碍，如物质滥用和神经性贪食。它已显示在处理急性抑郁发作和预防抑郁症状的复发上，具有良好效果。

16-3 人本主义治疗（一）

人本主义治疗（humanistic therapy）是在"二战"后兴起的一种重要治疗取向。它主张许多心理障碍是源于人际疏离、自我感丧失及孤寂等问题，个人无法在生活中找到有意义而真实的存在；这类有关存在的问题，不是经由"打捞深埋的记忆"或"矫正不适应行为"所能解决的。

人本主义治疗的基本假设是：个人拥有自由和责任两者，以支配自己的行为，个人能够反思自己的问题、从事抉择及采取积极的行动。因此，来访者应该为治疗的方向和成果承担起大部分责任，治疗师只是充当咨询、引领及催促的角色。

一、来访者中心疗法（client-centered therapy）

罗杰斯（Carl Rogers，1902~1987）认为，人性的基本动力在于自我实现。人类生来被赋予许多潜能，这些能力在适宜环境中自然能够充分发展，但如果环境不良或没有得到适当引导，就会造成偏差行为。治疗师的三种特性被认为最具关键作用。

（一）准确的同理心。治疗师竭尽所能地设想来访者的内在参考架构，从来访者的视角观看世界，设身处地地体验来访者感受，然后反映给来访者，以让来访者更了解自己和接纳自己。

（二）真诚一致。在治疗关系中，治疗师必须真诚相待、不虚掩，也不戴假面具。长久下来，来访者将会对治疗师这种诚实、不矫揉造作且表里如一的态度有善意回应。这能令来访者安心，也能激励他们产生一种个人价值感，从而开始面对自己的潜力。

（三）无条件的积极关注。治疗师必须不预设接纳的条件，而是以来访者现在的样子接受及理解他。但接纳并不意味赞同来访者，而只是关心他，视他为一个独立个体。此外，治疗师不对来访者的正面或负面特性做任何评价。随着来访者重视治疗师的积极关注，来访者自身的积极关注能力将会被提升。

最后，来访者中心疗法是一种非指导性的治疗，治疗师只是身为一位支持性的聆听者，当来访者倾诉时，治疗师试着反映（有时候是重述）来访者谈话的内容或情绪，以促进来访者的自我觉知和自我接纳。

随着体验到来自治疗师的真诚、接纳及同理心，来访者将会在建立与他人关系上产生变化，变得更为自动自发，也对于跟他人的互动更有信心。这将有助于他们信任自己的经验，感受自己的生活丰盈感，变得生理上更为放松，也更充分地体验生活。

二、存在主义治疗（existential therapy）

存在主义治疗源于哲学上的存在主义和存在主义心理学，它处理的是一些重要生活主题，如生存与死亡、自由、责任与抉择、孤立与关爱，以及意义与虚无等。存在主义治疗不在于施行一些技术和方法，它是对于生存问题的一种态度抉择。

存在主义治疗源于欧洲哲学家的早期工作，像是克尔凯郭尔（Sören Kierkegaard，1813~1855）论述了生活的焦虑和不确定性。尼采在19世纪促进了存在思想在欧洲的普及，他强调的是主观性和权力意志。胡塞尔（Edmund Husserl，1859~1938）提出现象学，主张以事物在人们的意识中被体验的方式来探讨事物。海德格尔（Martin Heidegger，1889~1976）指出，当人们发觉自己的存在并不是抉择的结果，只是别人丢掷给自己的时候，他们可能感到恐惧而苦恼。

在某种形式上，人本主义在表达上是作为对科学实证主义决定论的一种对抗，也是对于身为人类本质所在的人性的一种主动拥抱。根据这种理念，人格的一个关键层面是抉择，它涉及事实的世界和可能的世界。因此，人格不仅是个人是什么，也是个人可以成为什么。

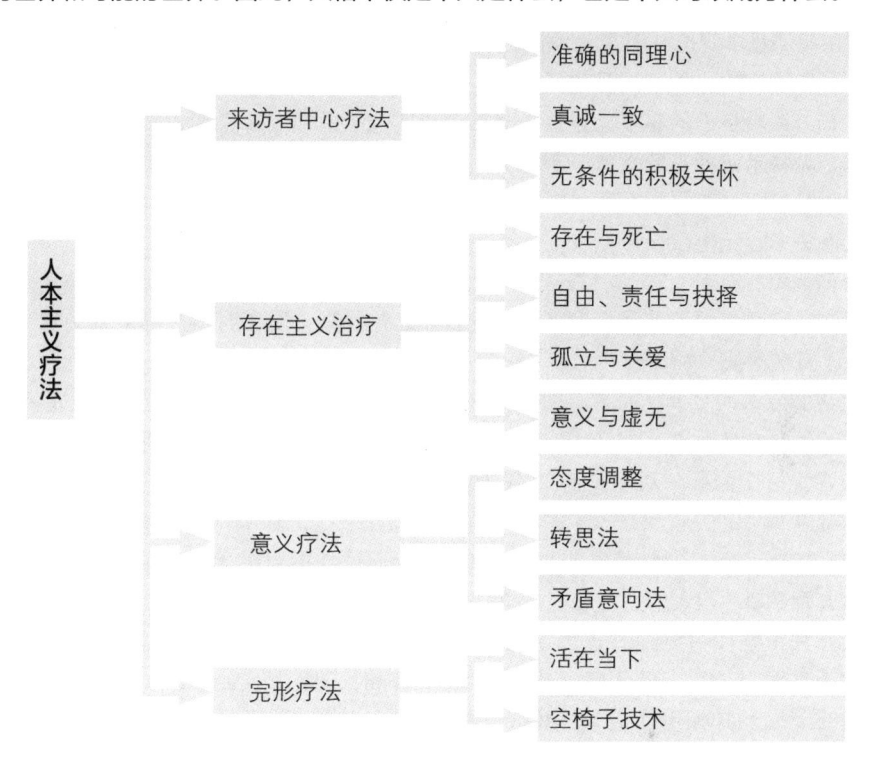

```
                           ┌─→ 准确的同理心
             ┌─→ 来访者中心疗法 ├─→ 真诚一致
             │                 └─→ 无条件的积极关怀
             │
             │                 ┌─→ 存在与死亡
             │                 ├─→ 自由、责任与抉择
             ├─→ 存在主义治疗  ├─→ 孤立与关爱
人本主义疗法 │                 └─→ 意义与虚无
             │
             │                 ┌─→ 态度调整
             ├─→ 意义疗法      ├─→ 转思法
             │                 └─→ 矛盾意向法
             │
             └─→ 完形疗法      ┌─→ 活在当下
                               └─→ 空椅子技术
```

> **✚ 知识补充站**
>
> **存在主义的基本信条**
>
> 　　存在主义治疗是一种对待生命的态度、一种存在的方式，以及一种与自己、他人及环境互动的方式。存在主义有几个基本信条：
>
> 　　1.存在与本质：我们的存在是被授予的，但我们以其塑造些什么［即我们的本质（essence）］，却是由我们所决定。我们的抉择塑成了我们的本质。如同萨特（Sartre，1905~1980，法国哲学家及小说家）所说的，"我就是我的抉择"。
>
> 　　2.意义与价值：意义意志（will-to-meaning）是人类的基本倾向，个体会致力于找到满意的价值观，然后以其引导自己的生活。
>
> 　　3.存在焦虑与对抗虚无：不存在（nonbeing）或虚无（nothingness）的最终形式是死亡，它是所有人类无法逃避的命运。当意识到我们必然的死亡和它对我们生存的意义时，这可能导致存在焦虑——对于自己是否正过着有意义而充实生活的一种深刻关切。

16-4 人本主义治疗（二）

最后，在陀思妥耶夫斯基、加缪、萨特及卡夫卡等著名作家关于存在主义题材的论述下，存在主义的哲学观念一时蔚为风潮。

因为存在主义治疗处理的是生活的主题及态度，所以它的目标是放在发现生命的目的和意义上，充分体验自己的存在，且能够真诚而踏实地关爱他人。存在主义咨询是一种生活艺术的训练，随着来访者带着兴致、想象力、创造力、希望及愉悦（而不是带着忧惧、厌倦、憎怨及顽固的态度）来看待生活，治疗便发挥了功效，使来访者在生活中活泼而生动。

三、意义疗法（logotherapy）

维克多·弗兰克尔（Victor Frankl，1905~1997）生于维也纳，他经历过纳粹集中营的浩劫。根据对自己在集中营所受折磨及痛苦的沉思，他发现人是无时不在寻求意义的，生命的价值就在于意义的抉择和体现。

在生活的许多时候，人们都应该被生命意义的问题困惑过。为什么我在这里？我来自何处？我的生命有何意义？生活中有什么事物赋予了我价值感？为什么我存在？弗兰克尔指出，人类在生活中需要一种意义感。意义感也是价值观赖以发展的媒介——关于人如何生活，以及希望如何生活。

但是，如果一个人致力于寻找生命意义，他反而寻找不到。意义会随着一个人真实生活并关怀他人而浮现。当人们过度聚焦于自己身上时，他们也将失去了对生活的视野。

意义疗法试图作为传统心理治疗的帮手，而不是要取代它们。然而，当个人情绪困扰的本质似乎涉及对于生命的无意义或虚无感到苦闷时，意义疗法是值得推荐的特定程序。最后，许多意义治疗师也使用苏格拉底式的对话法（假装向对方讨教而揭露对方说法的谬误），以协助来访者发现他们生活的意义。

四、完形疗法（Gestalt therapy）

皮尔斯（Fritz Perls，1893~1970）是完形疗法的创始人。"完形"（gestalt）在德语中是"整体"（whole）的意思。完形疗法强调心灵与身体的合一，它把重心放在个人整合自己的思想、感受及行动的需求上。

完形治疗的基本目标是经由觉知（awareness）以获得个人的成长和统合。它特别适用于压抑的人，如过度社会化或有完美主义倾向的人。治疗师经常采用"自我对话"（self-dialogues）的方式，也就是"空椅子"（empty chair）技术。它让来访者在一张椅子上扮演某一角色（如优势者），然后移到另一张椅子上扮演另一个角色（如劣势者），随着角色变换，他在两张椅子间移动。治疗师需要注意来访者在扮演这两个角色时说些什么，或如何说，进而反映给来访者。这项技术是在协助来访者接触他可能一直否认的某些情感。最后，在完形治疗中，最重要的是，使来访者明白对于自己行动和情感的责任。这些是属于来访者的工作，来访者不能加以否认，不能加以规避，也不能归咎及推诿于另一些人或事。

意义治疗师采用三种特定技术来协助人们超越自身，从一种有建设性的角度看待自己的困扰。

意义疗法的三项技术

态度调整 （attitude modulation）	转思法 （de-reflection）	矛盾意向法 （paradoxical intention）
这是以较健全的动机来取代神经质的动机，即所谓"一个人的态度决定他的高度"。	来访者对自己困扰的关注及忧虑被转向其他有建设性的层面。	这是在培养一种对自己的幽默感，从而发展出一种抽离于自己困扰的能力。

在空椅子技术中，来访者面对一张空椅子，假装他在生活中发生冲突的对象（如父母之一）就坐在那张椅子上，他对其说出隐藏在内心的思想及情感，随后互换角色。

➕ 知识补充站

对于人本主义疗法的评价

　　人本主义疗法的许多概念为当代思潮带来了重大冲击，特别是关于人类本质和心理治疗的走向。例如，它促成了"人类潜能运动"的发展，使心理治疗不再只针对心理偏常的人，更被扩展到心理健全的人，以开发他们的潜能。

　　然而，人本主义疗法也招致一些批评，特别是它们缺乏公认的治疗程序，对于来访者与治疗师之间互动情形的界定也很模糊。但是，这种治疗取向的拥护者表示，他们反对把人们简化为一些抽象观念，这不但损害来访者的自我价值，也否认了来访者的独特性。他们指出，人们如此不一样，我们应该期待会有不同的技术适用于不同的来访者。

16-5 行为疗法（一）

行为疗法（behavior therapy）起源于1950年代，它建立在科学的行为主义原则上，主要以三个方面的研究为依据：巴甫洛夫的经典条件反射；斯金纳的操作条件反射；班杜拉的社会学习论。行为治疗学家主张，就如正常行为一样，偏常（病态）行为也是以相同方式获得的，即通过学习过程。因此，行为治疗就是指系统地运用学习原理以提高良好行为出现的频率，以及降低不良（不适宜）行为出现的频率。

一、系统脱敏法（systematic desensitization）

脱敏法是由沃尔普（Joseph Wolpe）发展出来的，它是运用对抗性条件作用（counter conditioning）的原理，而让来访者以放松的状态来取代焦虑的情绪。它包括三个步骤，首先是建立"焦虑层级表"，来访者检定可能引起焦虑的各种刺激情境，然后按照焦虑强度，从弱的刺激到强的刺激依序排列。

第二个步骤是放松训练，来访者学习以渐进方式让肌肉深度放松。第三个步骤是消除敏感。当处于放松状态下，来访者鲜明而生动地想象层级表上的刺激情境，从弱到强，直至想象最苦恼的刺激也不会引起不舒适感时，治疗才算成功。系统脱敏法已被成功应用于对多方面困扰的干预中，特别是特定恐怖症、社交焦虑症、公开演讲焦虑及广泛性焦虑症。

二、暴露疗法（exposure therapy）

（一）泛滥法（flooding，或称满灌法）

不采取逐步的程序，泛滥法以一步到位的方式，让来访者暴露于他所害怕事物的心象（mental image），延续地体验该事物，直到焦虑逐渐消除。

（二）内爆法（implosion）

在内爆法中，来访者所想象的画面或情景被夸大，而且是不符合实际的，但是来访者处于安全环境中。随着来访者恐慌的内在爆发一再发生，却没有造成任何个人伤害，该情景不久就会失去引起焦虑的力量。

泛滥法和内爆法显然都是运用经典条件反射学习中的消退（extinction）原理。

三、真实情境的暴露（in vivo exposure）

无论是系统脱敏法、泛滥法或内爆法，它们都是以想象的方式呈现那些引发焦虑的事件。但有些时候，行为治疗师偏好使用真实情境。

"真实情境"治疗是指暴露程序是在来访者所害怕的实际环境中施行，它也包括"逐步接近所害怕的刺激"和"直接面对所害怕的情境"两种方式。这表示在取得来访者的同意下，当来访者有幽闭恐怖症时，他将实际上被关进黑暗的衣橱中，当儿童不敢靠近水时，他将被丢进游泳池中——当然是在治疗师陪伴身旁和保证疗效的情况下。

关于行为治疗师在施行程序上，究竟采用想象还是真实情境的方式，采用渐进还是强烈的方式，这不但取决于治疗师对畏惧反应的评估，也取决于来访者的偏好。通常，真实情境的方式要比想象的方式提供更快速的缓解，治疗效果也可长久维持。

近年来，临床人员已采用虚拟现实（virtual reality）的方式来提供暴露治疗。研究已显示，虚拟现实的效果完全不逊于实际暴露，而且在时间和经费上更为节约。

行为疗法也被称为行为矫正术（behavior modification），它被使用来处理广泛的偏差行为和个人困扰，包括恐惧、强迫行为、抑郁、成瘾、攻击及违法行为。

```
行为疗法一览表
├─ 系统脱敏法 ──→ 系统脱敏
├─ 暴露疗法 ──┬─ 泛滥法 ──┐
│             └─ 内爆法 ──┴─→ 想象式暴露
├─ 真实情境的暴露 ─┬─ 逐步接近
│                  ├─ 直接面对 ──→ 暴露与反应预防
│                  └─ 虚拟现实
├─ 后效管理 ─┬─ 代币制度
│            ├─ 行为塑造
│            ├─ 消退策略
│            ├─ 行为契约
│            ├─ 暂停法
│            └─ 类化技术
└─ 社会学习治疗 ─┬─ 行为示范 ─┬─ 现场示范
                  │            ├─ 象征性示范
                  ├─ 行为预演 ─┴─ 参与性示范
                  └─ 社交技巧训练
```

> **+ 知识补充站**
>
> **病人 VS 来访者**
>
> 　　多年以来，对于求诊于心理健康专业人员的当事人而言，传统上称为"病人"（patient）。但是，这个用语不免令人联想到医学疾病和消极态度，即病人始终耐心等待医师的诊治。如今，许多心理健康专业人员较为喜欢采用"来访者"（client）这个措辞，因为这表示当事人应该更积极参与自己的治疗，也应对自己的康复负起更多责任。

16-6　行为疗法（二）

四、后效管理（contingency management）

后效管理是指运用操作条件反射的原理，经由强化以消除不合宜行为，或经由强化以引发及维持良好行为。

（一）**代币制度**（token economy）。这是精神疗养院中经常采取的一套制度，当患者展现被清楚界定的良好行为时，行为技师就给予代币。这些代币稍后可用来交换一些奖赏或特权。经由这种"正强化策略"，患者各种有建设性的行为都可被有效建立起来，如帮忙端菜、拖地板、整理床铺及良性社交行为等。

（二）**行为塑造**（shaping）。这也是采用正强化程序，以连续渐进法建立来访者的新行为。这项技术已被使用来处理儿童的行为问题。

（三）**消退策略**（extinction strategy）。为什么有些儿童的不当举动（如教室中的破坏行为）再三受到处罚，却似乎变本加厉呢？很可能是因为处罚是他们能够赢得别人注意力的唯一方式。在这种情况下，老师可以要求同学们对该学生的适宜行为提供注意力，同时对于破坏行为置之不顾，以便消除不当的行为模式。

五、社会学习治疗（social-learning therapy）

社会学习治疗是安排一些情况，让来访者观察榜样（models）因为展现良好的行为而受到奖赏，以便矫正来访者的问题行为，这也称为"替代学习"（vicarious learning）。

（一）**行为示范**（modeling）。这具有两个重要成分，其一是习得榜样如何执行某种行为，其二是习得榜样执行该行为后发生什么后果。至于示范技术则包括现场示范、象征性示范、角色扮演及参与性示范等。示范与模仿（imitation）是许多行为疗法的重要帮手，它们在消除来访者的蛇类恐怖症上特别具有成效。

（二）**行为预演**（behavior rehearsal）。有些人的生活困扰源于他们社交压抑或行为缺乏果断，他们需要接受社交技巧的训练，以使他们的生活更具效能。许多人无法以清楚、直接而不具侵略性的方式叙述自己的想法或意愿，为了协助来访者克服这种困扰，"行为预演"可被派上用场。这种方法是在角色扮演的情况下，训练来访者有效地表达自己的意见，或以预先写好的剧本，让来访者扮演一种他在实际生活中畏缩不前的角色。除了果断性外，行为示范和行为预演的技术也可被用来建立及增强其他互动技巧，如竞赛、协议及约会等。

六、行为医学（behavior medicine）

许多行为技术已被用来协助医学疾病的处理和预防，以及帮助人们遵从医疗嘱咐。例如，肌肉放松和生理反馈两者有助于降低高血压。另外几项技术也被用来教导及鼓励人们从事有益健康的行为，以便预防心脏病、应激及AIDS等。

最后，行为治疗师采用各式各样特定的技术，不仅是针对不同的来访者，也针对同一个来访者（在整个治疗过程的不同阶段中）。因此，治疗师在特定来访者上，往往会结合几种疗法（一种治疗套装）。

精神分析疗法与行为疗法在理论和实务上的差异

议题	精神分析治疗	行为治疗
基本人性	生物本能，主要是性本能和攻击本能，要求立即的满足，因此带来个人与现实间的冲突	就如同其他动物，个人生来具有学习能力，所有物种都遵循相似的原理
正常的发展	通过解决各个连续阶段的冲突而获得成长	适应行为经由强化和模仿而习得
心理障碍的原因	反映个人不当的冲突解决，固着于较先前的发展。症状是个人对于焦虑的防御反应	问题行为源于不当的学习方式，或学到不适应的行为。症状本身就是问题所在，没有所谓内在的起因
治疗的目标	获得性心理的成熟，化解被压抑的冲动	消除不良、病态的行为，以适应的行为加以取代
潜意识的角色	这是传统精神分析论的焦点所在	从不论及潜意识过程
洞察力的角色	这是治疗发生作用的核心成分	洞察力是不必要的
治疗师的角色	像一位侦探，发觉冲突的根源和阻抗现象	像一位教练，协助当事人消除不良行为，学习新的行为

+ 知识补充站

厌恶疗法

所有疗法中最具争议的是厌恶疗法（aversion therapy）。它不是单一的疗法，而是采用许多不同的程序以矫正所谓的不良（不合宜）行为。人类有一些偏差行为是被诱惑性刺激所引发的，厌恶疗法就是采用对抗性条件作用，使这些刺激（如香烟、酒精、致幻剂等）与另一些会令人极度厌恶的刺激（如电击、催吐剂等）配对呈现。不用多久，条件反射作用使诱惑性刺激也会引起同样的负面反应（如疼痛、呕吐），当事人就发展出厌恶以取代原先的欲望。

厌恶疗法最常被用来协助当事人发展良好的自我控制，如对付酗酒、吸烟、过度饮食、病态赌博、药物成瘾及性倒错等问题。但是，有些厌恶技术较像是一种折磨，而不能被授予治疗的尊称。因此，最好是在其他疗法都已失败后，才考虑施行厌恶疗法。

16-7　认知治疗

认知疗法（cognitive therapy）试图改变来访者对重要生活经验的思考方式，以其改变来访者有问题的情绪和行为。我们通常认为，不愉快（压力）事件直接导致情绪和行为问题，但认知理论指出，所有行为（无论是不适应行为或其他行为）不是取决于事件本身，而是取决于当事人对那些事件的解读（即佛家所谓的"一念天堂，一念地狱"）。这表示偏差行为和情绪困扰是源于当事人的认知内容（他思考些什么）和认知过程（他如何思考）。

一、理情疗法（rational-emotive therapy，RET）

理情疗法是由艾利斯（Albert Ellis）所发展出来的，他认为许多人已习得一些不切实际的信念和完美主义的价值观，这造成他们对自己抱持过多期待，进而导致他们不合理性的举动。这些核心的信念和价值可能是"要求"自己能充分胜任每件事情；"必须"赢得每个人的关爱及赞许；"坚持"自己应该被公平对待；"一定"要为事情找到正确解答，否则无法容忍等。

理情治疗师的任务是重建当事人的信念系统和自我评价，特别是关于不合理的"应该""必须"及"一定"，因为就是这样的指令，当事人无法拥有较为正面的自我价值感，也无法享有情绪满足的生活。

为了突破来访者封闭的心态和僵化的思考，治疗师采取的技术是进行理性对质（rational confrontation），也就是侦查及反驳当事人不合理的信念。在对质之后，治疗师设法引进另一些措施（如幽默感的培养或角色扮演等），以便合情合理的观念能够取代先前教条式的思考。

二、贝克的认知疗法

贝克（Aaron Beck）的认知疗法基本上是关于心理障碍的一种信息处理模式，它认为个人的困扰起源于以扭曲或偏差的方式处理外在事件或内在刺激。

为了矫正负面的认知图式，在治疗的初始阶段，来访者被教导如何检视自己的自动化思想，而且把思想内容和情绪反应记录下来。然后，在治疗师的协助之下，来访者鉴定自己思想中的逻辑谬误，且学习挑战这些自动化思想的正当性。来访者思想背后的认知偏误可能包括：二分法的思考、选择性摘录、武断的推论、过度论断及概判、扩大或贬低（magnification or minimization）、错误标示（mislabeling）、拟人化（personalization）等。

来访者被鼓励探索及矫正他们不实的信念或功能不良的图式，因为就是它们导致了主要的问题行为和自我挫败的倾向。认知疗法的重点是放在来访者处理信息的方式上，因为它们可能维持了不适应的情感和行为。来访者的认知扭曲受到质疑、检验及讨论，以便带来较为正面的情感、思考及行为。

认知疗法已被证实是在处理抑郁障碍上现行最有效的技术之一。它也已稍作修改而被运用于治疗焦虑症、进食障碍（肥胖）、人格障碍及物质滥用。

认知疗法致力于矫正人们的认知扭曲和不实的信念。在进食障碍的处理上，认知疗法把焦点放在来访者过度重视体重及体形的观念上，这通常是起因于来访者偏低的自尊和担忧自己不具吸引力。

> **➕ 知识补充站**
>
> **两性平权疗法**
>
> 　　当女性出现在神话学中，她们通常被描述为邪恶或不正当的。例如，在《圣经》中，亚当和夏娃必须离开伊甸园是因为夏娃吃了智慧树上的苹果，这使她成为原罪（original sin）的来源。在中国神话学中，阴（yin）和阳（yang）是指女性特质和男性特质。"阴"被描述为自然界黑暗或邪恶的一面。
>
> 　　两性平权疗法（feminist therapy）认识到男性和女性在整个生涯中以不同方式发展，也了解了社会中的性别角色和权力不均所造成的冲击。它视一些心理障碍为个人发展和社会歧视的结果。
>
> 　　两性平权疗法采取一些技术，包括：性别角色分析；性别角色介入；权力分析；权力介入；果断训练；阅读治疗（bibliotherapy，阅读跟所涉议题有关的文章及书籍）；重新建构；平等的治疗关系（两性平权治疗师试着与其来访者维持公开而明朗的关系，以便社会中权力不平等的现象不至于在治疗关系中重现）。
>
> 　　虽然两性平权治疗师侧重于女性议题，但近期以来，他们也应用这种取向（再结合其他理论观点）于男性和儿童身上。

16-8 认知行为治疗

认知行为治疗（cognitive-behavioral therapy，CBT）结合认知和行为两者的观点，前者强调的是改变不切实际的信念，后者强调的是后效强化在矫正行为上的角色。这种治疗途径有两个重要主题："认知过程影响情绪、动机及行为"的基本理念；以实证主义（假设—检验）的态度运用认知与行为改变的技术。

一、压力免疫训练（stress inoculation training）

压力免疫训练（SIT）是由梅肯鲍姆（Donald Meichenbaum）所发展出来的。就像接受麻疹疫苗接种一样，注射少许病毒到一个人的生理系统中，可以预防麻疹发作；因此，如果让人们有机会成功地应对相对较为轻微的压力刺激，这将可使他们忍受更为强烈的恐惧或焦虑。梅肯鲍姆将SIT划分为三个阶段：

（一）**概念形成期**。来访者被教导，认知和情绪如何制造、维持及增添压力，而不是事件本身引起压力。因此，来访者应该把注意力放在观察自己对压力情境的自我陈述上（self-statements）。来访者也被教导应如何鉴定及应对潜在的威胁或应激源。

（二）**技巧获得及预演期**。来访者被教导各种认知和行为的技巧，包括放松技术、认知重建（改变来访者负面的自我陈述，代之以建设性的内在对话）、心理预演及运用支持系统等。

（三）**应用期**。在从简单到困难的真实情境中，实际应用所获得的技巧。此外，复发的预防也是SIT的一部分。

虽然SIT可以针对一些特定的不适应行为，但它设计的原意是要类化到来访者的其他行为上。以这种方式，随着来访者更能应对所发生的各类压力事件时，他也可培养出一种自我效能感（self-efficacy）。SIT已被使用来处理几种临床问题，包括强暴和性侵害创伤、创伤后应激障碍及愤怒失控等。

二、辩证行为疗法（dialectical behavior therapy，DBT）

辩证行为疗法是一种相对新式的认知行为治疗，特别针对边缘型人格障碍（BPD），或涉及心境障碍和冲动性的另一些临床心理障碍。林内翰（Linehan，1993）根据她的临床经验而发展出DBT，特别用于处理被诊断为BPD而有自杀企图的女性病人。

有些人生来就容易神经质，在与"失去效能"（invalidating）的家庭环境交互作用之下，就导致了情绪障碍和自我伤害的行为，失效的环境是指那些当事人的需求和情感被忽视或不受尊重的环境，也是当事人沟通的努力被置于不顾或受处罚的环境。来访者在DBT中接受四种技巧训练：①全神贯注（专注于当下，不使注意力失焦，也不做评断）；②情绪管理（检视情绪、理解所涉情绪对自己及他人的效应，学会消除负面情绪状态，以及从事能够促进正面情绪的行为）；③苦恼容忍力（学会应对压力情境及自我安抚）；④人际效能（学会有效处理人际冲突、让个人的欲望和需求获得合理的满足，以及对他人的不合理要求适当地拒绝）。

已有研究表明，DBT比"常规治疗"更有效，包括在减少自我伤害行为、物质滥用及失控的性行为方面。

认知行为治疗试图矫正或改变思考模式（信念系统），因为它们被认为促成了来访者的问题行为。

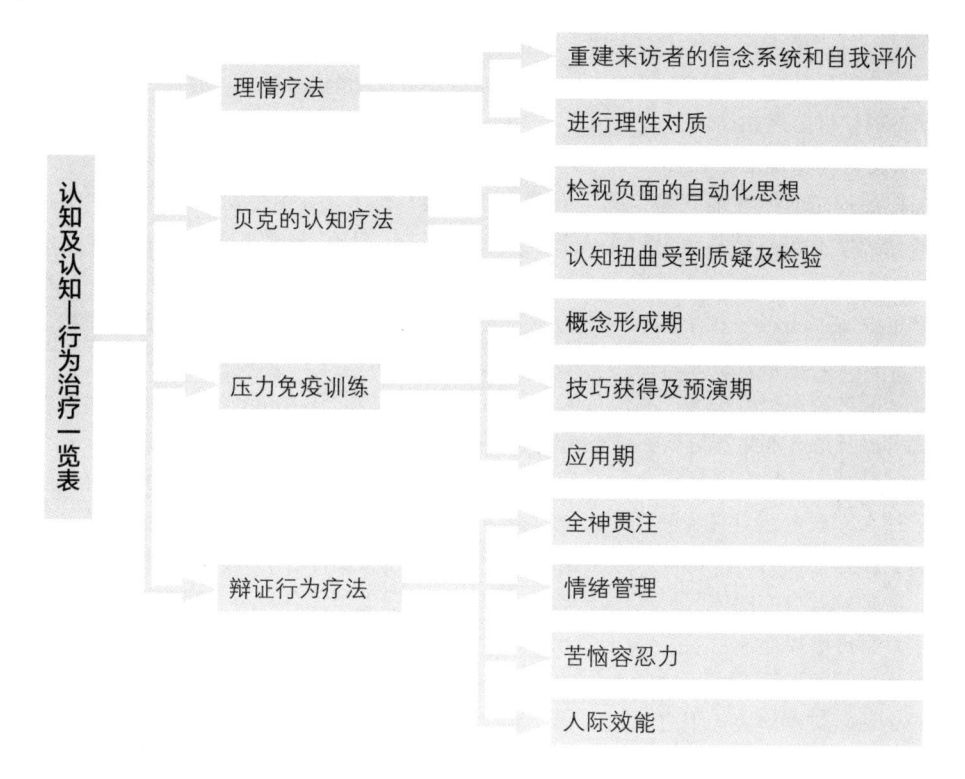

```
认知及认知—行为治疗一览表
├── 理情疗法
│   ├── 重建来访者的信念系统和自我评价
│   └── 进行理性对质
├── 贝克的认知疗法
│   ├── 检视负面的自动化思想
│   └── 认知扭曲受到质疑及检验
├── 压力免疫训练
│   ├── 概念形成期
│   ├── 技巧获得及预演期
│   └── 应用期
└── 辩证行为疗法
    ├── 全神贯注
    ├── 情绪管理
    ├── 苦恼容忍力
    └── 人际效能
```

> **+ 知识补充站**
>
> 心理剧（psychodrama）
>
> 　　心理剧是以演戏方式达到心理治疗效果的一种方法，它是由莫雷诺（Jacob Moreno）首创。心理剧强调行动，除了语言的运用外，它更重视让身体通过行动，直接体验当下的情绪，不要只停留在脑海中做抽象的思考。心理剧采用许多技术，以协助患者从不同观点检视他们的角色，使患者体验到先前不能察觉的情感和态度，从而导致行为的改变。
>
> 　　心理剧的整个过程可划分为三个阶段：暖场阶段，这是在协助所有参与者为心理剧做好准备，在团体中建立起一种信任而安全、宽容而接纳的氛围；演剧阶段，这是把主角所提出的各种情境和事件转换为真实的行动，它可能运用角色反转、独角戏、替身、临摹、行动实践及未来投射等演出技术；分享和讨论阶段，这是在演出结束后，让参与的成员分享自己内心的感受和想法，但是不批评、不建议，也不做结论。
>
> 　　心理剧帮助提供给人们验证现实的机会、开发对问题的洞察力，以及表达他们的情感（宣泄作用）。通过运用团体成员的创造力和自发性，再利用乐趣和严肃交织的过程，心理剧提供一种协助人们成长的方式，以从不同角度来看待自己。

16-9　团体心理治疗

除了一位当事人（或来访者）跟一位治疗师之间"一对一"的关系外，许多人现在是在团体背景中接受治疗。团体治疗的主要优点是它较具效率和较为经济，容许少数心理健康专业人员同时协助多名来访者。

一、团体治疗（group therapy）

团体治疗之所以逐渐兴盛，除了有些人不易跟权威人士单独相处外，也与它特有的一些团体动力学有关。传达信息：个人接受建议和指导，不仅来自治疗师，也来自其他团体成员；灌输希望：观察别人如何顺利解决问题，有助于个人燃起希望；打破多元无知状态（pluralistic ignorance）：个人从团体的经验分享中，发现别人也有同样的困扰及症状，知道自己并不孤单，这具有重要价值；人际学习：从团体互动中，个人习得社交技巧、人际关系处理技巧及冲突解决方法等；利他行为：当个人有能力协助其他成员时，将会涌起一种自我价值感和胜任感；原生家庭矫正性的重演：团体背景有助于来访者理解及解决跟家人有关的问题；宣泄：学习如何以开放的态度表达情感；团体凝聚力：经由团体接纳而提升自尊。

团体在本质上充当真实世界的社会缩影。几乎任何学派或每种个别心理治疗的途径，现在都有它团体方面的对应部分，包括精神分析团体、完形团体、行为团体、认知团体、交流分析、心理剧及会心团体等形式。团体治疗已被证实在处理惊恐障碍、社交焦虑障碍或进食障碍上具有良好效果。

二、婚姻与家庭治疗（marital and family therapy）

婚姻治疗试图解决伴侣之间的问题，治疗焦点是放在改善沟通技巧和开发较具适应性的冲突解决方式上。通过同时接见伴侣双方（经常也会拍摄及重播他们互动情形的影片），治疗师协助伴侣了解他们以怎样的手法来相互支配、控制和混淆对方，包括以言语和非言语的方式。然后，每一方被教导如何强化对方的良好表现，以及撤除对不合意行为的强化。他们也被教导非指导性的倾听技巧，以便协助对方澄清及表达自身的感受和想法。婚姻治疗已被显示有助于降低婚姻危机，维持婚姻完整。

许多治疗师发现，尽管来访者在个别治疗中有显著改善，但是重返家庭后却又复发，这就是家庭治疗的起源。它视家庭为一个整体单位，治疗师的任务首先是理解典型的家庭互动模式和在家庭内产生作用的各种影响力，如经济状况、权力阶层、沟通渠道及责任分配等。然后，治疗师发挥催化剂的作用，以矫正家庭成员之间的互动——原先的互动可能具有相互牵绊、过当保护及不良的冲突解决等特性。此外，后效契约（contingency contract）的技术可能被引进。

如今，临床实施的特色是，各种"学派"已不再存有很深的门户之见，治疗师通常愿意探索以不同方式处理临床问题，这称为多元模式治疗（multimodal therapy）。现今大部分心理治疗师会回答他们的治疗方式为"折中取向"（eclectic），这表示他们尝试借用及结合各种学派的概念及技术，取决于何者对于个别来访者似乎最具效果。这种兼容并蓄的手法，已成为现今心理治疗的主流。

大多数心理治疗团体由5~10位来访者所组成,他们至少每星期一次跟治疗师会面,每次疗程从90分钟到2小时。

团体治疗在形式和内容上有很大变动,但它们还是有共通的脉络作为基础。亚隆(Yalom,2001)列举了它们起治疗作用的一组因素:

团体治疗的优点	
1. 传达信息	6. 有效行为的模仿
2. 灌输希望	7. 情绪的宣泄
3. 普同性	8. 原生家庭矫正性的重演
4. 利他行为的展现	9. 团体凝聚力
5. 人际学习	10. 培养社会技巧

+ 知识补充站

社区支持性团体

近年来,美国团体治疗的一个特色是相互支持团体(mutual support groups)和自助团体(self-help groups)的风起云涌。无论是酒精中毒者、吸毒者或有犯罪前科者,这些有共同问题的人定期聚会,分享给彼此忠告及信息,通常未接受专家的指导,由已度过危机的成员协助新成员,相互支持以克服他们的困扰。

"匿名戒酒协会"(Alcoholics Anonymous,AA)就是经典案例之一,它成立于1935年,首创把自助概念运用于社区团体背景中。但直到1960年代妇女意识提升团体(consciousness-raising groups)的兴起,这种同舟共济的精神才被带到新的领域。如今,支持性团体处理四种基本的生活困扰:成瘾行为、身体疾病和心理障碍、生活变迁或其他危机、当事人因为亲人或朋友的意外事故而深受打击。近年来,计算机网络已成为自助团体开展活动的另一种途径。

16-10　生物医学治疗（一）

如果我们把大脑比作一部计算机，当个人发生精神障碍时，这可能是大脑的软件（编排行为的程序）发生差错，也可能是大脑的硬件出现问题。前面单元所提的"心理治疗"侧重于改变软件，即改变人们所习得的不当行为——引领当事人生活策略的那些对话、思想、解读及反馈。至于这里所讨论的"生物医学的治疗"（biomedical therapy）则侧重于改变硬件，即采取化学或物理的介入，以改变大脑的活动功能。

一、药物治疗

心理药物学（psychopharmacology）是一门快速成长的科学，它专门探讨药物对个人心理功能及行为的影响。许多精神疾病原本被认为令人束手无策，但是推陈出新的药物似乎带来了一些曙光。

（一）抗精神病药物（antipsychotic drugs）。这类药物用来治疗精神分裂症，它们是经由缓解或降低妄想和幻觉的强度产生疗效——通过阻断多巴胺受体。研究已显示，当接受传统的抗精神病药物治疗后，大约60%的精神分裂症患者的阳性症状在6个星期内消退下来，至于服用安慰剂的患者则只有20%发生缓解。除了精神分裂症谱系的精神障碍外，抗精神病药物有时候也被用来治疗伴随阿尔茨海默病产生的妄想、幻觉、偏执及躁动不安。但是，它们在处理失智患者上有较大风险，因为会带来偏高的死亡率。

服用传统抗精神病药物（如氯丙嗪），可能引起的一种副作用是"迟发性运动障碍"。基于这个原因，在精神分裂症的临床管理上，第二代药物，如氯氮平和奥氮平（olanzapine）现在较常被使用，特别是针对有高自杀风险的患者。

第二代（或非典型）药物除了直接降低多巴胺的活动外，它们也有助于提升血清素的活动水平。它们能够有效缓解精神分裂症的阳性和阴性症状。但是，这类药物也避免不了一些副作用，临床上的主要考量是体重增加、糖尿病及中性粒细胞缺乏症（agranulocytosis）。

（二）抗抑郁药。抗抑郁药是最常被开立的精神医疗药物，在抑郁障碍的治疗上，超过90%的患者被给予这些药物。

最先被发现的抗抑郁药是单胺氧化酶抑制剂（MAOIs）和三环类药物（tricyclics），它们的作用是提高去甲肾上腺素和血清素的活动水平。但是在临床实施上，它们现在也已被"第二代"药物所取代，如选择性血清素回收抑制剂（SSRIs）。氟西汀（fluoxetine或Prozac）是SSRIs的一种，它于1988年在美国首度推出，是现在最广泛被指定为处方的抗抑郁药。SSRIs的作用是仅"选择性地"抑制血清素的重摄取（在血清素被释放到突触中后），但不会抑制去甲肾上腺素的重摄取，这是它不同于三环类药物之处。此外，SSRIs的副作用也较少，高剂量服用时不具致命性，所以较易被患者所接受。

SSRIs的副作用包括恶心、腹泻、神经质、失眠及性功能失调（如性兴趣减退和高潮困难），许多人因而过早退出治疗。抗抑郁药通常需要至少3~5个星期才能产生效果。此外，因为抑郁障碍往往是一种重复发作的心理障碍，医师建议患者最好是长期持续服药，以防复发。

生物医学治疗的特色是，当一般心理治疗方法不能奏效时，它改变治疗取向，转而从当事人生理方面寻找治疗的可能性。

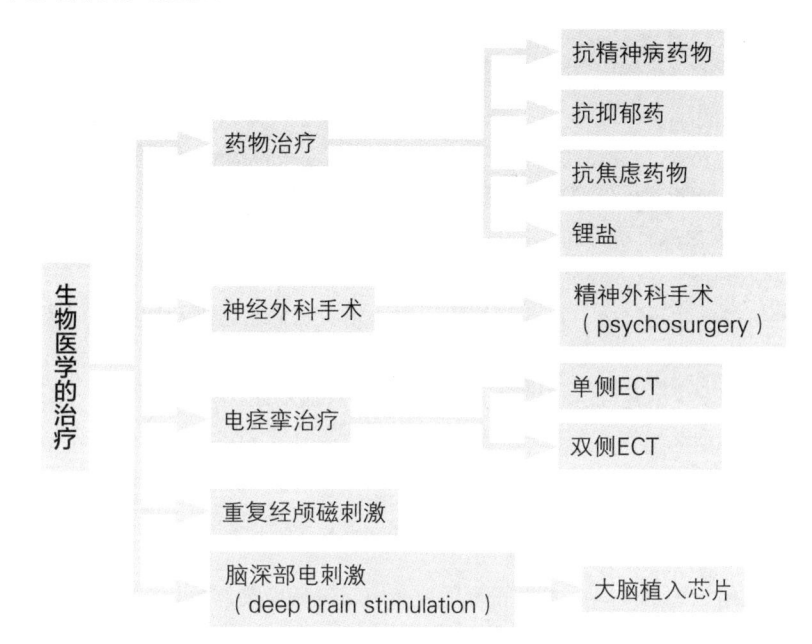

```
生物医学的治疗 ─┬─ 药物治疗 ─┬─ 抗精神病药物
              │            ├─ 抗抑郁药
              │            ├─ 抗焦虑药物
              │            └─ 锂盐
              ├─ 神经外科手术 ── 精神外科手术（psychosurgery）
              ├─ 电痉挛治疗 ─┬─ 单侧ECT
              │             └─ 双侧ECT
              ├─ 重复经颅磁刺激
              └─ 脑深部电刺激（deep brain stimulation） ── 大脑植入芯片
```

三环类抗抑郁剂的脑部机制。三环类药物阻挡去甲肾上腺素和血清素重摄取，使神经递质仍留存在突触间隙中。

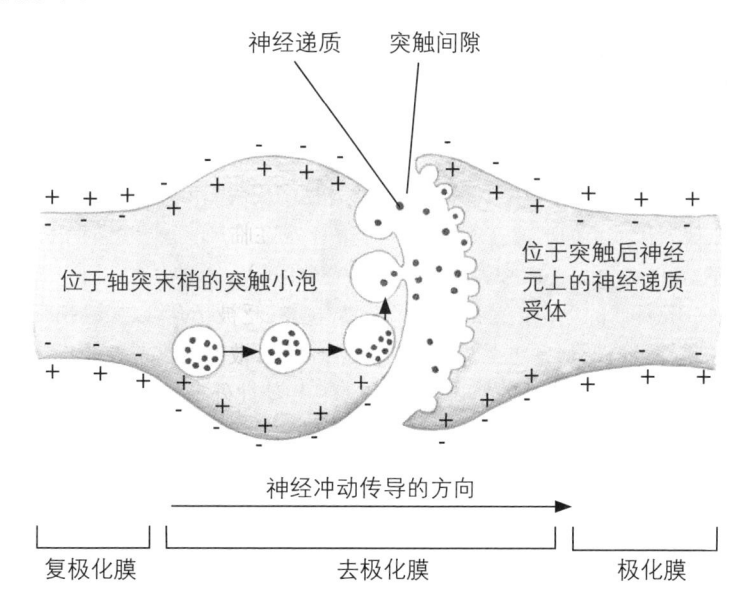

（图：突触结构示意图，标注有"神经递质"、"突触间隙"、"位于轴突末梢的突触小泡"、"位于突触后神经元上的神经递质受体"、"神经冲动传导的方向"、"复极化膜"、"去极化膜"、"极化膜"）

16-11 生物医学治疗（二）

如今，许多来访者没有临床抑郁状态，但仍被开立氟西汀的药方，只因为当事人想要"改变性格"或"提升生活"（这种药物会使人感到有活力、好交际及更具有生产力），这已招致一些伦理上的争议。

（三）抗焦虑药物。这类药物消除焦虑、不安及紧张等症状。一般人常服用的镇静剂或催眠药便属于这类药物。它们也是通过调整脑部神经递质的活动水平产生效果。例如，广泛性焦虑症以苯二氮䓬类（benzodiazepines，BZD）处理最具疗效，这类药物，如安定（Valium）或阿普唑仑（Xanax）的作用是提升GABA的活动。

BZD很容易被消化道吸收，因此很快就发生作用，它们是处理急性焦虑和激动不安的首选药物。当高剂量服用时，它们还能用来治疗失眠。但是，长期服药可能产生心理依赖和生理依赖，也经常会发生耐药性。最后，停药后可能导致戒断症状。

（四）锂盐。锂盐被发现在处理双相情绪障碍上颇具效果。这可能是因为它影响电解质平衡，进而改变脑部许多神经递质系统的活动。无论如何，高达70%~80%处于躁狂状态的患者在服用锂盐2~3个星期后，即有显著改善。

二、神经外科手术（neurosurgery）

这是指对脑组织施加外科手术以缓解精神疾病，包括损毁或阻断大脑不同部位之间的联系，或者切除一小部分的脑组织。

最广为人知的一种神经外科手术是前额叶切除术（prefrontal lobotomy），它是切断前额叶与丘脑互连的神经纤维。这项手术原本是针对躁动的精神分裂症患者的，也针对受扰于严重强迫症和焦虑症的患者。患者在手术后，不再有强烈的情绪，也就是不再感受到焦虑、罪疚或愤怒等。但是，患者的"人性"似乎被摧毁了，他们显现一种不自然的"安静"，会出现情绪平淡、表情木然、举动幼稚及对别人漠不关心等表现。

随着抗精神病药物的引进，神经外科手术如今已很少被采用，只被作为最后可用的手段——当患者在5年内对所有其他形式的治疗都没有良好反应时。此外，现今外科手术通常只是选择性地破坏脑部很微小的部位。

三、电痉挛治疗（electroconvulsive therapy，ECT）

ECT也就是一般所谓的电击治疗，它是指施加电击于患者脑部以减轻精神障碍的病情，如精神分裂症、躁狂发作及最常见的重度抑郁。治疗师通常在电击前会为患者施行麻醉或给予肌肉松弛剂，以预防过度强烈的肌肉收缩，也使患者意识不到该事件。虽然在社会上引起许多人的不安，但ECT是一种安全的疗法，它已被证实对于缓解重度抑郁相当有效，疗效也很快速。此外，许多治疗师已开始采用单侧ECT，也就是让电流只通过非优势性的大脑半球（对大多数人而言是右半球），这种方式可以减轻ECT的副作用（如记忆和言语能力的受损），同时不会降低其疗效。

近年来，一种称为"重复经颅磁刺激"（rTMS）的疗法开始被使用，它是在患者头部放置一个金属线圈，所发出的磁脉冲穿透头皮和头颅，有助于刺激脑细胞活化。研究已显示，重度抑郁患者在接受rTMS治疗几个星期后，病情明显好转，而又没有ECT的副作用。

因为重大的副作用，如记忆和言语能力的受损，ECT通常是作为紧急的措施，只施加于有自杀倾向、严重营养不良，以及对药物没有反应的重性抑郁障碍患者。

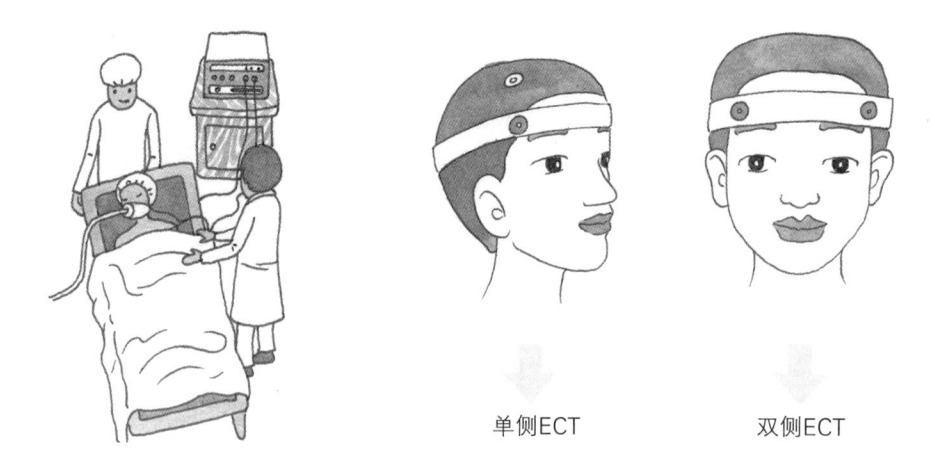

单侧ECT　　　　双侧ECT

控制脑电波进行医疗，特别是针对帕金森氏病、慢性疼痛、精神分裂症、重度抑郁及癫痫等。

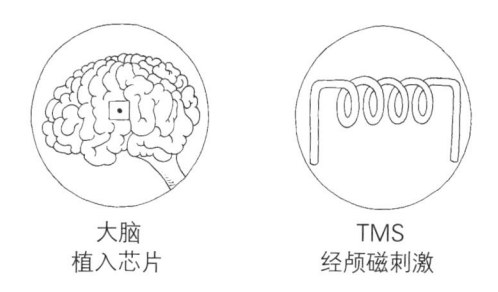

大脑
植入芯片

TMS
经颅磁刺激

+ 知识补充站

联合的治疗

以往，药物治疗和心理治疗被认为是不兼容的途径，它们不应该被一同实施。但如今，对许多心理障碍而言，药物治疗与心理治疗的联合使用，在临床实施上已是常态。

根据一项调查，55%的病人就他们的困扰接受药物和心理两种治疗。这种联合途径反映了当今关于心理障碍的思潮，即抱持生物心理社会的观点（biopsychosocial perspective）。

药物可以广泛结合一些心理程序而被使用。例如，药物可以协助患者从心理治疗中更充分受益，或被用来降低患者的不顺从行为。这方面研究的结论是，药物治疗帮助来访者从急剧苦楚中获得快速而可靠的缓解，至于心理治疗则是提供广泛而持久的行为变化。联合治疗保有它们各自的益处。

参考文献

[1] Butcher, Hooley, Mineka. Abnormal psychology[M]. 16th ed. Boston: PEARSON, 2014.

[2] Gerrig R J. Psychology and life[M]. 20th ed. Boston: PEARSON, 2013.

[3] Trull T J. Clinical psychology[M]. 7th ed. Belmont: THOMSON/WADSWORTH, 2012.

[4] Gregory R J. Psychological testing [M]. 5th ed. Boston: PEARSON, 2007.

[5] 台湾精神医学会.精神疾病诊断手册（DSM-5）[M].香港：合记图书出版社，2014.

[6] 郑丽玉，陈秀蓉，危芷芬，等.心理学[M].台北：五南图书出版社，2006.

[7] 姜定宇，留佳莉，危芷芬，等.心理学导论[M].台北：五南图书出版社，2009.

[8] 张春兴.张氏心理学辞典[M].台北：东华书局，2007.

[9] Sharf.心理治疗与咨询理论[M].游恒山，译.台北：五南图书出版社，1999.

[10] Cutis.健康心理学[M].游恒山，译.台北：五南图书出版社，2002.

[11] Resick.压力与创伤[M].游恒山，译.台北：五南图书出版社，2003.

[12] Sigelman, Haffer.发展心理学[M].游恒山，译.台北：五南图书出版社，2001.

[13] 陈仲庚，张雨新.人格心理学[M].台北：五南图书出版社，1998.